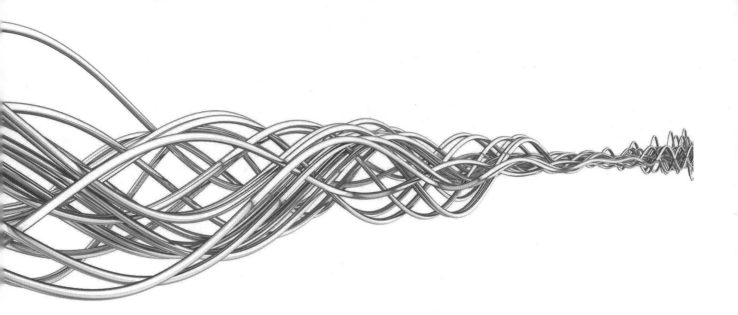

Vibrações Mecânicas

O GEN | Grupo Editorial Nacional – maior plataforma editorial brasileira no segmento científico, técnico e profissional – publica conteúdos nas áreas de ciências exatas, humanas, jurídicas, da saúde e sociais aplicadas, além de prover serviços direcionados à educação continuada e à preparação para concursos.

As editoras que integram o GEN, das mais respeitadas no mercado editorial, construíram catálogos inigualáveis, com obras decisivas para a formação acadêmica e o aperfeiçoamento de várias gerações de profissionais e estudantes, tendo se tornado sinônimo de qualidade e seriedade.

A missão do GEN e dos núcleos de conteúdo que o compõem é prover a melhor informação científica e distribuí-la de maneira flexível e conveniente, a preços justos, gerando benefícios e servindo a autores, docentes, livreiros, funcionários, colaboradores e acionistas.

Nosso comportamento ético incondicional e nossa responsabilidade social e ambiental são reforçados pela natureza educacional de nossa atividade e dão sustentabilidade ao crescimento contínuo e à rentabilidade do grupo.

Vibrações Mecânicas

Marcelo Amorim Savi

COPPE/Politécnica – Engenharia Mecânica
Universidade Federal do Rio de Janeiro

Aline Souza de Paula

Departamento de Engenharia Mecânica
Universidade de Brasília

Os autores e a editora empenharam-se para citar adequadamente e dar o devido crédito a todos os detentores dos direitos autorais de qualquer material utilizado neste livro, dispondo-se a possíveis acertos caso, inadvertidamente, a identificação de algum deles tenha sido omitida.

Não é responsabilidade da editora nem dos autores a ocorrência de eventuais perdas ou danos a pessoas ou bens que tenham origem no uso desta publicação.

Apesar dos melhores esforços dos autores, do editor e dos revisores, é inevitável que surjam erros no texto. Assim, são bem-vindas as comunicações de usuários sobre correções ou sugestões referentes ao conteúdo ou ao nível pedagógico que auxiliem o aprimoramento de edições futuras. Os comentários dos leitores podem ser encaminhados à **LTC — Livros Técnicos e Científicos Editora** pelo e-mail ltc@grupogen.com.br.

Direitos exclusivos para a língua portuguesa
Copyright © 2017 by
LTC — Livros Técnicos e Científicos Editora Ltda.
Uma editora integrante do GEN | Grupo Editorial Nacional

Reservados todos os direitos. É proibida a duplicação ou reprodução deste volume, no todo ou em parte, sob quaisquer formas ou por quaisquer meios (eletrônico, mecânico, gravação, fotocópia, distribuição na internet ou outros), sem permissão expressa da editora.

Travessa do Ouvidor, 11
Rio de Janeiro, RJ — CEP 20040-040
Tels.: 21-3543-0770 / 11-5080-0770
Fax: 21-3543-0896
ltc@grupogen.com.br
www.ltceditora.com.br

Capa: Carina Cabral

Imagem da Capa: © Jntvisual|Dreamstime.com

Editoração Eletrônica: Triall Editorial Ltda.

CIP-BRASIL. CATALOGAÇÃO NA PUBLICAÇÃO
SINDICATO NACIONAL DOS EDITORES DE LIVROS, RJ

P278v

Savi, Marcelo Amorim
Vibrações mecânicas / Marcelo Amorim Savi, Aline Souza de Paula. – 1. ed. – Rio de Janeiro : LTC, 2017.
28 cm.

Apêndice
Inclui bibliografia e índice
ISBN: 978-85-216-2715-9

1. Engenharia mecânica. 2. Engenharia civil. I. De Paula, Aline Souza. II.Título.

17-39317	CDD: 621
	CDU: 621

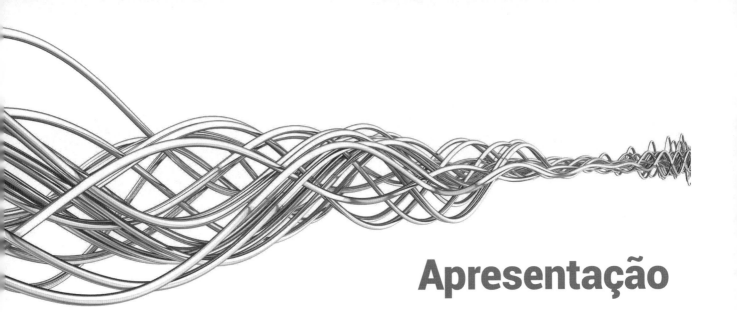

Apresentação

A mecânica estuda forças e movimentos e suas interações. Ao longo da história, sempre exerceu fascínio especial entre cientistas e pensadores, tendo destacada influência na filosofia. A dinâmica pode ser considerada a essência da revolução científica, que dominou a forma de pensar da humanidade por muitos anos. Vale lembrar que Newton lançou muitas de suas ideias por meio das equações do movimento, que são a essência da dinâmica. O cálculo diferencial de Newton trouxe à cena a ideia de que uma equação matemática, uma equação diferencial, permite fazer uma descrição quadro a quadro da realidade.

O estudo da dinâmica dos corpos tem uma beleza intrínseca, e a possibilidade de descrever esse comportamento é verdadeiramente apaixonante. Inserido nesse contexto maior está o estudo das vibrações mecânicas. Em uma perspectiva matemática, o estudo das vibrações pode ser compreendido como uma análise de equações diferenciais aplicadas. Na perspectiva da engenharia, a vibração é um tema essencial em várias áreas e representa um ponto crítico em diversos cenários.

A importância das vibrações mecânicas na formação de diversos profissionais é evidente. Nas engenharias e nas ciências exatas isso é quase uma exigência; se não pela importância das aplicações associadas, pela formação geral e de um conhecimento associado às equações diferenciais.

Este livro tem como objetivo apresentar um curso introdutório completo de vibrações mecânicas. Trata-se de sistemas discretos, governados por equações diferenciais ordinárias, e também de sistemas contínuos, governados por equações diferenciais parciais. Discutem-se, ainda, as vibrações não lineares, com a apresentação de questões como o caos.

Acreditamos que este livro possua material suficiente para um curso introdutório e também para um curso avançado. A concepção do texto é baseada nos cursos nos níveis de graduação e de pós-graduação na Universidade Federal do Rio de Janeiro (UFRJ). Portanto, acreditamos fornecer aos estudantes conhecimento amplo e sólido, que pode ser utilizado nos níveis de graduação e de pós-graduação.

Neste momento, vale um agradecimento a todos os alunos que, com suas dúvidas, contribuíram para montar a estrutura final do texto. Em especial, devemos agradecer a alguns ex-alunos que colaboraram com a digitação e os exercícios do livro. Nosso muito obrigado a Flavio M. Viola e Bianca B. Ferreira. Além disso, um agradecimento ao professor Arthur Braga por suas aulas com o tema e por ter nos honrado com o prefácio do livro.

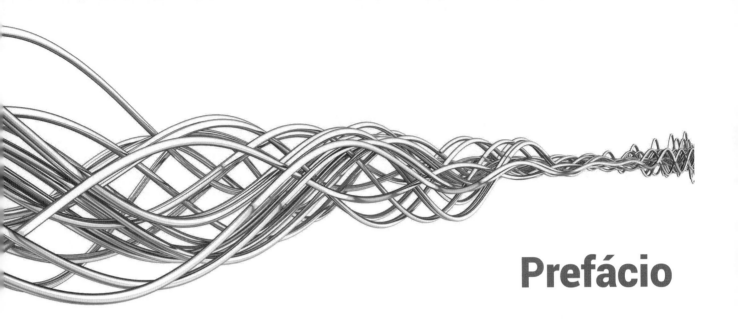

Prefácio

O estudo de vibrações mecânicas é de fundamental relevância na formação de engenheiros mecânicos e civis, bem como em algumas áreas da física e da matemática aplicada. Nos cursos de graduação em engenharia mecânica, o tema é geralmente tratado em uma disciplina obrigatória. Já para o engenheiro formado, lidar com os problemas causados por vibrações, buscar as melhores maneiras de controlá-las e, em alguns casos, procurar aproveitá-las para beneficiar outros processos são atividades que fazem parte do seu dia a dia. Ainda assim, há uma carência de literatura didática que aborde esse estudo de forma moderna e integrada com as outras disciplinas da engenharia mecânica. O livro de Marcelo Savi e Aline de Paula vem preencher essa lacuna.

Professor da UFRJ, Marcelo Savi é um dos mais conceituados pesquisadores da área de dinâmica e vibrações mecânicas no Brasil. Seus trabalhos acadêmicos, publicados nos veículos mais importantes da área, são reconhecidos internacionalmente pela qualidade e profundidade. Aline de Paula é uma jovem pesquisadora, professora da Universidade de Brasília (UnB), que vem se destacando por seu trabalho em sistemas dinâmicos não lineares. Juntos, os dois autores apresentam um texto didático completo sobre vibrações mecânicas, útil não só para os cursos de graduação, bem como para um estudo introdutório em nível de pós-graduação.

O texto procura enfatizar os aspectos teóricos fundamentais, sem deixar de lado a proposição de problemas e exercícios práticos que contribuem para consolidar o conhecimento e servem como ferramentas de aprendizado. Os primeiros seis capítulos apresentam o conteúdo clássico dos cursos introdutórios de vibrações em sistemas discretos por meio de um formalismo moderno de sistemas dinâmicos, enfatizando tanto o tratamento analítico quanto os caminhos para uma abordagem numérica. Nos Capítulos 7 a 9, os autores inovam ao apresentar o problema de vibrações em sistemas de parâmetros distribuídos a partir de um enfoque clássico de mecânica dos sólidos, evidenciando um elo entre diferentes disciplinas de engenharia mecânica que muitas vezes passa despercebido pelos alunos de graduação. O último capítulo apresenta uma abrangente introdução às vibrações não lineares, um tema de crescente interesse tanto para a academia quanto para a indústria e ausente ou abordado de forma superficial na grande maioria dos livros didáticos sobre vibrações atualmente disponíveis no mercado editorial.

Sem dúvida, o livro de Marcelo Savi e Aline de Paula é uma bem-vinda contribuição para a literatura didática da área de vibrações mecânicas. Sua abordagem moderna, porém empregando um formalismo matemático rigoroso, contribuirá para dar uma formação mais sólida aos estudantes que utilizarem este novo volume como livro-texto.

Rio de Janeiro
Arthur Martins Barbosa Braga
PUC-Rio

Material Suplementar

Este livro conta com o seguinte material suplementar:

- Ilustrações da obra em formato de apresentação (acesso restrito a docentes).

O acesso ao material suplementar é gratuito. Basta que o leitor se cadastre em nosso site (www.grupogen.com.br), faça seu login e clique em GEN-IO, no menu superior do lado direito.

É rápido e fácil. Caso haja alguma mudança no sistema ou dificuldade de acesso, entre em contato conosco (sac@grupogen.com.br).

GEN-IO (GEN | Informação Online) é o repositório de materiais suplementares e de serviços relacionados com livros publicados pelo GEN | Grupo Editorial Nacional, maior conglomerado brasileiro de editoras do ramo científico-técnico-profissional, composto por Guanabara Koogan, Santos, Roca, AC Farmacêutica, Forense, Método, Atlas, LTC, E.P.U. e Forense Universitária. Os materiais suplementares ficam disponíveis para acesso durante a vigência das edições atuais dos livros a que eles correspondem.

Sumário

1. **Introdução** 1
   - 1.1 Modelagem do problema mecânico 2
     - 1.1.1 Abordagem newtoniana ou vetorial 4
     - 1.1.2 Abordagem lagrangiana ou energética 5
   - 1.2 Organização do texto 6
   - 1.3 Exercícios 7

2. **Sistemas Dinâmicos Discretos** 9
   - 2.1 Componentes de sistemas discretos 10
     - 2.1.1 Elemento elástico 10
     - 2.1.2 Elemento dissipador 11
     - 2.1.3 Elemento de inércia 12
   - 2.2 Alguns sistemas dinâmicos discretos 14
     - 2.2.1 Oscilador linear 14
     - 2.2.2 Sistemas físicos representados por um oscilador linear 18
     - 2.2.3 Associação de elementos 21
     - 2.2.4 Analogia eletromecânica 23
     - 2.2.5 Outros sistemas 26
   - 2.3 Variáveis de estado 27
   - 2.4 Exercícios 28

3. **Vibrações Livres** 31
   - 3.1 Vibrações livres harmônicas 32
   - 3.2 Vibrações livres subamortecidas 35
   - 3.3 Movimento criticamente amortecido 37
   - 3.4 Movimento superamortecido 38
   - 3.5 Formas de decaimento 39
     - 3.5.1 Decaimento logarítmico 40
     - 3.5.2 Decaimento linear 41
   - 3.6 Exercícios 46

Sumário

4. Vibrações com Forçamento Harmônico **49**
    4.1 Resposta a um forçamento harmônico 49
    4.2 Ressonância 51
        4.2.1 Ressonância de um sistema não dissipativo 54
    4.3 Respostas envolvendo sub-harmônicos 57
    4.4 Fenômeno do batimento 59
    4.5 Utilização de números complexos 59
    4.6 Fator de qualidade e largura de banda 61
    4.7 Movimento com excitação de base 64
    4.8 Exercícios 64

5. Vibrações com Forçamento Não Harmônico e Transformadas **67**
    5.1 Forçamento periódico 67
    5.2 Forçamento arbitrário 72
        5.2.1 Representação do forçamento arbitrário 74
        5.2.2 Resposta a um impulso 74
        5.2.3 Resposta a um forçamento arbitrário 75
        5.2.4 Resposta a um degrau 77
    5.3 Transformada de Laplace 79
    5.4 Transformada de Fourier 84
    5.5 Exercícios 87

6. Vibrações de Sistemas Discretos **89**
    6.1 Equações de movimento 92
    6.2 Coeficientes de influência 94
    6.3 Abordagem modal 96
        6.3.1 Equação no tempo: movimento harmônico 97
        6.3.2 Equação no espaço: problema de autovalores 97
        6.3.3 O problema de autovalores 101
        6.3.4 Resposta do sistema livre 103
    6.4 Ortogonalidade dos vetores modais 104
    6.5 Coordenadas normais 105
    6.6 Sistemas dissipativos 111
        6.6.1 Amortecimento proporcional 111
        6.6.2 Amortecimento geral 112
    6.7 Controle de vibrações 113
        6.7.1 Absorvedor dinâmico de vibrações 114
    6.8 Transformada de Laplace aplicada a sistemas com múltiplos graus de liberdade 117
    6.9 Exercícios 118

7. Introdução à Mecânica dos Sólidos **123**
    7.1 Tensão 123
    7.2 Deformação 127
    7.3 Equações constitutivas 131
    7.4 Teoria da elasticidade 133

7.5 Notação indicial...134
    7.5.1 Equações de equilíbrio...134
    7.5.2 Equações cinemáticas..135
    7.5.3 Equações constitutivas...135
    7.5.4 Teoria da elasticidade..136
7.6 Exercícios..137

8. Vibrações de Sistemas Contínuos: Equação da Onda..141
8.1 Equação da onda...141
    8.1.1 Barra..141
    8.1.2 Corda...143
    8.1.3 Eixo...144
    8.1.4 Condições iniciais e de contorno...146
8.2 Abordagem modal...147
    8.2.1 Problema de autovalores..147
    8.2.2 Resposta do sistema livre..149
    8.2.3 Ortogonalidade das autofunções..150
    8.2.4 Coordenadas normais..153
    8.2.5 Abordagem propagatória...154
8.6 Exercícios..159

9. Vibrações de Sistemas Contínuos: Vigas e Placas..161
9.1 Viga...161
    9.1.1 Condições de contorno..165
    9.1.2 Frequências e modos naturais...167
    9.1.3 Viga biapoiada...168
    9.1.4 Viga biengastada..170
9.2 Viga-coluna...173
    9.2.1 Frequências e modos naturais...174
9.3 Viga de Timoshenko...176
    9.3.1 Frequências e modos naturais...179
9.4 Placa..180
    9.4.1 Notação indicial..184
    9.4.2 Condições de contorno..185
    9.4.3 Frequências e modos naturais...187
9.5 Exercícios..189

10. Vibrações Não Lineares..191
10.1 Pontos de equilíbrio e linearização...192
    10.1.1 Sistemas dinâmicos 2-Dim..193
10.2 Estabilidade...195
10.3 Ressonância...196
10.4 Seção de Poincaré..198
10.5 Caos...198
10.6 Ferramentas de diagnóstico do caos..203

Sumário

      10.6.1 Cálculo dos Expoentes de *Lyapunov* 205
  10.7 Exercícios 208

A.   **Métodos Numéricos** **209**
  A.1 Problema de valor inicial 209
      A.1.1 Métodos de Euler 210
      A.1.2 Métodos de Runge-Kutta 211
  A.2 Problema de valor de contorno 213
      A.2.1 Método dos elementos finitos 213

B.   **Números Complexos e Transformada de Laplace** **219**

Bibliografia **221**

Índice **223**

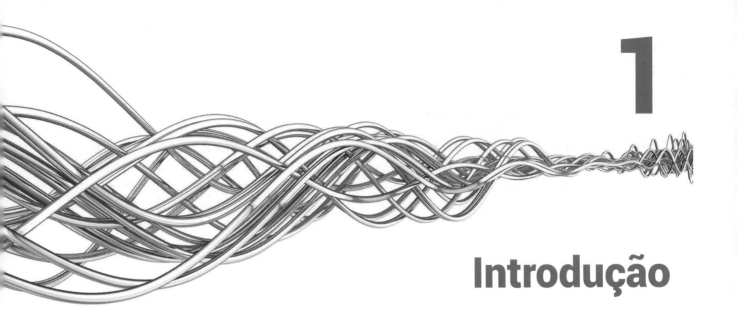

Introdução

O estudo de vibrações mecânicas é antigo e se confunde com a história da mecânica, que é a ciência que estuda forças, movimentos e suas interações. Desde tempos antigos, a mecânica teve um grande destaque entre as ciências. Leonardo da Vinci (1452-1519) disse certa vez que a "mecânica é o paraíso da ciência matemática, porque se veem os frutos da matemática". Historicamente, o interesse do ser humano pela mecânica vem desde a época em que ele começou a construir. Os antigos povos egípcios, gregos e romanos, por exemplo, fizeram inúmeras construções, o que exigiu conhecimentos sobre a resistência dos materiais. Sem dúvida, os grandes precursores do estudo da mecânica foram Galileu Galilei (1564-1642) e Isaac Newton (1642-1727). Aliás, este último pode ser considerado o pai da mecânica clássica. Entre as suas inúmeras contribuições à ciência, destacam-se as leis do movimento e o cálculo diferencial.

O estudo da mecânica está calcado em alguns princípios fundamentais que, quando aplicados, permitem a descrição de problemas relacionados com o movimento de corpos, como planetas, aviões, carros ou pedras. A resistência de materiais sólidos, a dinâmica de fluidos e a transferência de calor também são fenômenos descritos no contexto das ciências mecânicas. Dessa forma, problemas como a construção de pontes e prédios, o projeto de aviões, carros e foguetes podem ser vistos como problemas fundamentalmente mecânicos.

Os sistemas dinâmicos constituem um importante ramo das ciências mecânicas, expandindo-se para diversas áreas do conhecimento. Sistemas mecânicos, como aviões e pontes, podem se juntar a sistemas biológicos, como a interação entre predador-presa, entre tantos outros, possuindo, contudo, o mesmo arcabouço teórico. No contexto das ciências mecânicas, o estudo da *dinâmica* (ou *cinética*) abrange os corpos em movimento e as forças que causam esse movimento. O termo *cinemática* é utilizado para descrever o estudo da geometria do movimento, sem se importar com as forças que o causam. O estudo das *vibrações mecânicas* está associado aos movimentos oscilatórios. O termo oscilatório não deve estar associado à periodicidade e, portanto, o estudo de vibrações inclui movimentos não periódicos e transientes.

A modelagem de um sistema dinâmico envolve uma série de procedimentos que permita uma descrição adequada da realidade. A formulação de uma equação do movimento implica uma descrição quadro a quadro da realidade, permitindo que se obtenham informações úteis para diferentes propósitos. Faz parte da tarefa de modelagem de um sistema dinâmico a identificação dos vários componentes do sistema e a determinação de suas propriedades físicas (parâmetros). Isso é usualmente feito por meio de experimentos que permitem uma conexão adequada entre o modelo e a realidade. O modelo matemático de um sistema dinâmico deve ser o mais simples possível, mas capaz de descrever todas as características fundamentais do sistema físico.

1.1 Modelagem do problema mecânico

A descrição do comportamento de sistemas físicos é feita a partir da construção de modelos matemáticos. A modelagem desses fenômenos é baseada em hipóteses simplificadoras da realidade que permitem que se equacione matematicamente o problema, formulando o que se conhece como equações de governo do fenômeno físico. A solução dessas equações é outra etapa, e isso nem sempre é uma tarefa trivial. Os métodos numéricos são apresentados como uma alternativa para a solução das equações de governo. A Figura 1.1 apresenta um esquema mostrando a construção de um modelo matemático e sua posterior solução.

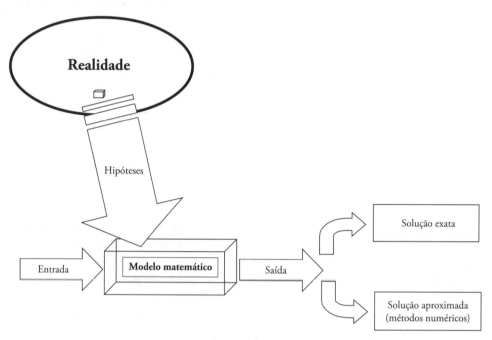

Figura 1.1 Esquema sobre a elaboração e a solução de um modelo matemático associado a um problema físico.

A descrição de um problema mecânico usualmente adota a hipótese do contínuo que desconsidera a estrutura atômica, considerando o comportamento macroscópico do meio. Essa hipótese é muito conveniente, uma vez que despreza os vazios interatômicos e permite tratar o problema sem considerar as interações atômicas. A partir daí, é possível enumerar os princípios fundamentais da mecânica:

- conservação da quantidade de movimento linear (*momentum* linear);
- conservação da quantidade de movimento angular (*momentum* angular);
- conservação de massa;
- conservação de energia (primeira lei da termodinâmica).

Deve ser somada a esses princípios a segunda lei da termodinâmica. Uma análise do número de incógnitas e equações de conservação nos remete a evidência de que temos mais incógnitas do que equações. Para fechar essa questão, recorre-se às equações constitutivas do material.

Para ser mais específico, a modelagem do problema mecânico envolve muitas hipóteses. Algumas delas são aparentemente óbvias, como desprezar o efeito causado pelas batidas das asas de uma borboleta na análise estrutural de uma ponte. Outras parecem razoáveis à primeira vista, como tratar o problema

Introdução

térmico e o mecânico separadamente, de forma desacoplada. E outras são duvidosas, como assumir que os deslocamentos são infinitesimalmente pequenos. De fato, qualquer hipótese utilizada para construir um modelo deve ser confirmada após obtidos seus resultados. E, vale dizer que, à medida que se sofistica a análise, uma hipótese antes considerada razoável pode se tornar inconsistente. Deve-se ter em mente que a sofisticação para tratar o problema da resistência de uma mesa não pode ser a mesma de que trata a de um avião.

Algumas abordagens de modelagem já se tornaram clássicas na mecânica. Para expressar algumas dessas ideias, consideram-se as seguintes comparações entre algumas dessas abordagens: estático ou dinâmico; rígido ou flexível; discreto ou contínuo.

A análise estática considera que as forças de inércia são desprezíveis. Dessa forma, assume-se que o carregamento a que um corpo está submetido é aplicado de uma forma lenta o suficiente para que a hipótese seja válida. O problema dinâmico é essencialmente governado pela segunda lei de Newton, que estabelece as equações de movimento de um corpo.

Um dado corpo também pode ser tratado como rígido ou flexível. Um corpo rígido é aquele em que a distância relativa entre dois pontos quaisquer não varia. Por outro lado, essa hipótese não é válida para um corpo flexível. Para citar um exemplo, considere um foguete lançado da Terra para a Lua. A análise desse foguete como um corpo rígido pode fornecer informações úteis para a análise de sua trajetória e das forças de sustentação e arrasto. No entanto, não colabora para a análise estrutural, para definir a espessura da parede do foguete ou coisas do tipo.

Outra distinção que pode ser feita na descrição de um corpo é se ele é discreto ou contínuo. Essa definição é baseada no número de graus de liberdade (gdl) do sistema, definido como o número de coordenadas independentes necessárias para descrever completamente o movimento. Os sistemas físicos reais são contínuos e, portanto, possuem propriedades distribuídas ao longo do espaço. Contudo, uma simplificação significativa pode ser introduzida no modelo, representando as propriedades como discretas no espaço. Os modelos discretos consideram que as propriedades do corpo são concentradas em elementos discretos. Assim, massa e elasticidade, por exemplo, são representadas, respectivamente, por elementos de inércia e de rigidez. De modo geral, o comportamento dos sistemas discretos é descrito por equações diferenciais ordinárias (EDOs), enquanto o comportamento de sistemas contínuos é descrito por equações diferenciais parciais (EDPs).

De acordo com a modelagem, é possível ainda classificar os sistemas físicos de acordo com o tipo de comportamento. Frequentemente, a distinção entre o linear e o não linear é feita de acordo com a faixa de operação do sistema. Assim, um mesmo sistema submetido a pequenas amplitudes é linear; do contrário, é não linear. Essa classificação pode ser verificada pela observação do modelo do sistema dinâmico. A linearidade pressupõe o princípio da superposição de efeitos, que estabelece que um dado efeito pode ser avaliado pela superposição de efeitos decorrentes de várias causas. Dessa forma, pequenas causas estão associadas a pequenos efeitos. Um sistema não linear, por outro lado, tem como característica o fato de que pequenas causas podem gerar efeitos desproporcionalmente grandes. A definição formal das condições de linearidade de um sistema pode ser estabelecida a partir de uma representação matemática da superposição de efeitos. Com isso, um sistema é linear se as variáveis dependentes do sistema não apresentam termos não lineares. Com relação às não linearidades de um sistema, elas podem ser físicas ou geométricas. As não linearidades físicas estão associadas à resposta do material, por exemplo. As geométricas, por sua vez, estão relacionadas com grandes deslocamentos, por exemplo.

A resposta de um sistema físico é caracterizada não apenas pelas características desse sistema, mas também pelas características da excitação. Quando a excitação é definida por uma função conhecida, diz-se que o sistema é determinístico. Do contrário, se a excitação possui uma característica aleatória, não podendo ser prevista em um dado instante de tempo, então o sistema é dito não determinístico. Os

terremotos, as ações do vento e das ondas do mar poderiam ser enquadradas em situações não determinísticas. Imperfeições associadas à fabricação ou construção de uma estrutura podem ser outra fonte de efeitos não determinísticos.

Uma vez estabelecidos os aspectos gerais do modelo que se deseja construir, o problema mecânico pode ser tratado por duas abordagens distintas. A primeira é a abordagem newtoniana, que se baseia na representação vetorial. A segunda alternativa é a abordagem lagrangiana, que se baseia em funções escalares que representam as energias dos corpos. A abordagem newtoniana estabelece o equilíbrio dos corpos, enquanto a lagrangiana estabelece que um corpo responde a solicitações externas buscando uma configuração de mínima energia.

1.1.1 Abordagem newtoniana ou vetorial

A abordagem newtoniana do problema mecânico considera três análises distintas:

1. Estudo das forças — equações de equilíbrio;
2. Estudo geométrico — equações cinemáticas;
3. Estudo do material — equações constitutivas.

O estudo das forças estabelece o equilíbrio de um corpo. Basicamente, define-se o sistema que está sendo analisado incorporando os efeitos de seus vínculos. Nesse momento, está se construindo o que se convencionou chamar de diagrama de corpo livre (DCL). A partir daí, estabelece-se o equilíbrio do corpo que está associado a uma análise de forças, $\{F\} = \{0\}$, e momentos, $\{M\} = \{0\}$, no caso estático. Cada uma dessas equações vetoriais pode ser escrita como três (ou duas, no caso plano) equações escalares. A Figura 1.2 mostra um sistema mecânico simples e seu respectivo diagrama de corpo livre.

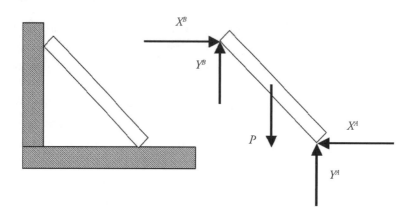

Figura 1.2 Sistemas mecânicos e seus diagramas de corpo livre.

Uma alternativa para a análise estática é a análise dinâmica que estabelece o equilíbrio a partir da segunda lei de Newton. Nesse contexto, o equilíbrio é estabelecido por $\{F\} = d\{\vartheta\}/dt = \{\dot{\vartheta}\}$, em que $\{\vartheta\} = md\{u\}/dt = m\{\dot{u}\}$ é a quantidade de movimento do sistema de massa m. Isso é equivalente à forma mais conhecida da segunda lei de Newton, $\{F\} = m\{a\} = md^2\{u\}/dt^2 = m\{\ddot{u}\}$, sendo a aceleração referente ao centro de massa. O equilíbrio também pode ser estabelecido por $\{M\} = d\{\bar{\vartheta}\}/dt = \{\dot{\bar{\vartheta}}\}$, em que $\{\bar{\vartheta}\}$ é a quantidade de movimento angular de um sistema de massa m com relação a um ponto fixo em um referencial inercial, sendo definida por $\{\bar{\vartheta}\} = \{p\} \times \{\vartheta\}$, em que $[p]$ é o vetor posição do centro de massa em relação ao ponto fixo de referência.

Introdução

O estudo geométrico analisa a cinemática do problema, avaliando o movimento e as equações que o descrevem. Dessa forma, descreve-se o movimento, estabelecendo a compatibilidade geométrica.

A partir dessas duas análises, monta-se um sistema de equações que possui mais incógnitas do que equações. Isso obriga a consideração de outras informações que permitam promover o fechamento das equações que governam o problema mecânico. Trata-se do estudo do material, que relaciona as variáveis associadas ao equilíbrio, com aquelas relacionadas com a cinemática. De maneira geral, essas relações são contempladas pelas equações constitutivas, formuladas a partir de testes experimentais.

1.1.2 Abordagem lagrangiana ou energética

A abordagem lagrangiana do problema mecânico é baseada em considerações energéticas e, assim, baseia-se em funções escalares. O uso de grandezas escalares é conveniente quando são considerados problemas complexos nos quais a utilização de grandezas vetoriais é uma tarefa difícil.

O princípio básico de uma análise energética consiste na definição de diferentes tipos de energia, que se transformam entre si, conservando, contudo, a energia total. A conservação de energia é um aspecto fundamental da mecânica, e o estado de equilíbrio de um corpo é entendido como o estado de mínima energia.

A modelagem do problema mecânico a partir de uma abordagem energética pode ser obtida a partir do princípio da conservação de energia. Considere uma partícula P, de massa m, que descreve um movimento ao longo de uma trajetória submetida à ação de uma força $\{F\}$ (Figura 1.3).

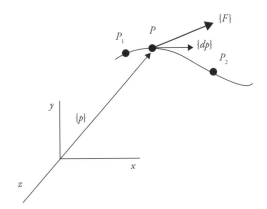

Figura 1.3 Dinâmica de uma partícula.

A energia cinética é definida a partir da velocidade e da massa da partícula, conforme a seguir:

$$E_C = \frac{1}{2}m\{\dot{p}\}^T\{\dot{p}\} \tag{1.1}$$

O trabalho de uma força atuando sobre a partícula é entendido como a energia líquida transferida à partícula. Dessa forma, o trabalho exercido pela força $\{F\}$ sobre a partícula P entre os pontos P_1 e P_2 está relacionado com a trajetória dessa partícula. Assim, o trabalho infinitesimal é obtido avaliando o produto escalar entre a força e o vetor tangente à trajetória: $dT = \{F\}^T\{dp\}$. E, assim, o trabalho efetivo é dado por:

$$T = \int_{P_1}^{P_2} \{F\}^T \{dp\} \tag{1.2}$$

O trabalho pode ser decomposto em duas parcelas: o trabalho realizado por forças conservativas, T^C, e o trabalho realizado por forças não conservativas, T^N:

Capítulo 1

$$T = T^C + T^N \tag{1.3}$$

A parcela associada ao trabalho das forças conservativas pode ser expressa a partir de uma função potencial, E_P, de tal forma que:

$$\{F^C\} = -\{\nabla E_P\} \tag{1.4}$$

em que $\{\nabla\} = \{e_x\}\dfrac{\partial}{\partial x} + \{e_y\}\dfrac{\partial}{\partial y} + \{e_z\}\dfrac{\partial}{\partial z}$ é o operador nabla e $\{\nabla E_P\}$ é o gradiente de E_P.

Assim, o trabalho das forças conservativas pode ser escrito conforme a seguir:

$$T^C = \int_{P_1}^{P_2} \{F^C\}^T \{dp\} = \int_{P_1}^{P_2} -\{\nabla E_P\}^T \{dp\} = E_P^{P_1} - E_P^{P_2} \tag{1.5}$$

O princípio de conservação de energia pode ser enunciado considerando que a variação da energia cinética entre dois pontos é igual ao trabalho realizado, o que pode ser escrito da seguinte forma:

$$E_C^{P_2} - E_C^{P_1} = T \tag{1.6}$$

Alternativamente, pode-se pensar nas grandezas integrais para definir as energias do sistema. Com isso, a energia cinética e o trabalho podem ser vistos como funcionais definidos como uma função de funções. Essa abordagem permite que se utilize o formalismo conhecido como cálculo variacional para tratar um problema mecânico por uma perspectiva energética.

Nesse momento, define-se o lagrangiano do sistema conservativo como a energia mecânica do sistema, definida a partir da energia cinética e potencial do sistema:

$$\mathcal{L} = E_C - E_P \tag{1.7}$$

Com isso, é possível formular as equações de Lagrange a partir da minimização do funcional de energia do sistema. Esse procedimento resulta em uma expressão utilizada para se modelar o problema mecânico de forma análoga ao realizado na abordagem vetorial.

$$\frac{d}{dt}\left(\frac{\partial \mathcal{L}}{\partial \dot{u}_i}\right) - \frac{\partial \mathcal{L}}{\partial u_i} = F_i^N, \qquad i = 1, 2, \ldots, n \tag{1.8}$$

em que F_i^N corresponde às componentes das forças generalizados não conservativas (forças ou momentos), e u_i são as coordenadas generalizadas do sistema (deslocamentos lineares ou angulares).

1.2 Organização do texto

Este livro tem como objetivo apresentar os conceitos básicos do tema vibrações mecânicas. Inicialmente, é apresentado este Capítulo 1, que traz as ideias centrais do problema mecânico e sua modelagem. Discutem-se as hipóteses gerais da modelagem do problema mecânico, mostrando as diferenças essenciais entre os principais modelos utilizados no contexto na análise de vibrações. Depois, apresentam-se os conceitos essenciais, como a segunda lei de Newton e as equações de Lagrange.

O tema das vibrações mecânicas passa a ser tratado considerando vibrações de sistemas discretos e contínuos. Inicialmente, tratam-se os sistemas discretos. O Capítulo 2 apresenta uma discussão a respeito de sistemas discretos, explicando a definição de grau de liberdade (gdl) e apresentando a modelagem de alguns sistemas com 1 gdl. Esse sistema é um protótipo de diversos sistemas dinâmicos, e sua análise é essencial para a compreensão da dinâmica desses sistemas. O conceito de variáveis de estado também é tratado neste capítulo. A partir daí, inicia-se um estudo de vibrações livres e forçadas para sistemas com 1 gdl. O Capítulo 3 apresenta o estudo das vibrações livres. O Capítulo 4 apresenta vibrações forçadas

Introdução

harmonicamente, enquanto o Capítulo 5 discute as vibrações com forçamento não harmônico e a transformada de Laplace, que representa uma ferramenta alternativa para tratar vibrações forçadas de uma maneira geral. Esses três capítulos apresentam um arcabouço essencial da análise de vibrações.

O Capítulo 6 passa a tratar das vibrações de sistemas discretos, com múltiplos graus de liberdade. Esse capítulo apresenta uma generalização do estudo anterior, estendendo a análise de vibrações para uma grande variedade de sistemas mecânicos. Em essência discute-se a análise modal, mostrando a ideia de frequências e modos naturais de vibração.

A análise de sistemas contínuos é abordada em seguida. O Capítulo 7 apresenta uma revisão à mecânica dos sólidos. Discutem-se os conceitos de tensão e deformação, finalizando com as equações da elasticidade linear. A partir daí são tratadas teorias aproximadas. O Capítulo 8 aborda a equação da onda que descreve vários sistemas dinâmicos, inclusive a vibração da corda. Apresenta-se a abordagem propagatória e modal para avaliar a dinâmica da equação da onda. O Capítulo 9 apresenta uma discussão sobre a vibração de vigas e placas.

Finalmente, o Capítulo 10 discute a análise de vibrações não lineares apresentando uma série de ferramentas importantes, como seção de Poincaré, bifurcações e caos.

O texto conta ainda com dois apêndices. O Apêndice A apresenta métodos numéricos, essenciais para a solução de numérica de equações diferenciais. O Apêndice B apresenta algumas informações úteis associadas a números complexos e transformada de Laplace.

1.3 Exercícios

P1.1 Estabeleça as equações de equilíbrio estático para o sistema mecânico mostrado na Figura P1.2.

P1.2 Considere uma barra rígida sustentada por duas molas. Avalie a distância b em que uma força P deve ser aplicada para manter a barra na horizontal.

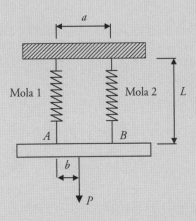

Figura P1.2

P1.3 Enumere os princípios fundamentais da mecânica relacionando cada um deles a equações matemáticas.

P1.4 Explique a diferença entre uma equação diferencial ordinária (EDO) e uma equação diferencial parcial (EDP).

P1.5 Escreva uma expressão integral para a energia cinética.

Sistemas Dinâmicos Discretos

Um sistema físico pode ser representado por modelos contínuos ou discretos. Os sistemas discretos estão associados a um número finito de graus de liberdade (gdl), que são definidos como o número de coordenadas independentes necessárias para descrever completamente o movimento. Uma partícula livre para se movimentar em um espaço tridimensional possui três gdl associados a determinado sistema de coordenadas. Um corpo rígido no espaço requer 6 gdl para definir completamente seu movimento. O limite de um sistema discreto é o sistema contínuo que possui um número infinito de graus de liberdade.

A Figura 2.1 apresenta uma comparação entre sistemas compostos por diferentes graus de liberdade. Inicialmente, mostra-se um pêndulo simples, com 1 gdl, representado pelo angulo θ. Note que, de fato, a dinâmica do pêndulo simples pode ser descrita a partir de coordenadas espaciais x e y. No entanto, existe uma restrição entre essas duas coordenadas, o que faz com que exista apenas uma coordenada independente, θ. O pêndulo duplo, por sua vez, necessita de duas coordenadas, θ_1 e θ_2, possuindo, portanto, 2 gdl.

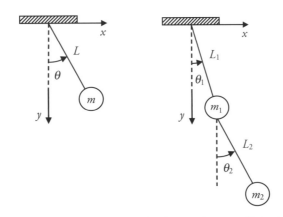

Figura 2.1 Graus de liberdade de um sistema dinâmico.

Este capítulo discute a modelagem de alguns sistemas dinâmicos discretos. Inicialmente, apresentam-se os componentes de um sistema dinâmico discreto: elástico, de dissipação e de inércia. Depois, modela-se o protótipo fundamental da análise de vibrações: o oscilador linear. A partir da equação de movimento desse oscilador, apresenta-se uma discussão dos diferentes sistemas físicos representados

Capítulo 2

por esse modelo. Isso inclui estruturas, veículos e até sistemas elétricos. Algumas variações do oscilador linear são então discutidas, a fim de mostrar algumas alternativas de modelagem de sistemas discretos a partir de diferentes combinações dos elementos discretos. O capítulo termina com uma discussão sobre variáveis de estado.

2.1 Componentes de sistemas discretos

A modelagem de um sistema dinâmico pode ser feita a partir de elementos concentrados que representam as principais características físicas de um sistema. Dentre elas, é importante destacar: a capacidade de restituição, a dissipação de energia e a inércia. Essas características combinadas representam, de um ponto de vista qualitativo, os principais aspectos de um sistema dinâmico. Assim, pode-se descrever a dinâmica de um sistema mecânico a partir da definição de componentes discretos representando essas três características.

- **Elemento elástico:** responsável pelas forças de restituição do sistema; relaciona forças e deslocamentos.
- **Elemento dissipador:** responsável pela dissipação de energia; relaciona forças e velocidades e/ou deslocamentos.
- **Elemento de inércia:** responsável pela inércia do sistema; relaciona forças e acelerações por meio da segunda lei de Newton no caso de movimento translacional, e torques e acelerações angulares no caso de movimento rotacional.

A descrição de cada um desses elementos é a essência da modelagem de um sistema mecânico discreto. A modelagem de um sistema dinâmico implica conhecer as principais características de cada um desses elementos, definindo adequadamente suas equações constitutivas. A seguir, apresenta-se uma breve discussão sobre cada um desses elementos.

2.1.1 Elemento elástico

O elemento elástico estabelece a força de restituição de um sistema, e seu comportamento descreve a relação entre forças e deslocamentos. Usualmente chamado de mola no contexto mecânico, esse elemento é considerado desprovido de massa e não dissipa energia. A Figura 2.2 mostra a representação de um elemento elástico.

Figura 2.2 Elemento elástico.

Tipicamente, o comportamento possui uma região linear que, à medida que os deslocamentos aumentam, tende a se tornar não linear. A Figura 2.3 mostra uma curva relacionando força-deslocamento.

A região linear é descrita por uma relação do tipo:

$$F_R = ku \qquad (2.1)$$

em que k é uma constante de proporcionalidade que representa a rigidez do elemento e $u = u_1 - u_2$. Fora da região linear, devem-se utilizar outras relações como a apresentada a seguir.

$$F_R = ku + \alpha u^3 \qquad (2.2)$$

Nesse caso, o sinal do parâmetro α define o tipo de resposta do elemento, podendo apresentar endurecimento para valores positivos, ou amolecimento para valores negativos.

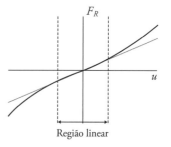

Figura 2.3 Elemento elástico: curva força-deslocamento.

A força de restituição pode possuir características não lineares distintas das apresentadas pelo elemento elástico. A plasticidade é um exemplo típico que pode surgir quando as forças e os deslocamentos atingirem valores consideravelmente grandes. Fenômenos como acoplamento termomecânico ou eletromecânico introduzem outras características que alteram significativamente o comportamento da força de restituição, e necessitam de uma modelagem especial.

2.1.2 Elemento dissipador

Os sistemas físicos quase sempre possuem algum tipo de dissipação de energia. De maneira geral, a modelagem da dissipação é difícil e exige uma série de idealizações. O elemento dissipador relaciona forças e velocidades e no contexto mecânico é usualmente chamado de amortecedor, que não promove restituição nem possui massa. A Figura 2.4 mostra uma representação esquemática de um elemento de dissipação viscosa.

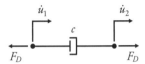

Figura 2.4 Elemento de dissipação viscosa.

Uma idealização conveniente considera que a dissipação de energia é proveniente de forças viscosas obtidas, por exemplo, a partir de um cilindro e um pistão, em que um fluido viscoso pode escoar em torno do pistão. Como a força F_D causa um cisalhamento suave no fluido viscoso, a relação $F_D = F_D(\dot{u})$ é linear. A Figura 2.5 mostra uma curva típica de um amortecedor viscoso, que tem uma região linear.

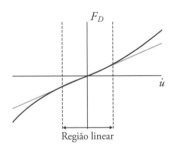

Figura 2.5 Elemento de dissipação viscosa: curva força-velocidade.

Na região linear, tem-se uma relação força-velocidade do tipo:

$$F_D = c\dot{u} \tag{2.3}$$

em que c é a constante de proporcionalidade que representa o amortecimento viscoso e $\dot{u} = \dot{u}_2 - \dot{u}_1$. A descrição fora da região linear pode levar em consideração diversos tipos de não linearidade, como o mostrado a seguir.

$$F_D = c\dot{u} + c\alpha\dot{u}^3 \tag{2.4}$$

Alternativamente, essa relação pode ser escrita da seguinte forma:

$$F_D = c\dot{u}(1 + \alpha\dot{u}^2) \tag{2.5}$$

Além da dissipação viscosa, outros tipos de dissipação podem ser considerados. O atrito seco é um caso importante relacionado com inúmeras aplicações. Esse tipo de dissipação ocorre, por exemplo, na interação entre duas superfícies. A Figura 2.6 mostra um elemento que representa o atrito seco.

Figura 2.6 Elemento de dissipação com atrito seco.

O atrito seco é proporcional à força normal e, usualmente, possui uma característica diferente para o atrito entre dois corpos em repouso e para os corpos em movimento. Para o caso em repouso, a constante de proporcionalidade é dada pelo coeficiente de atrito estático, μ_E, dependente da superfície dos materiais. Quando o deslocamento relativo entre os corpos é iniciado, tem-se o coeficiente de atrito dinâmico, μ_D, que é menor que μ_E, mas tende a aumentar à medida que a velocidade aumenta. Além disso, a força de atrito é sempre contrária ao movimento, o que causa uma descontinuidade da força próxima a origem. A Figura 2.7 mostra duas curvas típicas da relação força-velocidade associadas ao atrito seco. Na primeira, mostra-se a curva mais realista e, na segunda, uma idealização que desconsidera as variações do coeficiente de atrito.

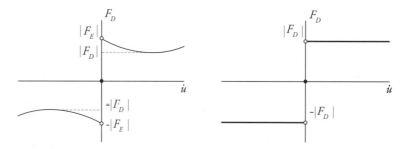

Figura 2.7 Elemento de dissipação com atrito seco: relação força de atrito seco-velocidade (esquerda); relação idealizada (direita).

A forma mais simples de representar a dissipação proveniente do atrito seco é dada por:

$$F_D = \mu_D N \operatorname{sign}(\dot{u}) \qquad (2.6)$$

em que N é a força normal à superfície e $\operatorname{sign}(\dot{u}) = \dot{u}/|\dot{u}|$, o que significa que $\operatorname{sign}(\dot{u}) = +1$ se $\dot{u} > 0$, e $\operatorname{sign}(\dot{u}) = -1$ se $\dot{u} < 0$.

2.1.3 Elemento de inércia

A inércia representa a propriedade de cada corpo de se manter em sua condição original a menos que forças atuem sobre ele. Esse conceito é expresso pela segunda lei de Newton, que considera a conservação da quantidade de movimento. Para movimentos de translação, tem-se a conservação da quantidade de movimento linear e o elemento de inércia relaciona forças e acelerações. A relação entre essas grandezas é proporcional à massa do corpo, conforme a seguir:

$$\{F_m\} = \{\dot{\vartheta}\} = m\{\ddot{u}\} \qquad (2.7)$$

em que $\{\vartheta\}$ é a quantidade de movimento.

Para movimentos de rotação a segunda lei de Newton estabelece que:

$$\{M\} = \{\dot{\overline{\vartheta}}\} \tag{2.8}$$

em que $\{\overline{\vartheta}\}$ é a quantidade de movimento angular definida como $\{\overline{\vartheta}\} = \{p\} \times \{\vartheta\}$. Nesse caso, a inércia de um corpo é expressa a partir do tensor de inércia. O uso do tensor é necessário para definir todas as possibilidades de giro de um corpo sólido em um espaço tridimensional. Tendo em vista os graus de liberdade de um corpo, deve-se pensar na resistência a determinada rotação em relação a cada um dos possíveis eixos de rotação. Assim, considerando um sistema de eixos cartesiano, têm-se três direções essenciais, a partir das quais se define qualquer outra. Para cada uma dessas três direções, a propriedade da inércia pode ser definida a partir de um vetor. Portanto, três vetores são necessários para definir a inércia de um corpo sólido em um meio tridimensional. Esses três vetores representam o tensor de inércia do corpo naquele ponto. A Figura 2.8 mostra um corpo C, de volume V e massa m, representando os vetores necessários para definir o tensor de inércia em um elemento dm.

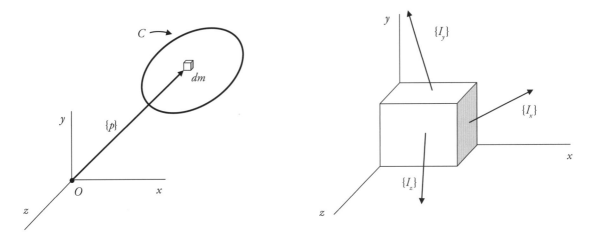

Figura 2.8 Tensor de inércia.

O tensor de inércia pode ser escrito conforme a seguir.

$$[I] = \begin{bmatrix} I_{xx} & I_{xy} & I_{xz} \\ I_{yx} & I_{yy} & I_{yz} \\ I_{zx} & I_{zy} & I_{zz} \end{bmatrix} \tag{2.9}$$

Formalmente, o vetor de inércia em uma direção qualquer, definida por um vetor unitário $\{n\}$, pode ser expresso como a seguir:

$$\{I_n\} = \int_C \{p\} \times (\{n\} \times \{p\})\, dm \tag{2.10}$$

E, portanto, o tensor de inércia de C com relação ao ponto O é definido a partir da seguinte integral:

$$[I] = \int_C (p^2 [1] - \{p\} \otimes \{p\})\, dm \tag{2.11}$$

em que [1] é o tensor identidade, p é o módulo de $\{p\}$ e o operador $\otimes$ representa o produto tensorial definido conforme a seguir:

$$\{p\} \otimes \{p\} = \begin{bmatrix} p_x p_x & p_x p_y & p_x p_z \\ p_y p_x & p_y p_y & p_y p_z \\ p_z p_x & p_z p_y & p_z p_z \end{bmatrix} \tag{2.12}$$

Capítulo 2

Um tensor é um ente matemático cujas propriedades independem do sistema de coordenadas. A ordem de um tensor está relacionada com o número de componentes necessários à sua caracterização. Muitas grandezas físicas necessitam de uma caracterização tensorial. Os tensores representam uma generalização de todas as grandezas físicas. Os tensores de ordem zero, os escalares, representam grandezas como massa e temperatura. Os tensores de ordem um, os vetores, representam grandezas como velocidade, aceleração e força. Os tensores de segunda ordem representam grandezas como inércia, tensão e deformação. Outras grandezas físicas estão associadas a tensores de ordem superior a dois. Um tensor de ordem n necessita de 3^n componentes para ser definido no espaço R^3.

Uma situação conveniente é definir um sistema de eixos em que o vetor inércia é paralelo ao vetor normal da superfície. Esse sistema de eixo particular é definido como sistema principal de inércia e, nesse sistema, o tensor de inércia assume uma forma diagonal, conforme mostrado a seguir:

$$[I] = \begin{bmatrix} I_1 & 0 & 0 \\ 0 & I_2 & 0 \\ 0 & 0 & I_3 \end{bmatrix} \quad (2.13)$$

Para movimentos planos, a aceleração angular é perpendicular ao plano, e, dessa forma, tem-se uma situação na qual é fácil comparar a inércia de rotação com a de translação:

$$M = I\ddot{\theta} \quad (2.14)$$

Dessa forma, o elemento de inércia relaciona torques e acelerações angulares, e a relação entre essas grandezas é proporcional à inércia do corpo na direção analisada.

2.2 Alguns sistemas dinâmicos discretos

As diferentes combinações dos elementos discretos resultam em sistemas mecânicos distintos. Cada um deles é descrito por uma equação de movimento que depende da quantidade e da forma como os elementos discretos são conectados. De uma maneira geral, entende-se que esse tipo de sistema é um protótipo de sistemas dinâmicos mais complexos. A dinâmica desses sistemas, contudo, tem características similares desde que representando situações apropriadas. Assim, a dinâmica de um oscilador linear pode representar o movimento de um barco, uma plataforma de petróleo, a asa de um avião, ou um carro.

2.2.1 Oscilador linear

Considere um oscilador constituído de um sistema massa-mola-amortecedor, construído a partir dos elementos de inércia, elástico e dissipador, associados conforme indicado na Figura 2.9, e submetido a uma excitação externa que é uma função do tempo. A Figura 2.9 mostra um desenho esquemático do oscilador e o diagrama de corpo livre construído a partir dele, representando as forças exercidas a partir dos elementos.

Por meio do diagrama de corpo livre, identificam-se as forças que atuam na massa m, em que g_b é a aceleração da gravidade. Assim, na direção vertical, tem-se uma equação de equilíbrio estático na qual o peso da massa se anula com as reações nos vínculos:

$$mg_b - F_1 - F_2 = 0 \quad (2.15)$$

Na direção horizontal, o equilíbrio é estabelecido por meio da segunda lei de Newton, o que resulta na seguinte equação de movimento:

$$F(t) - F_R - F_D = m\ddot{u} \quad (2.16)$$

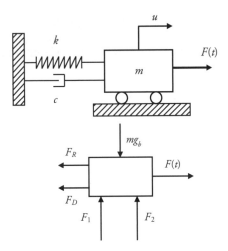

Figura 2.9 Oscilador linear.

Nesse momento, deve-se descrever o comportamento do elemento elástico e de dissipação. Considerando um comportamento linear para a rigidez e uma dissipação viscosa linear, tem-se que:

$$\begin{cases} F_R = k\,u \\ F_D = c\,\dot{u} \end{cases} \tag{2.17}$$

Com isso, escreve-se a seguinte equação de movimento para um oscilador linear:

$$m\ddot{u} + c\dot{u} + k\,u = F(t) \tag{2.18}$$

Trata-se de uma equação diferencial ordinária (EDO) de segunda ordem. Dividindo por m, chega-se a seguinte expressão:

$$\ddot{u} + 2\xi\omega_n\dot{u} + \omega_n^2 u = f(t) \tag{2.19}$$

em que $2\xi\omega_n = \dfrac{c}{m}$; $\omega_n^2 = \dfrac{k}{m}$; $f(t) = \dfrac{F(t)}{m}$.

O parâmetro ω_n é a frequência natural que representa o número de ciclos que um movimento executa durante uma unidade de tempo. Esse parâmetro é uma característica fundamental do sistema, definida a partir da relação entre a rigidez e a rigidez. Portanto, o aumento da rigidez sem alterar a rigidez tende a aumentar a frequência natural, tornando a resposta natural mais rápida. Por outro lado, o aumento da rigidez, mantendo a rigidez constante, tende a diminuir a frequência, o que proporciona uma resposta mais lenta. O parâmetro ξ é um fator de amortecimento e representa a característica de dissipação do sistema.

Outra forma de considerar o oscilador linear é assumir que o movimento ocorre na vertical, conforme indicado na Figura 2.10. Nessa condição, o efeito da gravidade passa a influenciar a dinâmica do sistema e deve ser considerado.

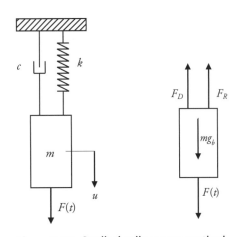

Figura 2.10 Oscilador linear na vertical.

Estabelecendo o equilíbrio na direção vertical a partir do uso da segunda lei de Newton, chega-se à seguinte equação:

Capítulo 2

$$F(t) - F_R - F_D + mg_b = m\ddot{u} \tag{2.20}$$

Mais uma vez, assume-se um comportamento linear para o elemento elástico e uma dissipação viscosa linear. Com isso,

$$m\ddot{u} + c\dot{u} + ku - mg_b = F(t) \tag{2.21}$$

Essa equação apresenta um termo a mais que a equação de movimento para o oscilador na horizontal: o termo mg_b referente à força da gravidade. No entanto, deve-se entender que o efeito da gravidade está associado a uma mudança na posição do ponto de equilíbrio. A partir daí, o comportamento desse oscilador é formalmente o mesmo que o oscilador na horizontal. Para compreender isso, considere que existe um deslocamento estático provocado pela ação da gravidade. Dessa forma, considera-se que o deslocamento total u é o deslocamento causado pela ação da gravidade, u_g, e um deslocamento medido a partir daí, $\bar{u}$:

$$u = u_g + \bar{u} \tag{2.22}$$

Porém o deslocamento u_g pode ser avaliado a partir do equilíbrio estático:

$$u_g = \frac{mg_b}{k} \tag{2.23}$$

Dessa forma, sabendo que u_g é uma constante no tempo, temos que $\dot{u}_g = \ddot{u}_g = 0$. Assim, a equação de movimento pode ser reescrita conforme a seguir:

$$m\ddot{\bar{u}} + c\dot{\bar{u}} + k\bar{u} = F(t) \tag{2.24}$$

Essa é formalmente a mesma equação do oscilador na horizontal. Note que não existe nenhum problema em usar $u = \bar{u}$. Fazendo isso e dividindo por m, chega-se à mesma equação de movimento do oscilador na horizontal:

$$\ddot{u} + 2\xi\omega_n\dot{u} + \omega_n^2 u = f(t) \tag{2.25}$$

O oscilador linear é um protótipo de uma série de sistemas físicos, capaz de capturar aspectos importantes de sua dinâmica. Assim, ao se discutir a resposta de um oscilador linear, pode-se pensar em uma ponte, um prédio, uma máquina rotativa, um motor de combustão, um barco e uma série de outros sistemas cujas respostas possuem as mesmas características gerais.

A abordagem energética representa uma alternativa para modelar um problema mecânico. Nesse contexto, destaca-se o uso das equações de Lagrange, que passam a ser empregadas a partir de agora para modelar o oscilador linear na vertical. Inicialmente, considere a energia potencial do sistema massa-mola-amortecedor apresentado na Figura 2.10, que pode ser entendida como uma combinação da energia potencial gravitacional e a energia potencial elástica da mola:

$$E_P = \frac{1}{2}ku^2 - mg_b u \tag{2.26}$$

A energia cinética do sistema é expressa pela seguinte expressão:

$$E_C = \frac{1}{2}m\dot{u}^2 \tag{2.27}$$

Nesse momento, define-se o lagrangiano do sistema conforme a seguir:

$$\mathcal{L} = E_C - E_P = \frac{1}{2}m\dot{u}^2 - \frac{1}{2}ku^2 + mg_b u \tag{2.28}$$

Tendo em vista que o oscilador possui 1 gdl, considera-se apenas uma coordenada generalizada, u, e a equação de Lagrange possui a seguinte forma:

$$\frac{d}{dt}\left(\frac{\partial \mathcal{L}}{\partial \dot{u}}\right) - \frac{\partial \mathcal{L}}{\partial u} = F^N \qquad (2.29)$$

em que $F^N = F(t) - c\dot{u}$ representa as forças não conservativas do sistema. Note que a dissipação é incluída como uma força não conservativa. Ao substituir a Eq. (2.29) na Eq. (2.30), obtém-se:

$$\frac{d}{dt}(m\dot{u}) + ku - mg_b = F(t) - c\dot{u} \qquad (2.30)$$

Essa equação é formalmente a mesma obtida pela abordagem vetorial. Assumindo que $u = u_g + \overline{u}$, $u_g = \frac{mg_b}{k}$ e $\dot{u}_g = \ddot{u}_g = 0$, chega-se à equação de movimento apresentada na Eq. (2.24):

$$m\ddot{\overline{u}} + c\dot{\overline{u}} + k\overline{u} = F(t) \qquad (2.31)$$

Exemplo 2.1

Considere o sistema mola-massa-polia mostrado na Figura 2.11. Determine sua frequência natural, sabendo-se que a constante da mola é k e que o atrito e a massa na polia podem ser desprezados.

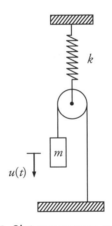

Figura 2.11 Sistema massa-mola-polia.

Solução

Os diagramas de corpo livre da polia e do corpo de massa m e o sistema de coordenadas adotado são apresentados a seguir:

Sistema de coordenadas:

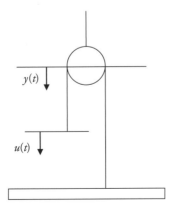

Diagramas de corpo livre:

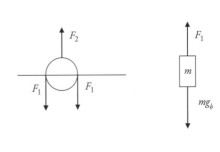

A partir do DCL, tem-se a seguinte equação de equilíbrio para o corpo de massa m:
$$mg_b - F_1 = m\ddot{u}$$
Desprezando-se a massa da polia, pode-se escrever sua equação de equilíbrio:
$$2F_1 = F_2 = ky$$
Substituindo a expressão de F_1, obtida pela equação da polia, na primeira equação obtém-se:
$$mg_b - \frac{ky}{2} = m\ddot{u}$$
Mas, a partir da geometria, tem-se que $u = 2y$, logo:
$$mg_b - \frac{ku}{4} = m\ddot{u} \quad \Rightarrow \quad m\ddot{u} + \frac{ku}{4} - mg_b = 0$$
Faz-se então uma mudança de coordenadas do tipo:
$$u = u_g + \bar{u}$$
em que u é o deslocamento total, u_g é o deslocamento causado pela ação da gravidade e $\bar{u}$ é o deslocamento a partir do equilíbrio estático. Nesse caso, tem-se que $u_g = 4mg_b/k$ e a equação de movimento para deslocamento a partir do equilíbrio estático é:
$$\ddot{\bar{u}} + \frac{k}{4m}\bar{u} = 0$$
Com isso, temos a seguinte frequência natural: $\omega_n = \sqrt{k/4m}$.

2.2.2 Sistemas físicos representados por um oscilador linear

Esta seção tem por objetivo apresentar alguns sistemas físicos descritos pela equação de movimento do oscilador linear. Para isso, discute-se a dinâmica de diversos exemplos que incluem o pêndulo, um corpo submerso em um fluido, um fluido em um tubo em U, e uma viga.

2.2.2.1 Pêndulo

O pêndulo é um sistema dinâmico que aparece em diferentes situações físicas. Suas aplicações vão desde medição do tempo até balísticas. Considere, portanto, uma massa m suspensa por uma haste de comprimento L, conforme mostrado na Figura 2.12.

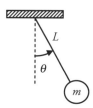

Figura 2.12 Pêndulo.

Estabelecendo o equilíbrio de momentos em relação ao ponto de conexão da haste do pêndulo com a extremidade fixa, tem-se:
$$-mg_b L \operatorname{sen}(\theta) = I\ddot{\theta} \tag{2.32}$$

A inércia da haste do pêndulo em relação ao ponto de conexão é definida por $I = mL^2$, e, portanto, pode-se escrever:

$$mL^2\ddot{\theta} + mg_bL\,\text{sen}(\theta) = 0 \tag{2.33}$$

Dividindo a Eq. (2.33) por mL^2, chega-se à seguinte equação de movimento:

$$\ddot{\theta} + \omega_n^2\,\text{sen}(\theta) = 0 \tag{2.34}$$

em que $\omega_n^2 = g_b/L$. A equação de movimento do pêndulo é não linear em razão do termo sen(θ). Assumindo pequenas oscilações, temos que sen(θ) ≈ θ, e assim é obtida uma equação linear apresentada a seguir:

$$\ddot{\theta} + \omega_n^2\theta = 0 \tag{2.35}$$

Essa equação é a mesma apresentada para o oscilador linear, sem forçamento externo e sem dissipação de energia, em que a frequência natural é $\omega_n = \sqrt{g_b/L}$. Isso significa que a força de restituição é dada pela aceleração da gravidade e que não existe dependência da massa do sistema, mas do comprimento da haste do pêndulo.

2.2.2.2 Corpo submerso em um fluido

O movimento de corpos submersos é um tema de grande importância, com aplicações importantes na dinâmica de barcos e plataformas de petróleo. O princípio fundamental dessa dinâmica pode ser visualizado quando um cilindro de seção transversal constante A e massa m é suavemente mergulhado de uma distância u em relação à superfície em uma solução líquida de massa específica, ρ, e depois é solto. A Figura 2.13 mostra um esquema do sistema em questão.

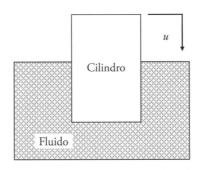

Figura 2.13 Corpo submerso em um fluido.

Assumindo que o movimento do cilindro se dá apenas na vertical, sem apresentar nenhuma rotação, o equilíbrio das forças é dado por:

$$mg_b - \rho g_b V = m\ddot{u} \tag{2.36}$$

Note que o termo $\rho g_b V$ descreve a força exercida pelo fluido sobre o corpo como proporcional ao volume de fluido deslocado, $V = Au$. Dessa forma, podemos escrever:

$$m\ddot{u} + \rho g_b Au - mg = 0 \tag{2.37}$$

No equilíbrio $\ddot{u} = 0$ e $u = u_e$, então:

$$\rho g_b Au_e = mg_b \tag{2.38}$$

portanto, $u_e = \dfrac{m}{\rho A}$. Considerando que o sistema oscila em torno de u_e, tem-se que $u = u_e + \bar{u}$, e portanto:

$$m\ddot{\overline{u}} + \rho g_b A\overline{u} + \rho g_b A \frac{m}{\rho A} - mg_b = 0 \tag{2.39}$$

Tem-se, então, a seguinte equação de movimento avaliada a partir de u_e:

$$\ddot{\overline{u}} + \omega_n^2 \overline{u} = 0 \tag{2.40}$$

que é a equação do oscilador linear com frequência natural dada por $\omega_n = \sqrt{\dfrac{\rho g_b A}{m}}$. Note que o aumento de ρ e de A provoca um aumento de ω_n, enquanto um aumento de m provoca uma diminuição de ω_n.

2.2.2.3 Fluido em um tubo em U

Um manômetro é um dispositivo utilizado para medir pressão e seu emprego é vasto em diversas aplicações. Considere, portanto, um tubo em U de seção transversal, A, contendo um fluido de massa específica ρ. Uma variação de pressão provoca um deslocamento do fluido, conforme indicado na Figura 2.14.

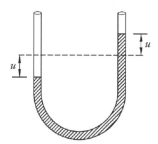

Figura 2.14 Fluido em um tubo em U representando um manômetro.

Inicialmente, considera-se que o fluido ocupa um comprimento L do tubo e, portanto, sua massa é dada por:

$$m = \rho L A \tag{2.41}$$

A força resultante que atua no fluido se dá pela diferença de pressão:

$$F_R = -\rho g_b 2uA \tag{2.42}$$

Estabelecendo o equilíbrio, tem-se a seguinte equação de movimento:

$$\rho l A \ddot{u} + 2\rho g_b A u = 0 \tag{2.43}$$

Ou ainda:

$$\ddot{u} + \omega_n^2 u = 0 \tag{2.44}$$

que é a equação do oscilador linear com frequência natural $\omega_n = \sqrt{\dfrac{2g_b}{l}}$.

2.2.2.4 Viga

A viga é um elemento estrutural de vasta utilização em sistemas mecânicos, caracterizado por ser unidimensional e estar submetido a esforços de flexão. Trata-se de um sistema contínuo que pode ser analisado a partir de um sistema discreto para algumas situações especiais. Esse sistema representa uma série de situações físicas, e inclui uma asa de um avião durante o voo. Considere, portanto, uma massa m acoplada a uma viga elástica de comprimento L, módulo elástico E, inércia I e rigidez EI e com massa desprezível em relação à massa concentrada. A Figura 2.15 mostra uma representação esquemática desse sistema.

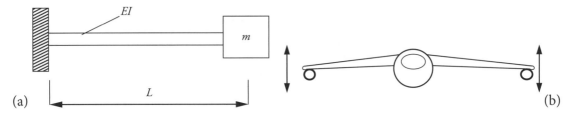

Figura 2.15 (a) Viga engastada com massa concentrada acoplada na extremidade; (b) avião durante o voo.

No caso de pequenas oscilações, a vibração transversal dessa viga pode ser representada por um sistema massa-mola com uma rigidez equivalente, conforme indicado na Figura 2.16. Para determinar a rigidez equivalente, considera-se uma força estaticamente aplicada na extremidade da viga, avaliando o deslocamento resultante, conforme indicado na Figura 2.16a. Essa análise requer o conhecimento da equação da viga, apresentada em diversos textos de Mecânica dos Sólidos (Crandall, Dahl e Lardner, 1978; Popov, 1978). A partir daí, chega-se à seguinte expressão para o deslocamento resultante:

$$u_e = \frac{FL^3}{3EI} \tag{2.45}$$

A rigidez equivalente é definida a partir da relação entre a força e o deslocamento, dada por:

$$k_e = \frac{F}{u_e} = \frac{3EI}{L^3} \tag{2.46}$$

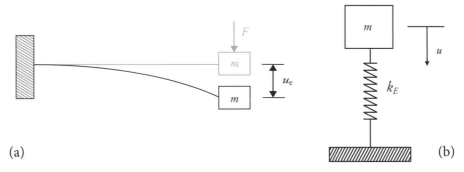

Figura 2.16 (a) Deslocamento estático de uma viga; (b) sistema massa-mola com rigidez equivalente.

Dessa forma, a equação de movimento para a oscilação transversal da viga em torno de u_e é:

$$\ddot{u} + \omega_n^2 u = 0 \tag{2.47}$$

que mais uma vez é a equação do oscilador linear com um frequência natural $\omega_n = \sqrt{\dfrac{3EI}{mL^3}}$.

2.2.3 Associação de elementos

Um oscilador é um protótipo de uma série de sistemas dinâmicos; assim, seu estudo representa diferentes sistemas físicos com inúmeras aplicações. Uma maneira de aumentar ainda mais as aplicações que podem ser descritas a partir de um oscilador linear é considerar diferentes formas de associação dos elementos que compõem um sistema discreto. A seguir, tratam-se algumas dessas possibilidades. Os casos clássicos de associação são aqueles realizados em série e em paralelo. Inicialmente, considere a associação em paralelo de dois elementos elásticos, conforme mostrado na Figura 2.17.

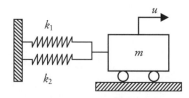

Figura 2.17 Associação em paralelo de elementos.

A associação em paralelo de elementos considera que os deslocamentos dos dois elementos elásticos são iguais. Além disso, a força aplicada é dividida entre os dois elementos. Dessa forma, tem-se que:

$$u_1 = u_2 = u \text{ e } F_1 + F_2 = F \tag{2.48}$$

Assim, utilizando uma relação linear para o elemento elástico, tem-se que:

$$(k_1 + k_2)u = F \tag{2.49}$$

Portanto, define-se uma rigidez equivalente que relaciona a força F com o deslocamento u:

$$k_E u = F \tag{2.50}$$

em que $k_E = k_1 + k_2$.

Outra forma de associação de elementos é em série, conforme mostrado na Figura 2.18. Nessa condição, a força em cada elemento deve ser igual à força aplicada. Com isso, o deslocamento é dividido entre os dois elementos. Dessa forma, tem-se que:

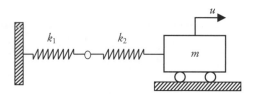

Figura 2.18 Associação em série de elementos.

$$u_1 + u_2 = u \text{ e } F_1 = F_2 = F \tag{2.51}$$

Assim, utilizando uma relação linear, tem-se que:

$$\left(\frac{1}{k_1} + \frac{1}{k_2}\right)F = u \tag{2.52}$$

Portanto, define-se uma rigidez equivalente que relaciona a força F com o deslocamento u:

$$k_E u = F \tag{2.53}$$

em que $k_E = \dfrac{k_1 k_2}{k_1 + k_2}$.

2.2.3.1 Oscilador com atrito seco

Considere um oscilador massa-mola no qual o elemento de inércia está em contato com uma superfície, apresentando atrito seco entre elas. A Figura 2.19 mostra um desenho esquemático do oscilador e o diagrama de corpo livre construído a partir dele, representando as forças exercidas a partir dos elementos.

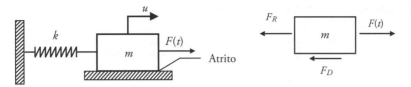

Figura 2.19 Oscilador com atrito seco.

Por meio do diagrama de corpo livre, identificam-se as forças que atuam no corpo de massa m. Usando a segunda lei de Newton, escreve-se a seguinte equação:

$$F(t) - F_R - F_D = m\ddot{u} \qquad (2.54)$$

Essa equação é formalmente igual àquela obtida com a dissipação viscosa. No entanto, a equação que governa o atrito seco é diferente. Dessa forma, tem-se que:

$$\begin{cases} F_R = ku \\ F_D = \mu N \, \text{sign}(\dot{u}) = \mu m g_b \, \text{sign}(\dot{u}) \end{cases} \qquad (2.55)$$

Com isso, a equação do movimento para esse caso é:

$$m\ddot{u} + ku = F(t) - \mu m g_b \, \text{sign}(\dot{u}) \qquad (2.56)$$

Dividindo por m, chega-se à seguinte equação:

$$\mu g_b \, \text{sign}(\dot{u}) + \ddot{u} + \omega_n^2 u = f(t) \qquad (2.57)$$

Essa equação é não linear por envolver a função $\text{sign}(\dot{u})$. No entanto, é possível resolvê-la considerando, por exemplo, um movimento em um único sentido (velocidades positivas ou negativas).

2.2.4 Analogia eletromecânica

Dois sistemas físicos são análogos quando descritos pelo mesmo modelo matemático representado por um conjunto de equações diferenciais. Assim, os sistemas mecânicos podem ser equivalentes a sistemas elétricos e vice-versa. De fato, o que se convencionou chamar de computadores analógicos nada mais é do que construir um circuito eletrônico que represente determinada equação diferencial. Existem duas formas de estabelecer a analogia eletromecânica: analogia força-corrente e analogia força-tensão elétrica.

A analogia força-corrente é amparada na primeira lei de Kirchhoff (lei das correntes ou leis dos nós) e estabelece as seguintes quantidades análogas:

Sistema mecânico	Sistema elétrico
Força (F) ou Torque (M)	Corrente elétrica (j)
Massa (m) ou Inércia (I)	Capacitância (C)
Coeficiente Amortecimento Viscoso (c)	Inverso da Resistência ($1/R$)
Rigidez (k)	Inverso da Indutância ($1/L$)
Deslocamento (u ou θ)	Fluxo magnético (Ψ)
Velocidade ($\dot{u}$ ou $\dot{\theta}$)	Tensão elétrica (V)
Aceleração ($\ddot{u}$ ou $\ddot{\theta}$)	dV/dt

A partir dessa analogia, os elementos elétricos são definidos conforme a seguir:

Tipo	Elemento	Coeficiente	Representação
Elemento elástico	Indutor	1/L	L
Dissipador	Resistor	1/R	R
Inércia	Capacitor	C	C

Para avaliar a analogia força-corrente, considere o sistema mecânico representado pelo oscilador linear, massa-mola-amortecedor, e um sistema elétrico resistor-indutor-capacitor em paralelo apresentado na Figura 2.20.

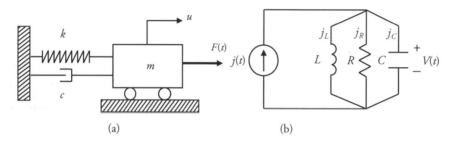

Figura 2.20 Sistemas análogos: (a) oscilador mecânico massa-mola-amortecedor 1 gdl; (b) circuito elétrico resistor-indutor-capacitor em paralelo.

O sistema mecânico apresentado na Figura 2.20a é governado por uma equação de movimento do tipo:

$$m\ddot{u} + c\dot{u} + ku = F(t) \tag{2.58}$$

Para modelar o sistema elétrico apresentado na Figura 2.20b, utiliza-se a lei dos nós, segundo a qual:

$$j_C + j_R + j_L = j \tag{2.59}$$

Usando as equações constitutivas dos elementos discretos elétricos:

$$C\frac{dV}{dt} + \frac{V}{R} + \frac{1}{L}\int_o^t V dt = j \tag{2.60}$$

Sabendo-se que $V = \dot{\Psi}$, obtém-se a seguinte equação de movimento para o sistema elétrico:

$$C\dddot{\Psi} + \frac{1}{R}\ddot{\Psi} + \frac{1}{L}\dot{\Psi} = j \tag{2.61}$$

o que é equivalente ao sistema mecânico.

A analogia força-tensão elétrica é amparada pela segunda lei de Kirchhoff (lei das tensões ou lei das malhas) e estabelece as seguintes quantidades análogas:

Sistema mecânico	Sistema elétrico
Força (F) ou Torque (M)	Tensão elétrica (V)
Massa (m) ou Inércia (I)	Indutância (L)
Coeficiente Amortecimento Viscoso (c)	Resistência (R)
Rigidez (k)	Inverso da Capacitância ($1/C$)
Deslocamento (u ou θ)	Carga elétrica (q)
Velocidade ($\dot{u}$ ou $\dot{\theta}$)	Corrente elétrica (j)
Aceleração ($\ddot{u}$ ou $\ddot{\theta}$)	Dj/dt

A partir dessa analogia, os elementos elétricos são definidos conforme a seguir:

Tipo	Elemento	Coeficiente	Representação
Elemento elástico	Capacitor	$1/C$	
Dissipador	Resistor	R	
Inércia	Indutor	L	

Considere o sistema mecânico massa-mola-amortecedor com 1 gdl e o sistema elétrico resistor-indutor-capacitor em série apresentados na Figura 2.21.

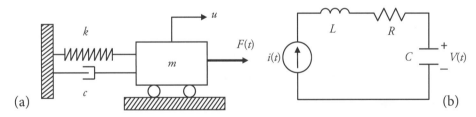

Figura 2.21 Sistemas análogos: (a) oscilador mecânico massa-mola-amortecedor 1 gdl; (b) circuito elétrico resistor-indutor-capacitor em série.

A modelagem do sistema elétrico a partir da lei das malhas é dada por:

$$L\frac{dj}{dt} + Rj + \frac{1}{C}\int_o^t j\,dt = V \tag{2.62}$$

Sabendo-se que $j = \frac{dq}{dt}$, $\frac{dj}{dt} = \frac{d^2q}{dt^2}$ e $\int_0^t j\,dt = q$, obtém-se a seguinte equação de movimento para o sistema elétrico:

$$L\ddot{q} + R\dot{q} + \frac{1}{C}q = V \tag{2.63}$$

que mais uma vez é equivalente ao sistema mecânico.

2.2.5 Outros sistemas

A dinâmica de um sistema dinâmico discreto depende da forma como os elementos discretos são associados. Esta seção promove uma investigação de diferentes sistemas constituídos a partir de formas alternativas de acoplar os elementos. Inicialmente, considere um sistema em que o elemento dissipador está diretamente acoplado à inércia, conforme mostrado na Figura 2.22.

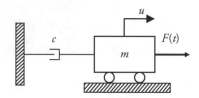

Figura 2.22 Sistema massa-amortecedor.

Estabelecendo o equilíbrio por meio de um diagrama de corpo livre, chega-se à seguinte equação:

$$F(t) - F_D = m\ddot{u} \qquad (2.64)$$

Com isso, escreve-se a seguinte equação do movimento:

$$m\ddot{u} + c\dot{u} = F(t) \qquad (2.65)$$

Dividindo por m, chega-se à seguinte expressão:

$$\ddot{u} + 2\xi\omega_n\dot{u} = f(t) \qquad (2.66)$$

Outra alternativa é um sistema sem massa. Trata-se de um sistema viscoelástico no qual a inércia pode ser desprezada, conforme mostrado na Figura 2.23.

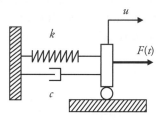

Figura 2.23 Sistema mola-amortecedor.

Fazendo o equilíbrio de forças por meio de um diagrama de corpo livre, chega-se à seguinte equação:

$$F(t) - F_E - F_D = 0 \qquad (2.67)$$

Com isso, escreve-se a seguinte equação de movimento:

$$c\dot{u} + ku = F(t) \qquad (2.68)$$

Dividindo por m, chega-se a uma EDO de primeira ordem apresentada a seguir:

$$\dot{u} + \alpha u = f(t) \qquad (2.69)$$

em que $\alpha = k/c$ e $f(t) = F(t)/c$. Note que esse sistema possui uma característica essencialmente diferente do oscilador linear, o que é observável pela redução da ordem da equação diferencial.

Considere agora um sistema em que a massa está acoplada a elementos elástico e dissipador conectados em série, conforme mostrado na Figura 2.24. Esse acoplamento pode representar a dinâmica de um sistema viscoelástico.

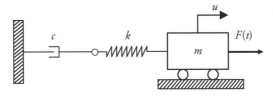

Figura 2.24 Sistema com elementos acoplados em série.

Como o sistema possui o elemento elástico associado em série ao elemento de dissipação, então $u = u_1 + u_2$ e $F_R = F_1 = F_2$. Assim, a partir das relações constitutivas, tem-se que:

$$\dot{u}_1 = \frac{F_R}{c} \text{ e } \dot{u}_2 = \frac{\dot{F}_R}{k} \tag{2.70}$$

Portanto, tem-se que:

$$\dot{u} = \dot{u}_1 + \dot{u}_2 = \frac{F_R}{c} + \frac{\dot{F}_R}{k} \tag{2.71}$$

Aplicando a segunda lei de Newton, chega-se a:

$$\frac{m\ddot{u}}{k} + \frac{m\ddot{u}}{c} - \dot{u} = 0 \tag{2.72}$$

Ou, ainda:

$$\dddot{u} + \frac{\omega_n}{2\xi}\ddot{u} - \omega_n^2 \dot{u} = 0 \tag{2.73}$$

Note que a análise dos sistemas alternativos propostos nesta seção resultou em EDOs diferentes daquela obtida para o oscilador linear. De fato, as EDOs apresentadas possuem ordens diferentes, e cada uma delas define uma nova família de sistemas mecânicos.

2.3 Variáveis de estado

Um sistema dinâmico é descrito por uma equação diferencial que define uma evolução quadro a quadro da realidade. Portanto, um sistema dinâmico pode ser entendido como a evolução das variáveis de estado do sistema, $\{X\}$, que é continuamente transformado por uma função $\{g\}$. Em termos matemáticos, um sistema dinâmico pode ser representado por um sistema de equações diferenciais do tipo:

$$\{\dot{X}\} = \{g(\{X\}, t)\}, \ \{X\} \in R^n, \ t \in R^1 \tag{2.74}$$

O espaço de fase (ou espaço de estado) de um sistema dinâmico é definido como o espaço formado pelas variáveis dependentes de sistema $\{X\}$, as variáveis de estado. Isso representa um quadro da realidade e, portanto, as variáveis de estado são responsáveis pela definição desse quadro, o estado do sistema. De um modo geral, o espaço de fase forma um conjunto aberto no R^n. Uma partícula que se movimenta em um meio unidimensional possui um espaço de fase no R^2, representado por sua posição e sua velocidade. Se essa partícula está livre para se movimentar em um espaço tridimensional, tem-se um espaço de fase de dimensão 6, associado a três coordenadas de posição e três de velocidade. Note que o conhecimento de todas as variáveis do sistema em um dado instante define o estado do sistema.

Uma definição importante no contexto de sistemas dinâmicos é o ponto de equilíbrio. $\{\bar{X}\} = \{g(\{\bar{X}_i\})\}$ é um ponto de equilíbrio de um sistema dinâmico do tipo apresentado na Eq. (2.75), se esse ponto for estacionário à medida que o tempo evolui. Assim, na perspectiva mecânica, deve-se ter velocidade e aceleração nulas, o que é representado pela seguinte condição:

$$\{g(\bar{X}_i)\} = \{0\} \tag{2.75}$$

O oscilador linear, descrito por uma equação diferencial ordinária de segunda ordem, pode ser escrito em termos de um sistema de equações de primeira ordem, $\{\dot{X}\} = [A]\{X\} + \{f(t)\}$ recaindo na forma mostrada. Assim,

$$\begin{cases} \dot{X}_1 = \dot{u} = v \\ \dot{X}_2 = \dot{v} = f(t) - \omega_n^2 u - 2\xi\omega_n v \end{cases} \quad (2.76)$$

Note que:

$$\{X\} = \begin{Bmatrix} X_1 \\ X_2 \end{Bmatrix} = \begin{Bmatrix} u \\ v \end{Bmatrix}$$

$$\{g\} = \begin{Bmatrix} g_1 \\ g_2 \end{Bmatrix} = \begin{Bmatrix} v \\ f(t) - \omega_n^2 u - 2\xi\omega_n v \end{Bmatrix} \quad (2.77)$$

Dessa forma, as variáveis de estado do oscilador linear, representadas pelo vetor $\{X\}$, são a posição e a velocidade. Conhecendo-se essas variáveis, conhece-se completamente a dinâmica do sistema em um dado instante. O uso dessas variáveis de estado é conveniente em diversas situações; uma delas é a aplicação direta em algoritmos de integração numérica.

A avaliação dos pontos de equilíbrio do oscilador é feita ao se considerar a condição $\{g(\bar{X}_i)\} = \{0\}$. Assim:

$$\{g(\bar{X}_i)\} = \begin{Bmatrix} \bar{v} \\ \omega_n^2 \bar{u} - 2\xi\omega_n \bar{v} \end{Bmatrix} = \begin{Bmatrix} 0 \\ 0 \end{Bmatrix} \quad (2.78)$$

O que implica que:

$$\{\bar{X}\} = \begin{Bmatrix} \bar{u} \\ \bar{v} \end{Bmatrix} = \begin{Bmatrix} 0 \\ 0 \end{Bmatrix} \quad (2.79)$$

Dessa forma, o ponto no espaço de estado com posição e velocidade nulas representa um ponto de equilíbrio. Com isso, pode-se dizer que o ponto de equilíbrio está na origem do espaço de fase.

2.4 Exercícios

P2.1 Considere uma massa suspensa e submetida à ação da gravidade, conforme mostrado na figura a seguir. Avalie a equação de movimento desse oscilador.

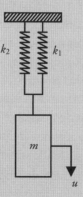

Figura P2.1

P2.2 Considere que o disco de massa m, apresentado na figura a seguir, gira sem deslizar. Obtenha as equações de movimento, identificando a rigidez equivalente e a frequência natural do sistema.

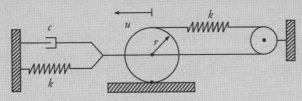

Figura P2.2

P2.3 Um disco semicircular de raio r e massa m está pivotado no ponto O, conforme mostrado na figura. Avalie a equação de movimento do sistema e a frequência natural de oscilação do disco assumindo pequenos ângulos. O que acontece com a frequência natural se em vez de um disco fosse um arco semicircular?

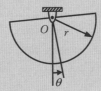

Figura P2.3

P2.4 Um motor de massa M é sustentado por quatro molas, cada uma possuindo constante k. O desbalanceamento do rotor é equivalente a uma massa m localizada a uma distância R do eixo de rotação. O movimento do motor é restringido a ser vertical. Avalie a equação do movimento e a frequência natural do sistema.

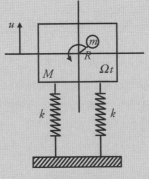

Figura P2.4

P2.5 Considere o sistema mostrado na figura. Avalie a equação do movimento e a frequência natural do sistema.

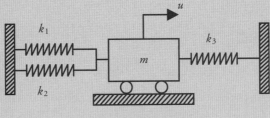

Figura P2.5

P2.6 Considere uma embarcação que está inclinada de um ângulo θ conforme mostrado na figura. O momento de inércia da embarcação pode ser representado por J. Discuta a dinâmica da embarcação avaliando a frequência natural do movimento.

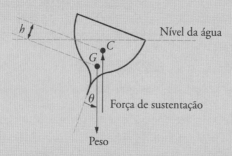

Figura P2.6

P2.7 Um sistema mecânico pode ser representado por uma barra rígida de comprimento L que é rotulada em uma extremidade e possui uma massa acoplada na outra. Uma mola e um amortecedor estão conectados a uma distância a do suporte conforme mostrado na figura. Avalie a equação de movimento e a frequência natural do sistema.

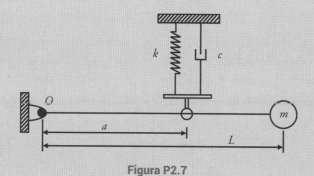

Figura P2.7

P2.8 Considere o sistema mostrado na figura que consiste em uma barra rígida de massa m articulada no ponto O. O sistema está excitado a partir do movimento de base $y(t)$. Avalie as equações de movimento e a frequência natural do sistema.

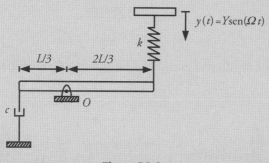

Figura P2.8

P2.9 Utilize as equações de Lagrange para obter as equações de movimentos dos exercícios anteriores.

3
Vibrações Livres

Vibração livre representa a resposta do sistema dinâmico sem nenhum forçamento externo. Dessa forma, trata-se de uma característica natural do sistema. Do ponto de vista matemático, há interesse na solução da equação diferencial de movimento homogênea. Este capítulo é dedicado a explorar a resposta de um oscilador linear submetido a vibrações livres.

Considere, portanto, um oscilador linear na ausência de forças externas, $f(t) = 0$. Dessa forma, a equação de movimento é uma equação diferencial ordinária (EDO) de segunda ordem e homogênea:

$$\ddot{u} + 2\xi\omega_n \dot{u} + \omega_n^2 u = 0 \qquad (3.1)$$

Nesse momento, assume-se uma solução do tipo:

$$u = Ae^{st} \qquad (3.2)$$

Note que estamos sugerindo uma forma para a solução da equação diferencial. Isso implica que devemos verificar se ela a satisfaz e, portanto, atende ao equilíbrio dinâmico do sistema físico. O fato de a solução existir e ser única aponta que, se encontrarmos *uma* solução da equação, encontramos *a* solução. Assim, voltando à equação de movimento, obtemos:

$$(s^2 + 2\xi\omega_n s + \omega_n^2)Ae^{st} = 0 \qquad (3.3)$$

Nesse momento, vemos que, para que a solução proposta satisfaça a equação diferencial, deve-se ter a seguinte condição:

$$s^2 + 2\xi\omega_n s + \omega_n^2 = 0 \qquad (3.4)$$

Cujas soluções são:

$$s_{1,2} = \omega_n\left(-\xi \pm \sqrt{\xi^2 - 1}\right) \qquad (3.5)$$

Deve-se observar que a natureza da solução depende do valor do parâmetro ξ. Sabendo que $i = \sqrt{-1}$, há as seguintes possibilidades:

Capítulo 3

$$\xi = 0 \;\rightarrow\; s_{1,2} = \pm i\omega_n \;\rightarrow\; \text{Vibrações harmônicas.}$$

$$0 < \xi < 1 \;\rightarrow\; s_{1,2} = \omega_n\left(-\xi \pm i\sqrt{1-\xi^2}\right) \;\rightarrow\; \text{Vibrações subamortecidas.}$$

$$\xi = 1 \;\rightarrow\; s_1 = s_2 = -\omega_n \;\rightarrow\; \text{Movimento criticamente amortecido.}$$

$$\xi > 1 \;\rightarrow\; s_{1,2} = \omega_n\left(-\xi \pm \sqrt{\xi^2-1}\right) \;\rightarrow\; \text{Movimento superamortecido.}$$

Essas possibilidades definem um cenário de respostas que podem ser mais bem visualizadas no plano complexo (plano s), avaliando o lugar geométrico das raízes como uma função do parâmetro ξ. A Figura 3.1 mostra esse lugar geométrico sabendo que um número complexo pode ser representado como s = Re(s) + iIm(s).

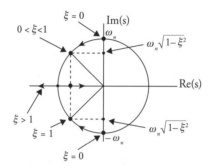

Figura 3.1 Lugar geométrico das raízes da equação de movimento.

A seguir, trata-se cada uma das respostas separadamente. Depois disso, apresenta-se uma análise das formas de decaimento da resposta no tempo.

3.1 Vibrações livres harmônicas

Todos os sistemas naturais possuem algum tipo de dissipação de energia. Portanto, um sistema não dissipativo representa uma idealização de um sistema real. Apesar disso, o estudo de sistemas não dissipativos, além de didaticamente útil, é de grande importância no contexto de representar uma caricatura de sistemas reais, realçando algumas de suas principais características. Nesse contexto, considere um oscilador linear livre de forçamento e sem amortecimento ($f(t) = 0$ e $\xi = 0$). Nessas condições, tem-se que $s_{1,2} = \pm i\omega_n$. Essa conclusão poderia ser obtida a partir da seguinte equação do movimento:

$$\ddot{u} + \omega_n^2 u = 0 \tag{3.6}$$

Dessa forma, propondo a mesma solução proposta anteriormente:

$$u = A e^{st} \tag{3.7}$$

Volta-se à equação do movimento obtendo a seguinte expressão:

$$(s^2 + \omega_n^2)A e^{st} = 0 \tag{3.8}$$

Com isso, tem-se a seguinte solução: $s_{1,2} = \pm i\omega_n$. Isso representa duas soluções possíveis que constituem uma base no espaço de funções em que se expande a solução geral. A solução pode, portanto, ser entendida como uma combinação linear das duas soluções em que cada função é multiplicada por um peso da seguinte forma:

$$u = A_1 e^{i\omega_n t} + A_2 e^{-i\omega_n t} \tag{3.9}$$

em que A_1 e A_2 são as constantes de integração ou os pesos da combinação linear definidos a partir das condições iniciais.

A identidade de Euler estabelece que:

$$e^{\pm i\theta} = \cos(\theta) \pm i\,\text{sen}(\theta) \tag{3.10}$$

E, portanto, é possível reescrever a solução da EDO conforme a seguir:

$$u = C_1 \cos(\omega_n t) + C_2 \,\text{sen}(\omega_n t) \tag{3.11}$$

em que $C_1 = A_1 + A_2$ e $C_2 = i(A_1 - A_2)$ são os pesos.

Essa solução pode ser vista como um cosseno defasado de um ângulo φ. Dessa forma, definindo-se:

$$C_1 = A_1 + A_2 = A\cos(\varphi)$$
$$C_1 = i(A_1 - A_2) = A\,\text{sen}(\varphi) \tag{3.12}$$

chega-se à seguinte forma para a solução:

$$u = A\cos(\omega_n t - \varphi) \tag{3.13}$$

Agora, A está associado à amplitude do movimento, enquanto φ é o ângulo de fase. Essas variáveis podem ser visualizadas considerando o diagrama vetorial mostrado na Figura 3.2.

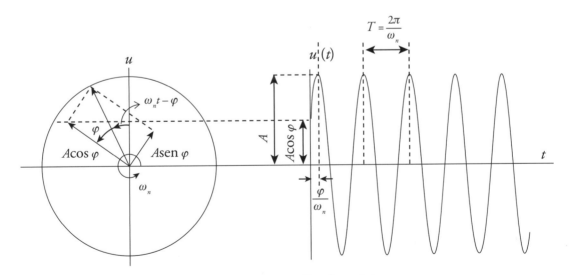

Figura 3.2 Oscilação livre harmônica.

O movimento associado a um oscilador não dissipativo é uma oscilação harmônica e, portanto, periódica. Por definição, um movimento periódico se repete a cada período T. Assim, é possível escrever:

$$u(t) = u(t + T) \tag{3.14}$$

A partir da forma da solução, tem-se:

$$A\cos(\omega_n t - \varphi) = A\cos(\omega_n(t + T) - \varphi) \tag{3.15}$$

Com isso, estabelece-se uma relação entre período e frequência:

$$\omega_n t - \varphi + 2\pi = \omega_n t + \omega_n T - \varphi \quad \Rightarrow \quad T = \frac{2\pi}{\omega_n} \tag{3.16}$$

Período é o intervalo de tempo decorrido entre dois estados semelhantes. Por sua vez, frequência é o número de oscilações dentro de um período.

Nesse momento, é importante ressaltar que a solução da equação de movimento do oscilador linear envolve duas constantes de integração (C_1 e C_2; A_1 e A_2; A e φ), uma vez que se trata de uma equação diferencial ordinária de segunda ordem. Essas constantes representam os pesos da combinação linear das funções que constituem a base no espaço de soluções. Esses pesos são definidos a partir das condições iniciais representadas por uma posição e uma velocidade.

$$\begin{cases} u(0) = u_0 \\ \dot{u}(0) = v_0 \end{cases} \tag{3.17}$$

Substituindo as condições iniciais na Eq. 3.11, por exemplo, verifica-se que:

$$\begin{cases} u(0) = C_1 = u_0 \\ \dot{u}(0) = C_2 \omega_n = v_0 \end{cases} \tag{3.18}$$

Com isso:

$$u = u_0 \cos(\omega_n t) + \frac{v_0}{\omega_n} \text{sen}(\omega_n t) \tag{3.19}$$

A partir dessa conclusão, é possível determinar as outras constantes que são equivalentes:

$$\begin{cases} A\cos(\varphi) = u_0 \\ A\,\text{sen}(\varphi) = \dfrac{v_0}{\omega_n} \end{cases} \tag{3.20}$$

Para resolver esse sistema, os termos são elevados ao quadrado, depois somados:

$$A^2\left[\cos^2(\varphi) + \text{sen}^2(\varphi)\right] = u_0^2 + \frac{v_0^2}{\omega_n^2} \tag{3.21}$$

Portanto,

$$A = \sqrt{u_0^2 + \frac{v_0^2}{\omega_n^2}} \tag{3.22}$$

Ao dividir agora a segunda equação pela primeira das Eqs. (3.20), define-se o ângulo de defasagem:

$$\text{tg}(\varphi) = \frac{v_0}{u_0 \omega_n} \tag{3.23}$$

A representação da resposta do sistema no espaço de fase do oscilador linear pode ser analisada a partir das equações da posição e da velocidade obtidas anteriormente.

$$\begin{cases} u = u_0 \cos(\omega_n t) + \dfrac{v_0}{\omega_n}\text{sen}(\omega_n t) \\ \dfrac{\dot{u}}{\omega_n} = -u_0 \text{sen}(\omega_n t) + \dfrac{v_0}{\omega_n}\cos(\omega_n t) \end{cases} \tag{3.24}$$

Elevando as duas equações ao quadrado e somando, obtém-se:

$$u^2 + \left(\frac{\dot{u}}{\omega_n}\right)^2 = A^2 \tag{3.25}$$

Portanto, usando um espaço formado por $\{u, \dot{u}/\omega_n\}$, tem-se que a equação anterior representa uma circunferência de raio A associada à amplitude do movimento. Considerando $\{u, \dot{u}\}$ como o espaço de fase, essas circunferências são deformadas, passando a representar elipses. Outro aspecto importante para se observar é que essas órbitas no espaço de fase são construídas em torno do ponto de equilíbrio do sistema $\{\bar{u}, \bar{v}\} = \{0, 0\}$. A Figura 3.3 apresenta órbitas no espaço de fase do oscilador linear.

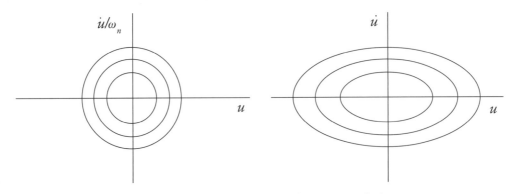

Figura 3.3 Vibração livre harmônica: espaço de fase.

3.2 Vibrações livres subamortecidas

As vibrações livres subamortecidas são governadas pela equação de movimento do oscilador linear quando $0 < \xi < 1$. Nesse caso, tem-se que as raízes são complexas conjugadas, conforme mostrado a seguir:

$$s_{1,2} = \omega_n \left(-\xi \pm i\sqrt{1-\xi^2}\right) \tag{3.26}$$

Definindo, então, $\omega_d = \omega_n \sqrt{1-\xi^2}$, tem-se:

$$s_{1,2} = -\xi\omega_n \pm i\omega_d \tag{3.27}$$

A partir dessas raízes, a solução da equação do movimento é dada por:

$$u = e^{-\xi\omega_n t}\left(A_1 e^{i\omega_d t} + A_2 e^{-i\omega_d t}\right) \tag{3.28}$$

Utilizando a identidade de Euler, chega-se a:

$$u = e^{-\xi\omega_n t}\left[C_1 \cos(\omega_d t) + C_2 \operatorname{sen}(\omega_d t)\right] \tag{3.29}$$

A determinação das constantes de integração é feita a partir das condições iniciais. Assim, utilizando as condições iniciais:

$$\begin{cases} u(0) = u_0 \\ \dot{u}(0) = v_0 \end{cases} \tag{3.30}$$

E sabendo que:

$$\dot{u} = e^{-\xi\omega_n t}\left[\left(-C_1 \xi\omega_n + C_2 \omega_d\right)\cos(\omega_d t) - \left(C_1 \omega_d + C_2 \xi\omega_n\right)\operatorname{sen}(\omega_d t)\right] \tag{3.31}$$

Tem-se:

$$\begin{cases} u(0) = C_1 = u_0 \\ \dot{u}(0) = -C_1 \xi \omega_n + C_2 \omega_d = v_0 \end{cases} \Rightarrow C_2 = \frac{v_0 + u_0 \xi \omega_n}{\omega_d} \quad (3.32)$$

Portanto,

$$u = e^{-\xi \omega_n t} \left[u_0 \cos(\omega_d t) + \frac{v_0 + u_0 \xi \omega_n}{\omega_d} \sen(\omega_d t) \right] \quad (3.33)$$

De maneira análoga ao realizado no item anterior, pode-se escrever a solução como um cosseno defasado. Para isso, considere que:

$$\begin{cases} A \cos(\varphi) = C_1 = u_0 \\ A \sen(\varphi) = C_2 = \dfrac{v_0 + u_0 \xi \omega_n}{\omega_d} \end{cases} \quad (3.34)$$

De onde vem que:

$$u = A e^{-\xi \omega_n t} \cos(\omega_d t - \varphi) \quad (3.35)$$

O movimento resultante é descrito por um cosseno defasado por um angulo φ que apresenta um decaimento exponencial dado por $e^{-\xi \omega_n t}$. A Figura 3.4 mostra o comportamento típico do oscilador linear subamortecido. Além do decaimento, deve-se observar que a frequência desse movimento é diferente daquele apresentado pelo oscilador harmônico. Essa frequência de oscilação, ω_d, é definida como frequência natural amortecida.

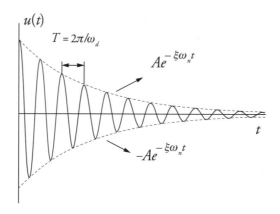

Figura 3.4 Vibração livre subamortecida.

A representação no espaço de fase da vibração subamortecida está associada a uma espiral estável, que converge para o ponto de equilíbrio, conforme mostrado na Figura 3.5.

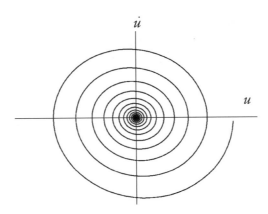

Figura 3.5 Vibração subamortecida: espaço de fase.

3.3 Movimento criticamente amortecido

O movimento criticamente amortecido ocorre em situações em que $\xi = 1$. Nesse caso, tem-se que as raízes $s_{1,2}$ são reais e idênticas:

$$s_{1,2} = -\xi\omega_n = -\omega_n \tag{3.36}$$

Tendo em vista que o fator de amortecimento é definido conforme a seguir:

$$\xi = \frac{c}{2m\omega_n} = \frac{c}{2\sqrt{mk}} \tag{3.37}$$

O amortecimento crítico ($\xi = 1$) é definido da seguinte forma:

$$c_{cr} = 2\sqrt{mk} \tag{3.38}$$

A solução do movimento criticamente amortecido é obtida empregando um procedimento para que o espaço de funções não seja formado por funções linearmente dependentes. Com isso, a solução da equação diferencial de movimento possui a seguinte forma:

$$u = e^{-\omega_n t}\left(A_1 + A_2 t\right) \tag{3.39}$$

A partir das condições iniciais:

$$\begin{cases} u(0) = u_0 \\ \dot{u}(0) = v_0 \end{cases} \tag{3.40}$$

E sabendo que: $\dot{u} = e^{-\omega_n t}\left[-A_1\omega_n + A_2\left(1 - \omega_n t\right)\right]$, tem-se:

$$\begin{cases} u(0) = A_1 = u_0 \\ \dot{u}(0) = -A_1\omega_n + A_2 = v_0 \quad \Rightarrow \quad A_2 = v_0 + u_0\omega_n \end{cases} \tag{3.41}$$

Dessa forma, a solução do sistema é a seguinte:

$$u = e^{-\omega_n t}\left[u_0 + \left(v_0 + u_0\omega_n\right)t\right] \tag{3.42}$$

Essa solução não possui uma característica oscilatória, representando um movimento aperiódico que tende a se anular com o passar do tempo. As possíveis respostas de um sistema criticamente amortecido estão mostradas na Figura 3.6 para diferentes condições iniciais.

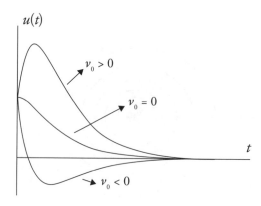

Figura 3.6 Movimento criticamente amortecido.

O movimento criticamente amortecido representa uma transição entre dois comportamentos qualitativamente diferentes dados por $\xi < 1$ (oscilatório) e $\xi > 1$, que é tratado a seguir.

3.4 Movimento superamortecido

O movimento superamortecido ocorre quando o sistema é altamente dissipativo, o que é representado por $\xi > 1$. Nesse caso, as raízes do sistema $s_{1,2}$ são reais e distintas, conforme a seguir:

$$s_{1,2} = \omega_n\left(-\xi \pm \sqrt{\xi^2 - 1}\right) \tag{3.43}$$

Dessa forma, a solução é dada por:

$$u = e^{-\xi\omega_n t}\left[A_1 e^{\left(\omega_n\sqrt{\xi^2-1}\right)t} + A_2 e^{-\left(\omega_n\sqrt{\xi^2-1}\right)t}\right] \tag{3.44}$$

Utilizando a relação a seguir:

$$e^{\pm q} = \cosh(\theta) \pm \operatorname{senh}(\theta) \tag{3.45}$$

Reescreve-se a resposta do sistema da seguinte forma:

$$u = e^{-\xi\omega_n t}\left[C_1 \cosh\left(\omega_n\sqrt{\xi^2-1}\,t\right) + C_2 \operatorname{senh}\left(\omega_n\sqrt{\xi^2-1}\,t\right)\right] \tag{3.46}$$

em que $C_1 = A_1 + A_2$ e $C_2 = A_1 - A_2$.

A partir das condições iniciais: $u(0) = u_0$ e $\dot{u}(0) = v_0$, e sabendo que:

$$\dot{u} = e^{-\xi\omega_n t}\left[\begin{array}{l}\left(-C_1\xi\omega_n + C_2\omega_n\sqrt{\xi^2-1}\right)\cosh(\omega_n\sqrt{\xi^2-1}\,t) + \\ +\left(C_1\omega_n\sqrt{\xi^2-1} - C_2\xi\omega_n\right)\operatorname{senh}(\omega_n\sqrt{\xi^2-1}\,t)\end{array}\right] \tag{3.47}$$

Tem-se que:

$$\begin{cases} u(0) = C_1 = u_0 \\ \dot{u}(0) = -C_1\xi\omega_n + C_2\omega_n\sqrt{\xi^2-1} = v_0 \Rightarrow C_2 = \dfrac{v_0 + u_0\xi\omega_n}{\omega_n\sqrt{\xi^2-1}} \end{cases} \tag{3.48}$$

Portanto, a resposta do sistema pode ser escrita conforme se segue:

$$u = e^{-\xi\omega_n t}\left[u_0 \cosh(\omega_n\sqrt{\xi^2-1}\,t) + \frac{v_0 + u_0\xi\omega_n}{\omega_n\sqrt{\xi^2-1}}\mathrm{senh}(\omega_n\sqrt{\xi^2-1}\,t)\right] \quad (3.49)$$

Mais uma vez, deve-se observar que a resposta do sistema é um movimento aperiódico. Note que, como $\xi > 1$, tem-se que $\sqrt{\xi^2-1} < \xi$, o que implica que não ocorre oscilação, como mostrado na Figura 3.7.

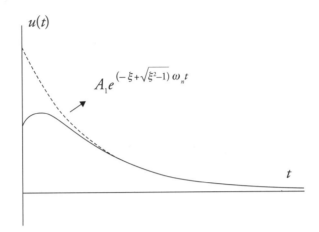

Figura 3.7 Movimento superamortecido.

Os movimentos criticamente amortecido e superamortecido não apresentam características oscilatórias. A Figura 3.8 apresenta uma comparação desses dois movimentos mostrando que, no caso criticamente amortecido, apesar de o ξ ser menor, o sistema é mais rápido, alcançando o repouso em um tempo menor.

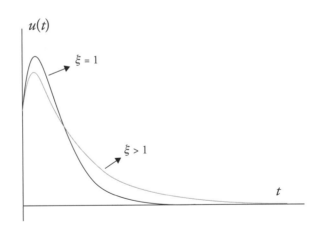

Figura 3.8 Comparação entre movimentos criticamente amortecido e superamortecido.

3.5 Formas de decaimento

A dissipação de energia de um sistema mecânico é difícil de ser descrita. O tipo de decaimento é uma informação importante que pode validar as hipóteses da modelagem. Para elucidar essa questão, vale dizer que é possível estabelecer uma diferença formal na forma de decaimento de um sistema com o tipo de amortecimento (viscoso linear e atrito seco, por exemplo). Esta seção discute formas de avaliar o coeficiente de amortecimento a partir da análise do decaimento da resposta, que pode ser avaliado experimentalmente.

3.5.1 Decaimento logarítmico

Uma medida conveniente da "quantidade de dissipação" em um oscilador é fornecida a partir da avaliação do decaimento da amplitude de vibração durante um ciclo do movimento. Para osciladores com amortecimento viscoso linear e subamortecido, o decaimento é do tipo logarítmico, conforme mostrado na Figura 3.9. Essa curva pode ser obtida a partir de um experimento, por meio da medição de deslocamentos do sistema em vibração livre ao longo do tempo. Note que é possível perturbar um sistema qualquer e monitorar a sua resposta, construindo uma curva com esta.

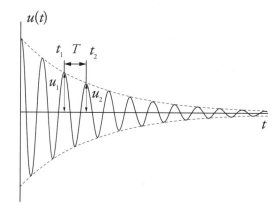

Figura 3.9 Decaimento logarítmico.

Para avaliar o valor de ξ a partir dessas observações, considere dois instantes de tempo, t_1 e t_2, tal que:

$$t_2 = t_1 + T \tag{3.50}$$

em que $T = \dfrac{2\pi}{\omega_d}$ define o período de oscilação.

A relação entre as amplitudes do movimento nesses dois instantes $u(t_1) = u_1$ e $u(t_2) = u_2$ é dada a seguir.

$$\frac{u_1}{u_2} = \frac{Ae^{-\xi\omega_n t_1}\cos(\omega_d t_1 - \varphi)}{Ae^{-\xi\omega_n t_2}\cos(\omega_d t_2 - \varphi)} \tag{3.51}$$

Assim, como $t_2 = t_1 + T$, tem-se que:

$$\cos(\omega_d t_2 - \varphi) = \cos[\omega_d(t_1 + T) - \varphi] = \cos[(\omega_d t_1 - \varphi) + 2\pi] = \cos(\omega_d t_1 - \varphi) \tag{3.52}$$

De onde vem que:

$$\frac{u_1}{u_2} = \frac{e^{-\xi\omega_n t_1}}{e^{-\xi\omega_n(t_1+T)}} \quad \therefore \quad \frac{u_1}{u_2} = e^{\xi\omega_n T} \tag{3.53}$$

Aplicando o $\log_e(\ ) = \ln(\ )$, vem que:

$$\varsigma = \ln\left(\frac{u_1}{u_2}\right) = \xi\omega_n T = \xi\omega_n \frac{2\pi}{\omega_d} = \frac{\xi\omega_n 2\pi}{\omega_n\sqrt{1-\xi^2}} \tag{3.54}$$

Nesse ponto, define-se o *coeficiente de decaimento logarítmico*, que é avaliado a partir de dois picos consecutivos do deslocamento do sistema.

$$\varsigma = \frac{1}{n}\ln\left(\frac{u_1}{u_{n+1}}\right) = \frac{2\pi\xi}{\sqrt{1-\xi^2}} \tag{3.55}$$

em que u_{n+1} é o deslocamento do pico correspondente ao tempo $t_{n+1} = t_1 + nT$, sendo n um número inteiro. Com isso, é possível avaliar o amortecimento de um oscilador a partir do decaimento da amplitude do movimento, expressa pelo decaimento logarítmico, ς. Para obter o valor de ξ em termos de ς, reescreve-se a Eq. (3.55) conforme a seguir:

$$\xi^2 - \frac{\varsigma^2}{4\pi^2}\left(1 - \xi^2\right) = 0 \tag{3.56}$$

Ou ainda:

$$\xi^2\left(1 + \frac{\varsigma^2}{4\pi^2}\right) = \frac{\varsigma^2}{4\pi^2} \tag{3.57}$$

Finalmente, pode-se escrever uma expressão que defina o valor do coeficiente de amortecimento a partir da medida do decaimento:

$$\xi = \frac{\varsigma}{\sqrt{4\pi^2 + \varsigma^2}} \tag{3.58}$$

Exemplo 3.1

Um oscilador linear com $m = 10$ kg e $\omega_n = 45$ rad/s é deslocado de 10 mm em relação à sua posição de equilíbrio e solto a partir do repouso. Se o sistema está sujeito a um amortecimento viscoso com $c = 100$ Ns/m, quantos ciclos são percorridos pelo sistema até que a sua amplitude de oscilação seja menor que 10% do deslocamento inicial?

Solução

O coeficiente de amortecimento viscoso adimensional pode ser calculado de acordo com a Eq. (3.37):

$$\xi = \frac{c}{2m\omega_n} = \frac{100}{(2)(10)(45)} = 0{,}0556$$

Em seguida, calcula-se o decaimento logarítmico:

$$\varsigma = \frac{0{,}0556}{\sqrt{4\pi^2 + 0{,}0556^2}} = 0{,}3496$$

Utilizando a equação que relaciona o decaimento logarítmico com as amplitudes do sistema, conforme apresentado na Eq. (3.55), tem-se que:

$$0{,}3496 = \frac{1}{n}\ln\left(\frac{1}{0{,}1}\right) \quad \rightarrow \quad n = 6{,}5862$$

Sabendo-se que n deve ser um número inteiro, a amplitude do sistema é menor que 0,1 cm após sete ciclos.

3.5.2 Decaimento linear

A equação de movimento de um oscilador massa-mola sujeito a um atrito seco é expressa da seguinte forma:

$$m\ddot{u} + F_\alpha \operatorname{sign}(\dot{u}) + ku = 0 \tag{3.59}$$

em que $F_\mu = \mu N$. Trata-se de uma equação não linear por causa do segundo termo (sign($\dot{u}$)). Contudo, é possível dividir sua solução em duas partes: uma para $\dot{u} > 0$; e outra para $\dot{u} < 0$.

Para $\dot{u} < 0$ tem-se:

$$u = A_1 \cos(\omega_n t) + B_1 \text{sen}(\omega_n t) + \frac{\mu N}{k} \quad (3.60)$$

Para $\dot{u} > 0$:

$$u = A_2 \cos(\omega_n t) + B_2 \text{sen}(\omega_n t) - \frac{\mu N}{k} \quad (3.61)$$

Nesse momento, considera-se uma condição inicial de tal forma que a massa é deslocada de u_0 e, em seguida, é solta a partir do repouso. Nessa condição, tem-se que a solução para $\dot{u}(t) < 0$, apresentada na Eq. (3.60), é válida para $t > 0$ até que $\dot{u}(t)$ se anule. Analisando a derivada da Eq. (3.60), tem-se que $\dot{u}(t) = 0$ quando $t = \pi/\omega_n$. Além disso, as constantes A_1 e B_1 são determinadas a partir das condições iniciais, resultando em:

$$u(0) = A_1 + \frac{\mu N}{k} = u_0 \quad \Rightarrow \quad A_1 = u_0 - \frac{\mu N}{k}$$

$$\dot{u}(0) = \omega_n B_1 = 0 \quad \Rightarrow \quad B_1 = 0 \quad (3.62)$$

Dessa forma, o primeiro pico da resposta do sistema ocorre em $t = \pi/\omega_n$, possuindo o valor $u(\pi/\omega_n) = -(u_0 - 2\mu N/k)$, conforme pode ser visualizado na Figura 3.10.

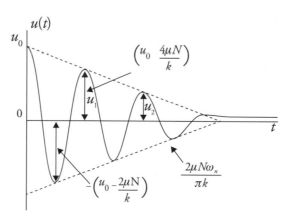

Figura 3.10 Decaimento linear.

A partir de $t = \pi/\omega_n$, considera-se a solução do sistema para $\dot{u} > 0$, Eq. (3.61), tendo como condições iniciais $u_{01} = u(\pi/\omega_n) = (2\mu N/k - u_0)$ e $\dot{u}_{01} = 0$. Dessa forma, é possível determinar as constantes A_2 e B_2:

$$u\left(\frac{\pi}{\omega_n}\right) = -A_2 - \frac{\mu N}{k} = \frac{2\mu N}{k} - u_0 \quad \Rightarrow \quad A_2 = u_0 - \frac{3\mu N}{k}$$

$$\dot{u}\left(\frac{\pi}{\omega_n}\right) = -\omega_n B_2 = 0 \quad \Rightarrow \quad B_2 = 0 \quad (3.63)$$

A solução dada pela Eq. (3.61) com valores das constantes obtidas na Eq. (3.63) é válida a partir do instante de tempo $t = \pi/\omega_n$ até que $\dot{u}(t)$ se anule novamente, o que ocorre para $t = 2\pi/\omega_n$. Assim, o próximo pico da resposta do sistema possui o valor $u_1 = u(2\pi/\omega_n) = (u_0 - 4\mu N/k)$, conforme mostrado na Figura 3.10.

Vibrações Livres

O procedimento de calcular a resposta do sistema linear a partir de trechos lineares pode ser repetido pelo número de vezes necessário até que se chegue no instante desejado.

A característica essencial de um sistema com atrito seco é apresentar um decaimento linear dos picos de deslocamento. A inclinação da curva de decaimento é dada por:

$$\alpha = \frac{u_0 - u_1}{2\pi / \omega_n} = \frac{2\mu N \omega_n}{\pi k} = \frac{2F_\mu \omega_n}{\pi k} \qquad (3.64)$$

Como as amplitudes decaem linearmente, a diferença entre dois picos consecutivos do deslocamento do sistema é constante, ou seja, $u_0 - u_1 = u_1 - u_2 = u_n - u_{n+1}$, sendo n um número inteiro. Dessa forma, a partir da resposta do sistema obtida pelas duas soluções, pode-se avaliar o valor de μ a partir da observação de dois picos consecutivos. Com isso, o coeficiente de atrito seco, μ, pode ser obtido pela relação:

$$\mu = \frac{k(u_n - u_{n+1})}{4N} \qquad (3.65)$$

Além disso, a magnitude da força proveniente do atrito seco é dada por:

$$F_\mu = \frac{k(u_n - u_{n+1})}{4} \qquad (3.66)$$

Exemplo 3.2

Considere um pêndulo experimental mostrado na Figura 3.11. O pêndulo consiste em um disco com uma massa concentrada acoplado a uma roldana e a um sensor de movimento. O sistema é excitado por um sistema composto por um motor DC acoplado a um sistema fio-mola que passa pela roldana associada ao disco do pêndulo. A partir da resposta livre do pêndulo, avalie a dissipação de energia presente no sistema.

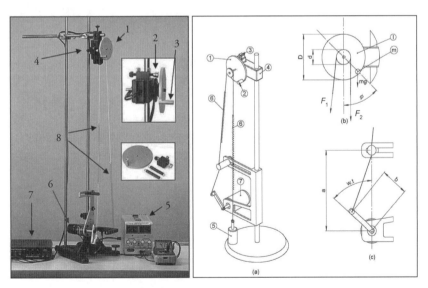

Figura 3.11 Pêndulo não linear e acessórios: (1) disco metálico; (2) dispositivo de amortecimento; (3) massa excêntrica; (4) sensor de rotação; (5) fonte de energia; (6) motor elétrico; (7) dispositivo de aquisição de dados; e (8) molas e fios.

Capítulo 3

O pêndulo é deslocado em relação à posição de equilíbrio de um ângulo $\phi = 1,8$ rad e liberado a partir do repouso. O deslocamento angular do pêndulo é medido pelo sensor de rotação, mostrado na Figura 3.12. Os deslocamentos dos picos positivos, juntamente com os instantes de ocorrência, são apresentados na Tabela 3.1. A análise da resposta livre do pêndulo mostra que as primeiras amplitudes decaem de forma logarítmica, enquanto as últimas decaem linearmente. Dessa forma, conclui-se que existe uma combinação dos mecanismos de dissipação de energia: amortecimentos viscoso e atrito seco. O amortecimento viscoso é predominante no início do movimento, quando as velocidades são maiores; o atrito seco, por outro lado, é preponderante no final do movimento, quando as velocidades são menores. Dessa forma, faremos uma combinação dos dois procedimentos para avaliar os coeficientes de dissipação.

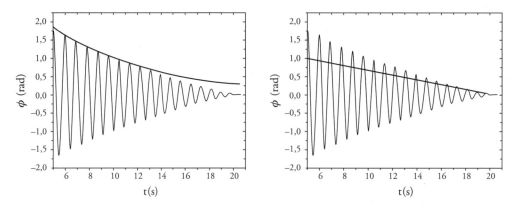

Figura 3.12 Resposta livre do pêndulo.

Tabela 3.1 Picos positivos da resposta livre do pêndulo

Pico	t(s)	ϕ (rad)	Pico	t(s)	ϕ (rad)
u_1	4,90	1,7990	u_9	12,09	0,6801
u_2	5,86	1,6005	u_{10}	12,95	0,5877
u_3	6,79	1,4264	u_{11}	13,80	0,5013
u_4	7,70	1,2708	u_{12}	14,65	0,4206
u_5	8,60	1,1314	u_{13}	15,50	0,3271
u_6	9,49	1,0041	u_{14}	16,35	0,2746
u_7	10,36	0,8872	u_{15}	17,19	0,2221
u_8	11,23	0,7799	u_{16}	18,03	0,1696

Para identificação do amortecimento viscoso, consideram-se os oito primeiros picos, adotando, portanto, $n = 7$ na Eq. (3.55). Sabendo-se que $u_1 = 1,8$ rad e $u_8 = 0,85$ rad, tem-se que:

$$\varsigma = \frac{1}{7}\ln\left(\frac{1,7990}{0,7799}\right) = 0,1195$$

A partir da Eq. (3.58), tem-se que o coeficiente de amortecimento viscoso vale:

$$\xi = \frac{0,1195}{\sqrt{4\pi^2 + 0,1195^2}} = 0,0190$$

Para identificar o atrito seco, considera-se o decaimento dos quatro últimos picos. A partir da resposta medida, tem-se que a diferença entre dois picos consecutivos é $\Delta u = 0,0525$ rad. A partir da Eq. (3.66), tem-se que para o cálculo da força de atrito seco é necessário o conhecimento da rigidez do sistema. Sabendo-se que a rigidez torsional do sistema linearizado é $k_T = 9,7 \times 10^{-3}$ N, tem-se que a magnitude do momento de atrito seco é:

$$M_\mu = \frac{9,7 \times 10^{-3}(0,0525)}{4} = 1,273 \times 10^{-4}\, Nm$$

De forma a verificar se o amortecimento calculado representa o real, a Figura 3.13 apresenta a resposta livre do pêndulo obtida por simulação numérica, com os parâmetros calculados, e a obtida experimentalmente. A partir da boa concordância verificada, pode-se concluir que o amortecimento calculado está coerente com o experimental.

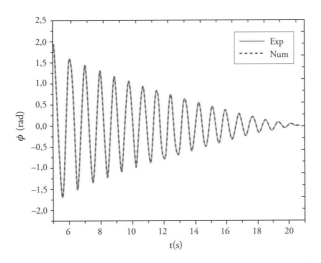

Figura 3.13 Comparação da resposta livre numérico-experimental de um pêndulo.

3.6 Exercícios

P3.1 Considere uma massa suspensa e submetida à ação da gravidade, conforme mostrado na figura. Obtenha a resposta do sistema.

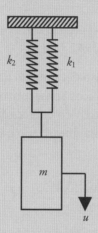

Figura P3.1

P3.2 Um disco semicircular de raio r e massa m está pivotado no ponto O, conforme mostrado na figura. Obtenha a resposta do sistema.

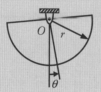

Figura P3.2

P3.3 Considere o sistema mostrado na figura. Obtenha a solução analítica para o deslocamento e a velocidade do corpo de massa m no tempo.

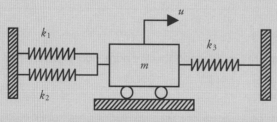

Figura P3.3

P3.4 Considere uma embarcação que está inicialmente inclinada de um ângulo θ conforme mostrado na figura. O momento de inércia da embarcação pode ser representado por J. Obtenha a resposta do sistema e avalie a velocidade angular inicial para que a inclinação da embarcação não ultrapasse 1,5°.

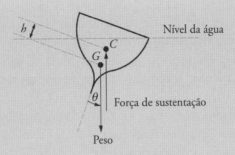

Figura P3.4

P3.5 Considere que o disco de massa *m*, apresentado na figura abaixo, gira sem deslizar. Avalie a resposta do sistema considerando $m = 20$ kg, $r = 20$ cm, $k = 10.000$ N/m e $c = 695$ Ns/m.

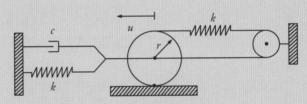

Figura P3.5

P3.6 Considere o sistema apresentado no exercício anterior. Qual deve ser o novo valor de *c* para que $\xi = 1$. Nesse caso, obtenha a solução analítica para o descolamento do sistema no tempo.

P3.7 Mostre que a equação de movimento do pêndulo mostrado na figura é a seguinte:

$$\ddot{\phi} + \frac{\zeta}{I}\dot{\phi} + \frac{\mu \, \text{sgn}(\dot{\phi})}{I} + \frac{kd^2}{2I}\phi + \frac{mg_b D \text{sen}(\phi)}{2I} = \frac{kd}{2I}(\sqrt{a^2 + b^2 - 2ab\cos(\varpi \, t)} - (a-b))$$

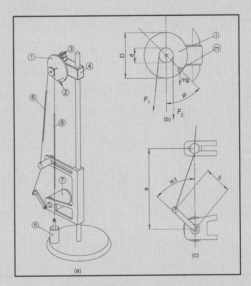

Figura P3.7

Para mais detalhes sobre o pêndulo, ver De Paula, Savi e Pereira-Pinto (2006).

P3.8 Um oscilador linear com $m = 5$ kg e $\omega_n = 25$ rad/s é deslocado de 20 cm em relação à sua posição de equilíbrio e solto a partir do repouso. O sistema oscila livremente até que a amplitude diminui

para 5 cm no oitavo pico positivo após o deslocamento inicial. Considerando que o sistema está sujeito a um amortecimento viscoso linear, obtenha o coeficiente de amortecimento.

P3.9 Considere o mesmo sistema apresentado no exercício anterior, agora sujeito a um atrito seco e sem amortecimento viscoso. Calcule a magnitude da força proveniente do atrito seco.

P3.10 Implemente o algoritmo para o método de Runge-Kutta de quarta ordem. Utilize a análise da vibração livre de um oscilador linear para validar o código desenvolvido. Compare os resultados obtidos a partir das simulações numéricas com aqueles obtidos com as soluções analíticas para $\xi = 0$, $0 < \xi < 1$, $\xi = 1$ e $\xi < 1$. Considere diferentes passos de integração.

Vibrações com Forçamento Harmônico

As vibrações livres estão associadas à resposta natural do sistema após uma perturbação inicial. Em situações em que a perturbação se prolonga ao longo do tempo, utilizamos o termo genérico de forçamento para descrevê-la, representado por uma força externa. A resposta de um sistema mecânico excitado por uma fonte externa depende da forma e de como essa força varia com o tempo. Matematicamente, o forçamento é representado por um termo do lado direito da equação de movimento, tornando-a não homogênea.

Genericamente, refere-se à resposta de sistemas submetidos a excitações externas, como vibrações forçadas, e sua análise depende do tipo de forçamento. A Figura 4.1 mostra o caso geral de um oscilador linear submetido a uma força externa $F(t)$. Sua equação de movimento é mostrada a seguir:

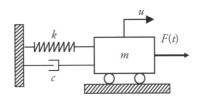

Figura 4.1 Oscilador forçado.

$$m\ddot{u} + c\dot{u} + ku = F(t) \qquad (4.1)$$

De maneira geral, é conveniente classificar o forçamento da seguinte forma: harmônico, periódico e arbitrário. Este capítulo trata de forçamentos harmônicos, e o próximo capítulo, de forçamentos não harmônicos (periódico e arbitrário). O forçamento aleatório é uma outra forma de excitação, associado a sistemas não determinísticos.

4.1 Resposta a um forçamento harmônico

O forçamento harmônico está associado a um carregamento periódico que se repete harmonicamente; é descrito por uma função senoidal (seno ou cosseno). Existem várias situações físicas associadas a esse tipo de excitação. O caso mais comum é um desbalanceamento que ocorre em decorrência de uma massa excêntrica que gira com determinada velocidade angular. Situações desse tipo ocorrem em máquinas

Capítulo 4

rotativas e em eixos girantes. A roda de um carro, por exemplo, usualmente apresenta um desbalanceamento que causa um efeito na direção em determinada velocidade. Esse efeito pode ser suavizado ao fazer o balanceamento da roda colocando outra massa desbalanceada para compensar o efeito.

Para representar um forçamento harmônico, considere uma função do tipo:

$$F(t) = k f_0 \cos(\Omega t) \tag{4.2}$$

Com isso,

$$m\ddot{u} + c\dot{u} + ku = k f_0 \cos(\Omega t) \tag{4.3}$$

Dessa forma, pode-se reescrever a equação de movimento conforme a seguir:

$$\ddot{u} + 2\xi\omega_n \dot{u} + \omega_n^2 u = \omega_n^2 f_0 \cos(\Omega t) \tag{4.4}$$

A solução dessa equação diferencial ordinária linear de segunda ordem, não homogênea, pode ser obtida a partir da superposição de efeitos considerando-se a soma das soluções homogênea e particular:

$$u = u_h + u_p \tag{4.5}$$

A solução homogênea está associada à equação:

$$\ddot{u}_h + 2\xi\omega_n \dot{u}_h + \omega_n^2 u_h = 0 \tag{4.6}$$

Portanto, está relacionada com a vibração livre do sistema (discutida no capítulo anterior). A solução particular, por sua vez, deve ser determinada pelo mesmo procedimento utilizado para a solução homogênea: propor uma solução e verificar se satisfaz a equação diferencial. Assim, propõe-se uma solução particular do tipo:

$$u_p = K_1 \operatorname{sen}(\Omega t) + K_2 \cos(\Omega t) \tag{4.7}$$

Voltando à equação de movimento e substituindo-se a solução proposta, tem-se a seguinte equação:

$$-\Omega^2 \left[K_1 \operatorname{sen}(\Omega t) + K_2 \cos(\Omega t) \right] + 2\xi\omega_n \Omega \left[K_1 \cos(\Omega t) - K_2 \operatorname{sen}(\Omega t) \right] + \\ + \omega_n^2 \left[K_1 \operatorname{sen}(\Omega t) + K_2 \cos(\Omega t) \right] = \omega_n^2 f_0 \cos(\Omega t) \tag{4.8}$$

Separando os termos em seno e cosseno, chega-se ao seguinte sistema de equações:

$$\begin{cases} (\omega_n^2 - \Omega^2) K_1 - 2\xi\omega_n \Omega K_2 = 0 \\ (\omega_n^2 - \Omega^2) K_2 + 2\xi\omega_n \Omega K_1 = \omega_n^2 f_0 \end{cases} \tag{4.9}$$

Esse sistema algébrico com duas equações e duas incógnitas, $[A]\{K\} = \{F\}$, permite determinar os valores de K_1 e K_2:

$$K_1 = \frac{2\xi\omega_n^3 \Omega}{(\omega_n^2 - \Omega^2)^2 + (2\xi\omega_n \Omega)^2} f_0 \tag{4.10}$$

$$K_2 = \frac{\omega_n^2(\omega_n^2 - \Omega^2)}{(\omega_n^2 - \Omega^2)^2 + (2\xi\omega_n \Omega)^2} f_0 \tag{4.11}$$

Dessa forma, a solução particular pode ser escrita na seguinte forma:

$$u_p = U(\Omega) \cos(\Omega t - \varphi_p) \tag{4.12}$$

em que:

$$U(\Omega) = \frac{f_0}{\left\{\left[1-\left(\frac{\Omega}{\omega_n}\right)^2\right]^2 + \left(\frac{2\xi\Omega}{\omega_n}\right)^2\right\}^{1/2}} \qquad (4.13)$$

$$\varphi_p = \text{tg}^{-1} \frac{2\xi\Omega/\omega_n}{1-(\Omega/\omega_n)^2} \qquad (4.14)$$

Com isso, a solução geral da equação de movimento é dada pela soma da solução homogênea (vibrações livres) com a solução particular. Desta forma, assumindo um sistema com movimento subamortecido, tem-se que:

$$u = e^{-\xi\omega_n t}\left[A\cos(\omega_n t - \varphi)\right] + U(\Omega)\cos(\Omega t - \varphi_p) \qquad (4.15)$$

A partir da solução geral, consideram-se as condições iniciais para determinar as constantes A e φ.

Mais uma vez, vale dizer que os sistemas físicos sempre possuem algum tipo de dissipação. Portanto, a solução geral do sistema, formada pela superposição da solução homogênea e da particular, possui uma parte transiente e um regime permanente. A solução homogênea tende a se dissipar à medida que o tempo passa. Quando isso acontecer, resta a resposta em regime permanente, composta pela solução particular. A Figura 4.2 mostra a resposta do sistema, destacando a solução transiente e permanente.

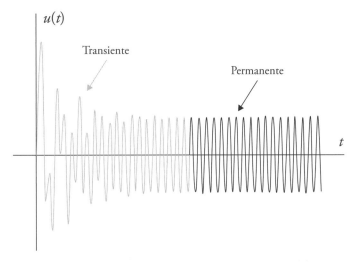

Figura 4.2 Resposta de um oscilador forçado harmonicamente.

4.2 Ressonância

Uma análise da solução particular do oscilador linear submetido a um forçamento harmônico mostra que a resposta do sistema tem uma amplitude que depende da frequência de forçamento Ω. Mais especificamente, deve-se observar que o termo $U(\Omega)$ depende da relação entre a frequência de forçamento, Ω, e a frequência natural do sistema, ω_n.

Com o objetivo de analisar esse tipo de comportamento, considere a definição de um fator de amplificação, ou ganho do sistema:

$$G_\Omega = G_\Omega(\Omega) = \frac{U(\Omega)}{f_0} \qquad (4.16)$$

Esse fator estabelece uma relação entre a amplitude do movimento e o forçamento harmônico sendo definido conforme se segue.

$$G_\Omega = \frac{1}{\left\{\left[1-\left(\dfrac{\Omega}{\omega_n}\right)^2\right]^2 + \left(\dfrac{2\xi\Omega}{\omega_n}\right)^2\right\}^{1/2}} \tag{4.17}$$

Entendendo que a resposta do sistema em regime permanente pode ser analisada a partir da solução particular, tem-se que:

$$u = f_0 \, |G_\Omega| \cos(\Omega t - \varphi_p) \tag{4.18}$$

Portanto, a análise do fator de amplificação permite compreender a resposta do oscilador. A primeira coisa que chama a atenção no fator de amplificação é que, fazendo $\xi = 0$, o termo tende a infinito quando $\Omega = \omega_n$. Isso significa dizer que, ao excitar o sistema com uma frequência de forçamento igual à frequência natural, as amplitudes da resposta tendem para infinito. Para compreender todas as nuances do fator de amplificação, é conveniente traçar uma curva $|G_\Omega| \times \Omega$, que está mostrada na Figura 4.3 para diferentes valores do fator de amortecimento ξ. A seta apresentada na Figura 4.3 indica o comportamento das respostas em frequência do sistema conforme o coeficiente de dissipação, ξ, aumenta. O coeficiente de atrito limita o valor da amplitude máxima e desloca o ponto máximo para a esquerda. Observe que existe uma amplificação do ganho do sistema à medida que a frequência de forçamento se aproxima da frequência natural.

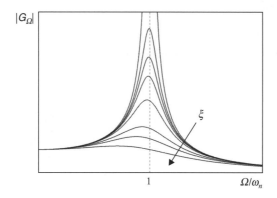

Figura 4.3 Ressonância: fator de amplificação.

Outro fator importante para analisar a resposta de um sistema excitado harmonicamente é o ângulo de fase dado pela seguinte equação obtida de forma análoga ao apresentado no estudo de vibrações livres.

$$\varphi = \mathrm{tg}^{-1}\left(\frac{2\xi\Omega/\omega_n}{1-(\Omega/\omega_n)^2}\right) \tag{4.19}$$

Note que, para qualquer valor de ξ, quando $\Omega = \omega_n$, tem-se que $\varphi = \pi/2$. Além disso, para o caso sem dissipação ($\xi = 0$), definem-se os seguintes casos limites:

$$\begin{aligned}\varphi \to 0, \text{ se } \frac{\Omega}{\omega_n} < 1 \\ \varphi \to \pi, \text{ se } \frac{\Omega}{\omega_n} > 1\end{aligned} \tag{4.20}$$

A Figura 4.4 mostra as curvas do ângulo de fase φ em função da frequência de excitação, apresentando os casos limites discutidos assim como a influência do fator de amortecimento no ângulo de fase.

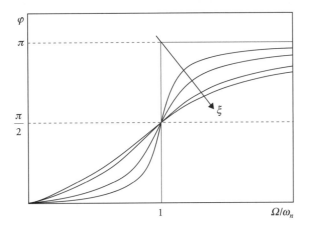

Figura 4.4 Ressonância: ângulo de fase.

O fenômeno da ressonância define uma frequência que provoca um aumento significativo da amplitude da resposta do sistema. Tudo se passa como se todas as características do sistema conspirassem para aumentar a amplitude da vibração. Assim, a entrada, representada pela excitação, se soma às características naturais do sistema para aumentar a saída, a resposta do sistema. Portanto, pode-se definir a ressonância como um tipo de resposta que possui um fator de amplificação máximo. Dessa forma, pode-se avaliar a frequência de ressonância a partir do fator de amplificação, G_Ω. Definindo $\omega = \Omega/\omega_n$, tem-se que:

$$G_\Omega = G_\Omega(\omega) = \frac{1}{\left\{\left[1-\omega^2\right]^2 + \left(2\xi\omega\right)^2\right\}^{1/2}} \tag{4.21}$$

Para avaliar o ponto extremo da curva, avalia-se a derivada de G_Ω em função da variável ω. A condição de extremo da curva ocorre como se segue:

$$\frac{dG_\Omega}{d\omega} = \frac{-2\omega\left[\left(\omega^2-1\right)+2\xi^2\right]}{\left[\left(1-\omega^2\right)^2 + \left(2\xi\omega\right)^2\right]^{-5/2}} = 0 \tag{4.22}$$

E, portanto, a condição de extremo é dada por:

$$2\omega\left[\left(\omega^2-1\right)+2\xi^2\right] = 0 \tag{4.23}$$

Ou seja, a solução é dada por uma frequência que caracteriza a ressonância,

$$\omega_r^2 = 1 - 2\xi^2 \tag{4.24}$$

Dessa forma, a frequência de ressonância é definida conforme a seguir:

$$\Omega_r = \omega_n\sqrt{1-2\xi^2} \tag{4.25}$$

Essa expressão mostra que o ponto de máximo da curva de ressonância se afasta da frequência natural à medida que a dissipação aumenta. Da mesma forma, vê-se que o sistema tem alguns comportamentos

Capítulo 4

especiais dependendo da dissipação. Um sistema sem dissipação, $\xi = 0$, apresenta uma descontinuidade na resposta quando $\Omega = \omega_n$. Outra situação especial ocorre quando a curva de ganho não possui nenhum pico, quando $\xi > 1/\sqrt{2}$. Note que, nessa última condição, tem-se que Ω_r é imaginário, e, portanto, não há frequência de ressonância.

4.2.1 Ressonância de um sistema não dissipativo

Muito embora a natureza não apresente sistemas não dissipativos, sua análise é didaticamente útil, realçando o comportamento do sistema físico. Assim, considere um oscilador linear não amortecido descrito pela seguinte equação.

$$\ddot{u} + \omega_n^2 u = \omega_n^2 f_0 \cos(\omega_n t) \tag{4.26}$$

A solução homogênea está associada à vibração livre do sistema, dada pela seguinte equação:

$$u_h = A\cos(\omega_n t - \varphi) = C_1 \cos(\omega_n t) + C_2 \operatorname{sen}(\omega_n t) \tag{4.27}$$

Para obter a solução particular, deve-se considerar uma base linearmente independente no espaço de funções. Por isso, não se pode utilizar simplesmente uma função harmônica tendo em vista a forma da solução homogênea. Além disso, na ressonância existe um ângulo de fase de $\pi/2$ entre a resposta do sistema e o forçamento, conforme apresentado na Figura 4.4. Com isso, como o forçamento é cossenoidal, propõe-se uma solução particular do tipo:

$$u_p = K_1 t \operatorname{sen}(\omega_n t) \tag{4.28}$$

Voltando à equação diferencial, tem-se que:

$$2\omega_n K_1 \cos(\omega_n t) - \omega_n^2 K_1 t \operatorname{sen}(\omega_n t) + \omega_n^2 K_1 t \operatorname{sen}(\omega_n t) = \omega_n^2 f_0 \cos(\Omega t) \tag{4.29}$$

De onde obtém-se que $K_1 = \dfrac{\omega_n f_0}{2}$, o que resulta em uma solução particular do tipo:

$$u_p = \frac{f_0}{2} \omega_n t \operatorname{sen}(\omega_n t) \tag{4.30}$$

Assim, a solução geral tem a seguinte forma:

$$u = A\cos(\omega_n t - \varphi) + \frac{f_0}{2}\omega_n t \operatorname{sen}(\omega_n t) \tag{4.31}$$

Admitindo como condições iniciais $u(0) = \dot{u}(0) = 0$, a solução particular define o tipo de resposta do sistema, uma vez que $A = \varphi = 0$. Uma análise da solução particular mostra que a resposta do sistema é dada por uma senoide crescendo linearmente com o tempo, conforme mostra a Figura 4.5. Na realidade, esse tipo de comportamento é limitado a partir de determinado instante, seja por uma dissipação de energia ou por uma falha do sistema que não resiste ao aumento indefinido da amplitude.

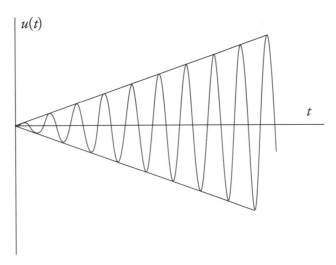

Figura 4.5 Ressonância de um sistema não dissipativo.

Exemplo 4.1

Um motor de massa m é sustentado por quatro molas, cada uma possuindo constante k. O desbalanceamento do rotor é equivalente a uma massa m_d localizada a uma distância e do eixo de rotação. O movimento do motor é restringido a ser vertical, representado pelo deslocamento u. Determine a equação do movimento e estime a amplitude de vibração do motor, em regime permanente, quando ele funciona a uma frequência $\Omega = \omega_n/3$.

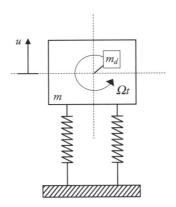

Figura 4.6 Motor desbalanceado suportado por quatro molas.

Solução

Considerando que os esforços são uniformemente distribuídos entre as quatro molas, podemos calcular a rigidez equivalente conforme se segue:

$$k_E = \sum_{i=1}^{4} k_i = 4k$$

O desbalanceamento provoca um forçamento harmônico no sistema, representado por:

$$F_0 = m_d e \Omega^2 \cos(\Omega t)$$

Capítulo 4

Tem-se então a equação do movimento:

$$\ddot{u} + \omega_n^2 u = \frac{m_d e \Omega^2}{m}\cos(\Omega t)$$

em que $\omega_n^2 = k_E/m$.

Como não há amortecimento, a solução homogênea não pode ser desconsiderada e a solução em regime permanente é dada por duas partes:

$$u = u_h + u_p$$

em que as soluções são dadas pelas Eqs. (3.13) e (4.12):

$$u_h = A\cos(\omega_n t - \varphi_h)$$

$$u_p = U(\Omega)\cos(\Omega t - \varphi_p)$$

Para o forçamento imposto (note que $\Omega < \omega_n$) e $\xi = 0$, a amplitude e o ângulo de fase da solução particular são:

$$U(\Omega) = \frac{m_d e \Omega^2}{m(\omega_n^2 - \Omega^2)}$$

$$\varphi_p = 0$$

Assumindo condições iniciais nulas $u(0) = 0$ e $\dot{u}(0) = 0$ na solução completa temos:

$$\begin{cases} A\cos(\varphi_h) = -U(\Omega) & (a) \\ A\,\text{sen}(\varphi_h) = 0 & (b) \end{cases}$$

Resolvendo o sistema, obtemos que:

$$A = -U(\Omega) = -\frac{m_d e \Omega^2}{m(\omega_n^2 - \Omega^2)} = -\frac{m_d e}{8\,m}$$

$$\varphi_h = \pi.$$

Dessa forma, a solução é:

$$u = U(\Omega)\,[-\cos(\omega_n t - \pi) + \cos(\Omega t)] = U(\Omega)\,[\cos(\omega_n t) + \cos(\Omega t)]$$

ou ainda

$$u = U(\Omega)\,[\cos(\omega_n t) + \cos(\omega_n t/3)]$$

Como $\Omega = \omega_n/3$, os valores dos picos das soluções homogênea e particular coincidem e o maior valor possível de amplitude ocorre quando $|\cos(\omega_n t)| = |\cos(\omega_n t/3)| = 1$, ou seja:

$$A_{máx} = 2\,|U(\Omega)| = \frac{m_d e}{4\,m}$$

Vibrações com Forçamento Harmônico

Exemplo 4.2

Avalie a amplitude máxima de vibração do equipamento apresentado no exercício anterior assumindo os seguintes parâmetros:

$$k = 200 \text{ kN/m}, m = 10 \text{ kg}, m_d = 300 \text{ g}, e = 0{,}15 \text{ m}.$$

Depois do cálculo da amplitude, altere as características do sistema a fim de obter uma amplitude de resposta de, no máximo, 0,54 mm.

Solução

A partir da solução da questão anterior, tem-se que a máxima amplitude possível em regime permanente é:

$$A_{\text{máx}} = \frac{m_d e}{4m} = 1{,}1 \text{ mm}$$

Para as mesmas condições de operação, existem diferentes alternativas para diminuir a amplitude de vibração: aumentar a rigidez de sustentação; adicionar um amortecedor em paralelo às molas de sustentação; balancear o motor, alterando o forçamento (m_d e e).

Nesse exemplo, para diminuir a amplitude de resposta do sistema, adiciona-se uma dissipação ao sistema, $\xi > 0$. Dessa forma, a resposta em regime permanente é dada apenas pela solução particular, conforme apresentado nas Eqs. (4.7) ou (4.12).

Com isso, a partir da Eq. (4.13), podemos estimar o coeficiente de amortecimento de forma que a amplitude máxima de resposta possua o valor desejado de 0,54 mm:

$$\xi \geq \frac{2}{2\omega_n \Omega} \sqrt{\left(\frac{m_d e \Omega^2}{A_{\text{máx}} m}\right)^2 - (\omega_n^2 - \Omega^2)^2}$$

Portanto, tem-se que o coeficiente deve ser: $\xi \geq 0{,}3889$.

4.3 Respostas envolvendo sub-harmônicos

Osciladores lineares sujeitos a forçamentos harmônicos possuem como característica essencial o fato de apresentarem respostas harmônicas. Observamos que uma solução típica é a combinação da solução homogênea com a particular. Nesse contexto, a solução é uma combinação de duas respostas harmônicas com frequências diferentes: frequência natural associada à vibração livre; e frequência de forçamento associada ao forçamento. Dependendo dos valores das duas frequências, soluções especiais podem aparecer. Usualmente, podemos definir uma das frequências como a fundamental, e a outra pode ser um sub-harmônico ou um super-harmônico dessa frequência.

A resposta de um oscilador linear sem dissipação e sujeito a condições iniciais nulas pode ser obtida a partir das Eqs. (4.5), (3.13) e (4.12), conforme apresentado a seguir:

$$u = \frac{\omega_n^2 f_0}{\omega_n^2 - \Omega^2}(\cos \Omega t - \cos \omega_n t) \tag{4.32}$$

A resposta sub-harmônica ocorre quando ω_n for um submúltiplo de Ω:

$$\omega_n = \frac{\Omega}{n} \tag{4.33}$$

em que n é um número inteiro que define a ordem do sub-harmônico. Na Figura 4.7 são apresentadas respostas do sistema para valores unitários de Ω e f_0 e diferentes valores de n. Note a riqueza de possibilidades decorrente da combinação de diferentes harmônicos.

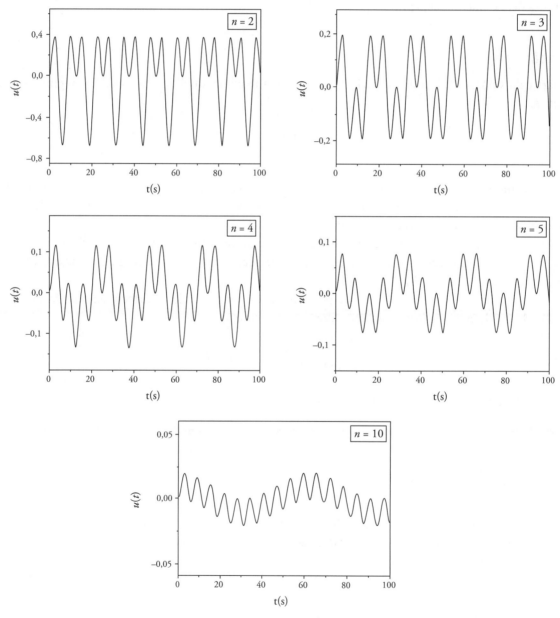

Figura 4.7 Respostas sub-harmônicas.

Por outro lado, uma resposta super-harmônica ocorre quando ω_n for um múltiplo de Ω:

$$\omega_n = n\Omega \tag{4.34}$$

em que n é um número inteiro que define a ordem do super-harmônico.

4.4 Fenômeno do batimento

O fenômeno do batimento ocorre quando as frequências de forçamento e natural do sistema são próximas uma da outra. A visualização desse fenômeno interessante pode ser feita considerando a resposta apresentada na Eq. (4.32), aqui reescrita da seguinte forma utilizando identidades trigonométricas:

$$u = \frac{2\omega_n^2 f_0}{\omega_n^2 - \Omega^2} \text{sen}\left(\frac{\Omega - \omega_n}{2} t\right) \text{sen}\left(\frac{\Omega + \omega_n}{2} t\right) \quad (4.35)$$

ou ainda

$$u = U_0 \text{sen}\left(\frac{1}{2}\omega_b t\right) \text{sen}\left(\frac{1}{2}\omega_p t\right) \quad (4.36)$$

em que $U_0 = \dfrac{2\omega_n^2 f_0}{\omega_n^2 - \Omega^2}$, $\omega_b = \Omega - \omega_n$ e $\omega_P = \Omega + \omega_n$.

Uma vez que $(\Omega - \omega_n)$ é pequeno, $(\Omega + \omega_n)/2$ é grande quando comparado com o termo $(\Omega - \omega_n)/2$. Dessa forma, o termo $\text{sen}\left(\dfrac{\omega_b}{2}t\right)$ oscila com um período, $T = 4\pi/\omega_b$, bem maior do que o termo $\text{sen}\left(\dfrac{\omega_p}{2}t\right)$, que tem um período $T = 4\pi/\omega_p$. A Figura 4.8 ilustra o comportamento típico do *batimento* que consiste em uma oscilação rápida com variação lenta de amplitude. A variação de amplitude é dada por $U_0 \text{sen}\left(\dfrac{1}{2}\omega_b t\right)$ sendo ω_b a frequência de batimento.

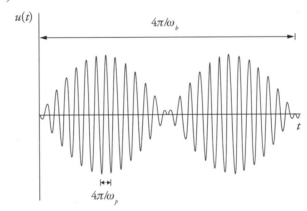

Figura 4.8 Fenômeno do batimento.

4.5 Utilização de números complexos

Uma forma alternativa para avaliar a resposta de sistemas dinâmicos submetidos a excitações harmônicas é a utilização de números complexos que possuem inúmeras aplicações na física-matemática. Aqui, deseja-se analisar a resposta de um oscilador linear submetido a um forçamento harmônico. Assim, considere um forçamento do tipo: $F(t) = kf_0 e^{i\Omega t}$. Com isso, a equação de movimento é dada por:

$$\ddot{u} + 2\xi\omega_n \dot{u} + \omega_n^2 u = \omega_n^2 f_0 e^{i\Omega t} \quad (4.37)$$

Note que:

$$\begin{aligned}\text{Re}(F) &= kf_0 \cos(\Omega t) \\ \text{Im}(F) &= kf_0 \text{sen}(\Omega t)\end{aligned} \quad (4.38)$$

E, portanto, a análise apresentada anteriormente considera a parte real do forçamento apresentado aqui. Nesse contexto, é possível afirmar que a análise a partir de números complexos é uma forma alternativa para tratar a solução de sistemas excitados harmonicamente.

Considere, portanto, a solução particular do oscilador linear com a seguinte forma:

$$u_p(t) = U(i\Omega)e^{i\Omega t} \tag{4.39}$$

Voltando à equação diferencial, chega-se a:

$$(-\Omega^2 + i2\xi\omega_n\Omega + \omega_n^2)U(i\Omega)\,e^{i\Omega t} = \omega_n^2 f_0\, e^{i\Omega t} \tag{4.40}$$

Dessa forma,

$$U(i\Omega) = \frac{\omega_n f_0}{Z(i\Omega)} \tag{4.41}$$

em que se definiu a *função de impedância* da seguinte forma:

$$Z(i\Omega) = \omega_n^2 - \Omega^2 + i2\xi\omega_n\Omega \tag{4.42}$$

Definindo agora:

$$G_\Omega(i\Omega) = \frac{U(i\Omega)}{f_0} = \frac{1}{1 - (\Omega/\omega_n)^2 + 2i\xi\Omega/\omega_n} \tag{4.43}$$

A solução particular é escrita conforme a seguir:

$$u_p(t) = f_0 G_\pi(i\Omega)e^{i\Omega t} = f_0 \left| G_\pi(i\Omega) \right| e^{i(\Omega t - \varphi)} \tag{4.44}$$

em que $\left| G_\Omega(i\Omega) \right| - \dfrac{1}{\left\{ \left[1 - (\Omega/\omega_n)^2 \right]^2 + (2\xi\Omega/\omega_n)^2 \right\}^{1/2}}$

A solução obtida é formalmente a mesma que a anteriormente apresentada, sem utilizar os números complexos. Contudo, a representação complexa traz algumas facilidades, o que inclui a representação vetorial que permite visualizar alguns tipos de fenômenos associados à dinâmica do oscilador linear.

Considere, portanto, a equação do movimento do oscilador linear, representado por meio da função de impedância.

$$ZU = \omega_n^2 f_0 \tag{4.45}$$

Ou ainda,

$$\omega_n^2 U - \Omega^2 U + 2i\xi\omega_n\Omega U = \omega_n^2 f_0 \tag{4.46}$$

A equação de movimento pode ser interpretada como uma soma vetorial que representa o equilíbrio do sistema. Nesse contexto, o termo $\omega_n^2 U$ representa a força de restituição. O termo $\Omega^2 U$ representa a força de inércia e está defasado de π da força de restituição, uma vez que $-1 = \cos\pi + i\,\text{sen}\,\pi = e^{i\pi}$. O termo de forçamento, $\omega_n^2 f_0$, está defasado de um ângulo de fase, φ, em relação ao termo de restituição. O termo dissipativo, $2i\xi\omega_n\Omega U$, está defasado de $\pi/2$ em relação à força de restituição, uma vez que $i = \cos\dfrac{\pi}{2} + i\,\text{sen}\,\dfrac{\pi}{2} = e^{i\pi/2}$. A Figura 4.9 mostra todos esses termos, representados por vetores, e o equilíbrio estabelecido pelo polígono de forças.

Vibrações com Forçamento Harmônico

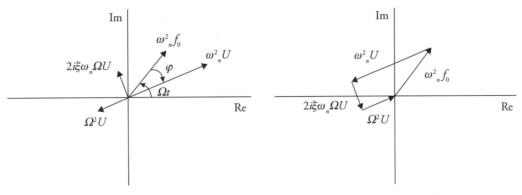

Figura 4.9 Representação de forçamento harmônico no plano complexo.

A dependência da resposta em relação à frequência de forçamento pode ser bem observada a partir de uma análise dos polígonos de força para diferentes frequências. Na Figura 4.10 apresentam-se três situações distintas: frequência menor do que a de ressonância ($\Omega/\omega_n < 1$); frequência de ressonância ($\Omega/\omega_n = 1$); frequência maior do que a de ressonância ($\Omega/\omega_n > 1$).

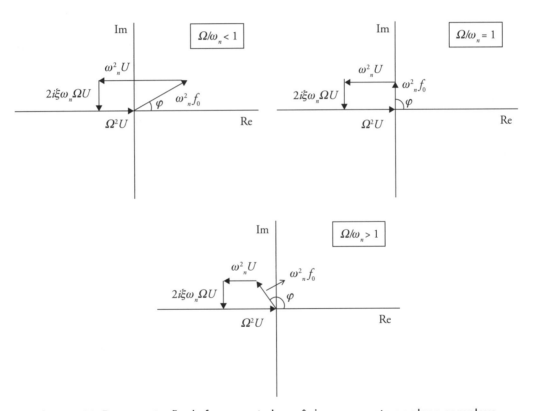

Figura 4.10 Representação de forçamento harmônico e resposta no plano complexo.

4.6 Fator de qualidade e largura de banda

A análise da curva de ressonância de um sistema mecânico nos fornece uma série de informações importantes. Essas informações podem ser utilizadas para identificar os parâmetros do sistema, avaliando algumas de suas características essenciais. A frequência natural e a dissipação de um sistema são algumas informações que podem ser extraídas de uma curva de ressonância.

Capítulo 4

Nesse momento, vamos nos dedicar a analisar a curva de ressonância, definindo aspectos importantes para a identificação dos parâmetros do sistema. Para iniciar a análise, considere o valor máximo do ganho $G_\Omega^{máx} = G_\Omega(\omega_r)$:

$$G_\Omega^{máx} = \frac{1}{\left\{\left[1-\left(1-2\xi^2\right)\right]^2 + 4\xi^2\left(1-2\xi^2\right)\right\}^{1/2}} = \frac{1}{2\xi\left(1-\xi^2\right)^{1/2}} \quad (4.47)$$

Assumindo que $\xi \ll 1$, o ganho máximo pode ser definido conforme a seguir:

$$G_\Omega^{máx} = \frac{1}{2\xi} \quad (4.48)$$

Nesse momento, define-se o *fator de qualidade* do sistema, F_Q, como o ganho máximo associado a um sistema com baixa dissipação. O termo fator de qualidade tem origem na sintonia de sistemas eletrônicos; sendo definido conforme se segue:

$$F_Q = \frac{1}{2\xi} \quad (4.49)$$

Note que um sistema sem dissipação, $\xi = 0$, tem um fator de qualidade infinito, o que representa uma sintonia perfeita.

Outra grandeza importante para avaliar a dissipação de energia do sistema a partir da curva de ressonância é a *largura de banda*, δ. Considere então a curva de ressonância mostrada na Figura 4.11. Nesse momento, definem-se os *pontos de meia potência* como aqueles associados às frequências de excitação em que a amplitude do sistema corresponde a 70,7% do valor da amplitude máxima. Esse valor equivale a 50% da energia do sistema avaliado em termos de decibel (dB), definido da seguinte forma: $dB = 20 \log_{10}(U/U_{Ref})$. Isso é equivalente a uma queda de 3 dB da potência máxima. A partir dessa definição, o fator de amplificação para os pontos de meia potência vale:

$$G_\Omega(\omega_1) = G_\Omega(\omega_2) = \frac{G_\Omega^{máx}}{\sqrt{2}} \quad (4.50)$$

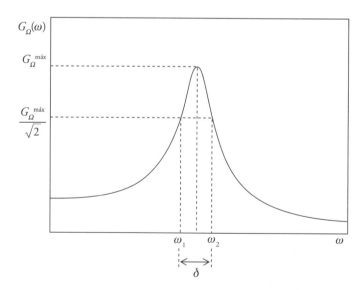

Figura 4.11 Largura de banda.

Para avaliar os pontos de meia potência, assume-se que:

$$G_\Omega(\omega) = \frac{1}{\left\{\left[1-\omega^2\right]^2 + \left(2\xi\omega\right)^2\right\}^{1/2}} = \frac{G_\Omega^{máx}}{\sqrt{2}} = \frac{1}{2\sqrt{2}\xi} \quad (4.51)$$

De onde vem que:

$$\frac{1}{8\xi^2} = \frac{1}{\left(1-\omega^2\right)^2 + 4\xi^2\omega^2} \quad (4.52)$$

Com isso, escreve-se a seguinte equação para os pontos de meia potência:

$$\omega^4 - 2(1-2\xi^2)\omega^2 + (1-8\xi^2) = 0 \quad (4.53)$$

Que pode ser resolvida para $\lambda = \omega^2$:

$$\lambda_{1,2} = \left(1-2\xi^2\right) \pm 2\xi\sqrt{1+\xi^2} \quad (4.54)$$

Com isso, os pontos de meia potência são dados por:

$$\omega_{1,2} = \pm\sqrt{\left(1-2\xi^2\right) \pm 2\xi\sqrt{1+\xi^2}} \quad (4.55)$$

Admitindo mais uma vez que $\xi \ll 1$, chega-se a uma solução do tipo:

$$\omega_{1,2} = \pm\sqrt{1 \pm 2\xi} \quad (4.56)$$

Usando a série de Taylor, tem-se que:

$$\sqrt{1 \pm 2\xi} = 1 \pm \left.\frac{1}{\sqrt{1 \pm 2\xi}}\right|_{\xi=0} \xi \quad (4.57)$$

E, portanto, chega-se à seguinte equação para os pontos de meia potência:

$$\omega_{1,2} = 1 \pm \xi \quad (4.58)$$

Dessa forma, a largura de banda pode ser expressa conforme a seguir.

$$\delta = \omega_2 - \omega_1 = 2\xi \quad (4.59)$$

Note que a largura de banda é o inverso do fator de qualidade: $\delta = 1/F_Q$. Quanto maior a dissipação, maior a largura de banda, conforme mostrado na Figura 4.12. Isso ocorre porque a curva de ressonância tende a ter um ganho menor, o que aumenta a largura de banda.

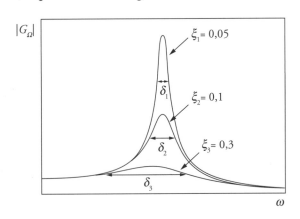

Figura 4.12 Mudança na largura de banda para diferentes níveis de amortecimento.

4.7 Movimento com excitação de base

Os sistemas mecânicos submetidos à excitação de base estão associados a diferentes situações físicas, inclusive sensores sísmicos. Esse tipo de sistema é uma aplicação de sistemas submetidos à excitação harmônica. Considere então um oscilador massa-mola-amortecedor, submetido a uma excitação de base, $u_b = u_b(t)$, conforme mostrado na Figura 4.13.

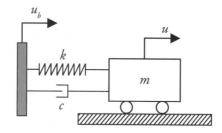

Figura 4.13 Oscilador linear submetido a excitação de base.

Aplicando-se a segunda lei de Newton, obtém-se a seguinte equação de movimento:

$$m\ddot{u} + c(\dot{u} - \dot{u}_b) + k(u - u_b) = 0 \quad (4.60)$$

Dividindo por m, e fazendo uma mudança de variáveis do tipo $\bar{u} = u - u_b$, chega-se à seguinte expressão:

$$\ddot{\bar{u}} + 2\xi\omega_n \dot{\bar{u}} + \omega_n^2 \bar{u} = \ddot{u}_b \quad (4.61)$$

Se a excitação de base for harmônica do tipo $u_b = U_b \cos(\Omega t)$, tem-se que $\ddot{u}_b = -U_b \Omega^2 \cos(\Omega t)$ e o sistema é um oscilador linear excitado harmonicamente.

4.8 Exercícios

P4.1 A cauda de um helicóptero pode ser modelada por meio de um oscilador excitado harmonicamente por uma massa desbalanceada. Admite-se uma rigidez equivalente da cauda $k = 1 \times 10^5$ N/m e uma massa equivalente $m = 80$ kg (e 20 kg desses representam o rotor). Admite-se ainda que o desbalanceamento é equivalente a uma massa de 500 g a uma distância de 15 cm de seu eixo de rotação. Avalie o deslocamento máximo da cauda se o rotor gira a 1.500 rpm, assumindo um amortecimento $\xi = 0{,}01$. Avalie o máximo deslocamento da cauda, indicando em que velocidade do rotor isso ocorre.

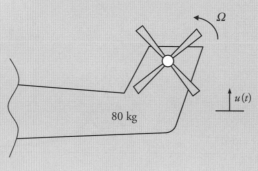

Figura P4.1

P4.2 Os transdutores convertem diferentes tipos de energia, como mecânica em elétrica. O *acelerômetro é um transdutor* que funciona como sensor de aceleração e fornece uma tensão elétrica proporcional à aceleração a que está sujeito. Considere que o transdutor piezoelétrico pode ser modelado como um elemento elástico linear associado a um amortecedor viscoso linear, conforme apresentado na figura esquemática a seguir. Apresente um modelo para descrever a dinâmica de um acelerômetro montado sobre uma base que se movimenta harmonicamente. Apresente também uma discussão sobre a resposta desse modelo.

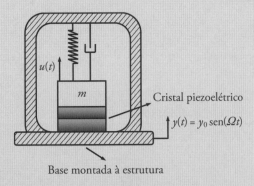

Figura P4.2

P4.3 Considere um veículo, de massa m, modelado de forma simplificada a partir de um oscilador com um grau de liberdade, conforme mostrado na figura a seguir. O veículo se desloca sobre uma estrada que pode ser considerada uma senoide perfeita. Considerando apenas o deslocamento vertical do veículo, avalie sua equação de movimento e discuta as situações críticas para o movimento.

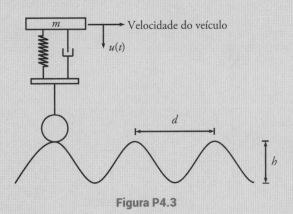

Figura P4.3

P4.4 Determine a amplitude em regime permanente da oscilação angular do sistema apresentado na figura a seguir, que consiste em uma barra rígida de massa m articulada no ponto O sujeita a uma excitação de base. Considere $k = 2 \times 10^5$ N/m, $c = 200$ Ns/m, $L = 80$ cm, $m = 8$ kg, $Y = 0{,}01$ m e $\Omega = 350$ rad/s.

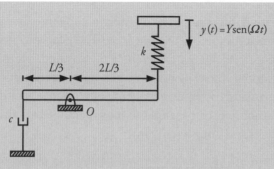

Figura P4.4

P4.5 Em quais frequências de excitação a amplitude de vibração do sistema a seguir, em regime permanente, será menor que 3 mm?

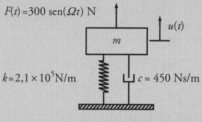

Figura P4.5

P4.6 Um bloco de massa *m*, apoiado em um plano horizontal sem atrito, é ligado por uma mola de constante *k* a uma haste uniforme e homogênea de massa *M* e comprimento *L*. Determine a equação de movimento e depois obtenha a resposta do bloco em regime permanente assumindo uma dissipação do tipo viscosa em vez do atrito seco.

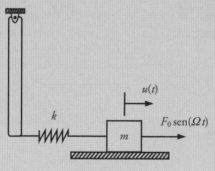

Figura P4.6

5

Vibrações com Forçamento Não Harmônico e Transformadas

A investigação de forçamentos harmônicos não cobre todas as possibilidades de vibrações forçadas. Usualmente, os sistemas mecânicos estão submetidos a diferentes tipos de forçamento e é necessário ter ferramentas para conhecer a resposta de cada um dos tipos de excitação. Este capítulo trata de forçamentos não harmônicos classificados da seguinte forma: periódico e arbitrário.

A essência dos procedimentos apresentados neste capítulo é a superposição de efeitos. A ideia central é representar o forçamento como uma combinação de forçamentos cuja solução se conhece. A partir daí, considera-se que a solução é a composição das soluções conhecidas.

Este capítulo apresenta também uma análise sobre transformadas. A transformada de Laplace é uma ferramenta alternativa para resolver equações diferenciais. A ideia desse procedimento consiste em transformar as equações do sistema dinâmico para um espaço no qual as equações de governo são algébricas. Dessa forma, a solução passa a ser uma tarefa mais simples.

5.1 Forçamento periódico

O forçamento periódico se repete ao longo do tempo em determinado período, T. Diversas formas de excitação podem estar associadas a um forçamento periódico, conforme está mostrado na Figura 5.1. Vale ressaltar que o forçamento harmônico é periódico, mas nem todo forçamento periódico é harmônico.

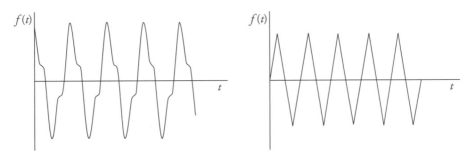

Figura 5.1 Forçamento periódico.

Capítulo 5

A solução do oscilador submetido a um forçamento periódico está baseada na ideia de que qualquer função periódica pode ser representada por uma série convergente de funções harmônicas cujas frequências são múltiplos inteiros de uma frequência fundamental Ω_0. Essa série é chamada série de Fourier e a representação de uma função periódica, $f(t)$, é feita da seguinte forma:

$$f(t) = \frac{1}{2}a_0 + \sum_{p=1}^{\infty}\left[a_p \cos\left(p\Omega_0 t\right) + b_p \operatorname{sen}\left(p\Omega_0 t\right)\right] \quad (5.1)$$

em que $\Omega_0 = \dfrac{2\pi}{T}$ e p representa números inteiros. Note que a função periódica está representada por meio de funções harmônicas.

A representação da função pela série de Fourier implica a determinação dos coeficientes a_p e b_p. Inicialmente, considere a determinação de a_p que é feito multiplicando-se a Eq. (5.1) por $\cos(r\Omega_0 t)$ e integrando-se no período de 0 a T, conforme mostrado a seguir.

$$\int_0^T f(t)\cos\left(r\Omega_0 t\right)dt = \int_0^T \frac{a_0}{2}\cos\left(r\Omega_0 t\right)dt +$$
$$+ \sum_{p=1}^{\infty}\left[\int_0^T a_p \cos\left(r\Omega_0 t\right)\cos\left(p\Omega_0 t\right)dt + \int_0^T b_p \cos\left(r\Omega_0 t\right)\operatorname{sen}\left(p\Omega_0 t\right)dt\right] \quad (5.2)$$

Resolvendo as integrais, tem-se que:

$$\int_0^T \frac{a_0}{2}\cos\left(r\Omega_0 t\right)dt = \begin{cases} 0, \text{ se } r \neq 0 \\ a_0 T/2, \text{ se } r = 0 \end{cases}$$

$$\int_0^T a_p \cos\left(r\Omega_0 t\right)\cos\left(p\Omega_0 t\right)dt = \begin{cases} 0, \text{ se } r \neq p \\ a_0 T/2, \text{ se } r = p \end{cases} \quad (5.3)$$

$$\int_0^T b_p \cos\left(r\Omega_0 t\right)\operatorname{sen}\left(p\Omega_0 t\right)dt = 0$$

Dessa forma, os coeficientes a_p são dados por:

$$a_p = \frac{2}{T}\int_0^T f(t)\cos\left(p\Omega_0 t\right)dt, \quad (p = 0,1,2...) \quad (5.4)$$

Os coeficientes b_p são avaliados de maneira análoga, multiplicando-se a série apresentada na Eq. (5.1) por $\operatorname{sen}(r\Omega_0 t)$ e integrando-se no período, de 0 a T. Dessa forma, tem-se:

$$\int_0^T \frac{a_0}{2}\operatorname{sen}\left(r\Omega_0 t\right)dt = 0$$

$$\int_0^T a_p \operatorname{sen}\left(r\Omega_0 t\right)\cos\left(p\Omega_0 t\right)dt = 0 \quad (5.5)$$

$$\int_0^T b_p \operatorname{sen}\left(r\Omega_0 t\right)\operatorname{sen}\left(p\Omega_0 t\right)dt = \begin{cases} 0, \text{ se } r \neq p \\ b_p T/2, \text{ se } r = p \end{cases}$$

Portanto, os coeficientes b_p podem ser calculados da seguinte forma:

$$b_p = \frac{2}{T}\int_0^T f(t)\operatorname{sen}\left(p\Omega_0 t\right)dt, \quad (p=1,2,...) \tag{5.6}$$

Dessa forma, conhecendo-se uma função periódica qualquer, é possível calcular os coeficientes da série de Fourier e representá-la a partir de funções harmônicas. A representação de determinada função depende de sua forma e, de fato, adota-se um número finito de termos, N, para representá-la. A determinação do número de termos necessário para a adequada representação de uma função está associada a uma análise de convergência. Nesse contexto, um forçamento periódico qualquer pode ser expresso da seguinte forma:

$$f(t) = \frac{1}{2}a_0 + \sum_{p=1}^{N}\left[a_p\cos\left(p\Omega_0 t\right) + b_p\operatorname{sen}\left(p\Omega_0 t\right)\right] \tag{5.7}$$

Dependendo da forma de $f(t)$, a expansão pode ser simplificada. Se $f(t)$ é uma função ímpar, ou seja, $f(t) = -f(t)$, tem-se que apenas a parte ímpar da série deve ser considerada (ou seja, associada aos senos):

$$f(t) = \sum_{p=1}^{\infty} b_p\operatorname{sen}\left(p\Omega_0 t\right) \tag{5.8}$$

Da mesma forma, se $f(t)$ é uma função par, ou seja, $f(t) = -f(-t)$, a representação em série de Fourier é dada apenas pela parte par da série (associada aos cossenos):

$$f(t) = \frac{a_0}{2} + \sum_{p=1}^{\infty} a_p\cos\left(p\Omega_0 t\right) \tag{5.9}$$

A solução da dinâmica do oscilador linear submetido a um forçamento periódico evoca o princípio da superposição de efeitos e, com isso, a resposta do sistema é dada pela soma das respostas de cada um dos harmônicos que representam a série de Fourier. Assim, utiliza-se a solução de um sistema submetido a um forçamento harmônico para obter a solução do sistema com forçamento periódico. A Figura 5.2 mostra um esquema da ideia da superposição de efeitos que resolve a dinâmica de um oscilador a partir de uma série de osciladores, cada um deles excitado por um harmônico diferente.

Dessa forma, a resposta é um somatório de diversas funções harmônicas e cada uma delas é a solução de um forçamento harmônico, tratado no capítulo anterior. Considerando o regime permanente (sendo $\xi > 0$), a solução é dada pela solução particular, mostrada a seguir:

$$u(t) = \frac{a_0}{2} + \sum_{p=1}^{\infty}|G_p|\left[a_p\cos\left(p\Omega_0 t - \phi_p\right) + a_p\operatorname{sen}\left(p\Omega_0 t - \phi_p\right)\right] \tag{5.10}$$

em que:

$$|G_p| = \frac{1}{\left\{\left[1 - \left(\frac{p\Omega_0}{\omega_n}\right)^2\right]^2 + \left(2\xi p\frac{\Omega_0}{\omega_n}\right)^2\right\}^{1/2}} \text{ e} \tag{5.11}$$

$$\phi_p = \operatorname{tg}^{-1}\frac{2\xi p\Omega_0/\omega_n}{1 - \left(\frac{p\Omega_0}{\omega_n}\right)^2} \tag{5.12}$$

Capítulo 5

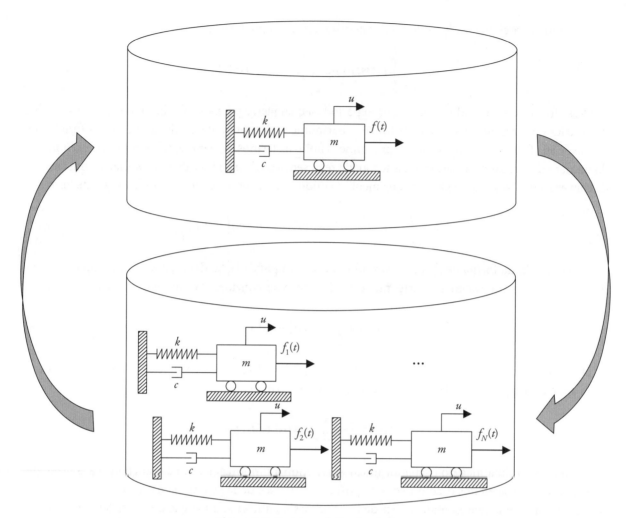

Figura 5.2 Superposição de efeitos.

Exemplo 5.1

Considere um oscilador com a seguinte equação de movimento:

$$m\ddot{u} + c\dot{u} + ku = kf(t)$$

em que a função $f(t)$ é dada conforme mostra a Figura 5.3.

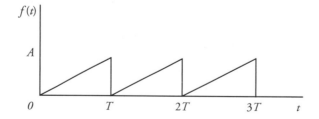

Figura 5.3 Forçamento submetido ao oscilador.

Avalie a resposta desse oscilador usando a série de Fourier.

Solução

Considere a equação de movimento escrita conforme a seguir:

$$\ddot{u} + 2\xi\omega_n\dot{u} + \omega_n^2 u = \omega_n^2 f(t)$$

em que $f(t) = \dfrac{At}{T}$, para $0 < t < T$.

O uso da série de Fourier deve considerar um número finito de termos, aqui definido como N:

$$f(t) = \frac{1}{2}a_0 + \sum_{p=1}^{N}[a_p\cos(p\Omega_0 t) + b_p\text{sen}(p\Omega_0 t)]$$

Os coeficientes da série são avaliados conforme se segue:

$$a_0 = \frac{2}{T}\int_0^T f(t)dt = \frac{2A}{T^2}\left(\frac{t^2}{2}\right)\bigg|_0^T = A$$

$$a_p = \frac{2}{T}\int_0^T f(t)\cos(p\Omega_0 t)dt = \frac{2}{T}\int_0^T \frac{At}{T}\cos(p\Omega_0 t)dt =$$

$$= 1\frac{2A}{T^2}\int_0^T t\cos(p\Omega_0 t)dt =$$

$$\frac{2A}{T^2}\left(\frac{\cos(p\Omega_0 t) + pT\Omega_0\,\text{sen}(p\Omega_0 T) - 1}{p^2\Omega_0^2}\right) = 0$$

$$b_p = \frac{2}{T}\int_0^T f(t)\text{sen}(p\Omega_0 t)dt = \frac{2A}{T^2}\int_0^T T\cos(p\Omega_0 t)dt =$$

$$= \frac{2A}{T^2}\left(\frac{\text{sen}(p\Omega_0 T) - pT\Omega_0\cos(p\Omega_0 T)}{p^2\Omega_0^2}\right) = -\frac{2A}{p\Omega_0 T}$$

Portanto, a função escrita em termos da série de Fourier é:

$$f(t) = \frac{A}{2} + \sum_{p=1}^{N}\left[-\frac{A}{p\pi}\text{sen}\left(\frac{p2\pi t}{T}\right)\right]$$

A Figura 5.4 mostra a representação do forçamento periódico pela série de Fourier considerando diferentes números de termos, N. Vê-se que, à medida que se consideram mais termos da série, tende-se para a curva desejada que representa o forçamento.

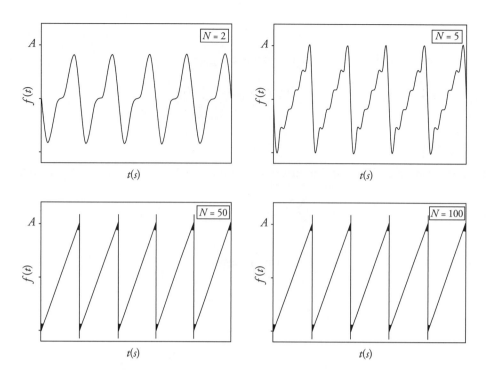

Figura 5.4 Representação do forçamento periódico pela série de Fourier, considerando diferentes números de termos.

A resposta do sistema é obtida a partir da superposição de respostas do sistema com excitação harmônica. Assim, temos:

$$u = \frac{A}{2}\sum |G_p|\left[a_p\cos(p\Omega_0 t - \varphi_p) + b_p\operatorname{sen}(p\Omega_0 t - \varphi_p)\right]$$

em que $|G_p| = \dfrac{1}{\left\{\left[1 - \left(\dfrac{p\Omega_0}{\omega_n}\right)^2\right]^2 + \left[2\xi\dfrac{p\Omega_0}{\omega_n}\right]^2\right\}^{1/2}}$ e $\varphi_p = \operatorname{tg}^{-1}\dfrac{2\xi p\Omega_0 / \omega_n}{1 - \left(\dfrac{p\Omega_0}{\omega_n}\right)^2}$

5.2 Forçamento arbitrário

Um sistema dinâmico pode ser excitado a partir de uma função arbitrária, que não é periódica. Esse tipo de forçamento é um caso geral, que enquadra todos os tipos de forçamentos determinísticos. A representação de um forçamento qualquer, arbitrário, pode ser feita a partir de uma composição de funções. Uma maneira de fazer essa representação é pela superposição de impulsos de várias amplitudes aplicados em diferentes instantes de tempos. Para isso, definem-se as funções de singularidade.

Inicialmente, considere a função impulso (delta de Dirac), definida a seguir e mostrada na Figura 5.5.

$$\delta(t - a) = 0, \text{ se } t \neq a. \tag{5.13}$$

Além disso, a definição considera que: $\int_{-\infty}^{\infty} \delta(t-a)dt = 1$.

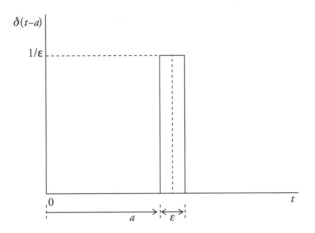

Figura 5.5 Função impulso (delta de Dirac).

Considere, agora, a função degrau (de Heaviside), definida da seguinte forma e mostrada na Figura 5.6.

$$H(t-a) = \begin{cases} 0 & \text{se} \quad t < a \\ 1 & \text{se} \quad t \geq a \end{cases} \tag{5.14}$$

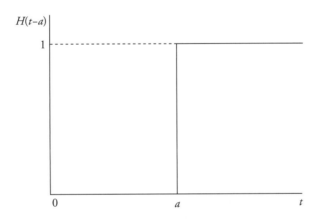

Figura 5.6 Função degrau (de Heaviside).

A partir dessas definições, deve-se observar a relação existente entre as funções degrau e impulso:

$$H(t-a) = \int_{-\infty}^{t} \delta(t-a)dt$$

$$\delta(t-a) = \frac{d}{dt}H(t-a) \tag{5.15}$$

5.2.1 Representação do forçamento arbitrário

Um forçamento arbitrário pode ser representado a partir da combinação de vários impulsos. Para isso, considera-se que durante um pequeno intervalo de tempo $\Delta\tau$, que se inicia em $t = \tau$, pode-se substituir a função $f(t)$ por um impulso de magnitude $f(\tau)\Delta\tau$, conforme mostrado na Figura 5.7.

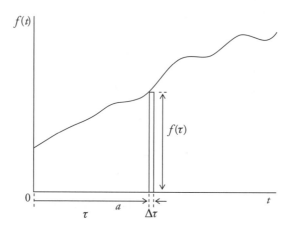

Figura 5.7 Representação de uma função arbitrária a partir de impulsos.

Dessa forma, cada trecho da função $f(t)$ pode ser expresso por uma função Δf, mostrada a seguir:

$$\Delta f = f(\tau)\Delta\tau\delta(t - \tau) \tag{5.16}$$

Assim, a função $f(t)$ pode ser aproximada pela soma de todos os trechos, como se segue:

$$f(t) \cong \sum_{\tau} \Delta f \cong \sum_{\tau} f(\tau)\Delta\tau\,\delta(t-\tau) \tag{5.17}$$

Tomando o limite de $\Delta\tau \to 0$, a aproximação é exata, expressa por:

$$f(t) = \int_0^t f(\tau)\delta(t-\tau)d\tau \tag{5.18}$$

A solução desse sistema pode ser obtida a partir da solução da resposta a um impulso. Para isso, utiliza-se a ideia da superposição de efeitos e, como o forçamento é a soma de vários impulsos, a resposta é a soma de várias respostas a impulsos. Dessa forma, passa-se a tratar a resposta a um impulso que será utilizada para obter a resposta de um sistema submetido a um forçamento arbitrário.

5.2.2 Resposta a um impulso

Considere um oscilador linear submetido a um impulso. A equação de movimento é dada por:

$$m\ddot{u} + c\dot{u} + ku = \delta(t) \tag{5.19}$$

O impulso pode ser entendido como uma condição inicial, uma vez que sua aplicação ocorre em um instante de tempo determinado e, depois, o sistema vibra livremente. Assim, avalia-se o que ocorre em $\Delta t = \varepsilon$, em que $\varepsilon \to 0$.

$$\lim_{\varepsilon \to 0}\int_0^\varepsilon \left[m\ddot{u} + c\dot{u} + ku\right]dt = \lim_{\varepsilon \to 0}\int_0^\varepsilon \delta(t)dt \tag{5.20}$$

Usando a linearidade do operador integração, é possível integrar cada um dos termos da equação separadamente. Assim, admitindo-se que $u(0) = \dot{u}(0) = 0$, são apresentadas as seguintes soluções para cada um dos termos:

$$\lim_{\varepsilon \to 0} \int_0^\varepsilon \delta(t)dt = 1 \tag{5.21}$$

$$\lim_{\varepsilon \to 0} \int_0^\varepsilon m\ddot{u}\,dt = \lim_{\varepsilon \to 0} m\dot{u}\Big|_0^\varepsilon = \lim_{\varepsilon \to 0} m[\dot{u}(\varepsilon) - \dot{u}(0)] = m\dot{u}(0^+) \tag{5.22}$$

$$\lim_{\varepsilon \to 0} \int_0^\varepsilon c\dot{u}\,dt = \lim_{\varepsilon \to 0} cu\Big|_0^\varepsilon = \lim_{\varepsilon \to 0} c[u(\varepsilon) - u(0)] = 0 \tag{5.23}$$

$$\lim_{\varepsilon \to 0} \int_0^\varepsilon ku\,dt = 0 \tag{5.24}$$

Com isso, conclui-se que a resposta a um impulso é equivalente a uma condição inicial do tipo:

$$\dot{u}(0^+) = \frac{1}{m} \tag{5.25}$$

Utilizando esse resultado como condição inicial na solução de vibrações livres, tem-se que a resposta do sistema é dada por:

$$u = u_\delta(t) = \frac{1}{m\omega_d} e^{-\xi \omega_d t} \operatorname{sen}(\omega_d t) \tag{5.26}$$

Dessa forma, $u_\delta(t)$ denota a resposta do sistema massa-mola-amortecedor excitado por um impulso.

5.2.3 Resposta a um forçamento arbitrário

Uma vez que uma excitação arbitrária pode ser representada a partir de vários impulsos, e também tendo em vista que se conhece a resposta do sistema a um único impulso, é possível evocar a superposição de efeitos e combinar as diversas soluções para obter a solução geral, de uma excitação arbitrária. Como a resposta do sistema a um único impulso é u_δ, tem-se que a resposta a uma excitação arbitrária representada por vários impulsos é dada por:

$$\Delta u = f(\tau)\Delta\tau u_\delta(t - \tau) \tag{5.27}$$

Note que essa solução é composta da solução de um único impulso, $u_\delta(t - \tau)$ multiplicada por $f(\tau)\Delta\tau$, que representa a amplitude do forçamento arbitrário no instante de tempo em questão.

A partir daí, evoca-se a superposição de efeitos e considera-se que a solução do sistema submetido a diversos impulsos que compõem a função é dada pela soma de todas as soluções:

$$u \cong \sum f(\tau) u_\delta(t - \tau)\Delta\tau \tag{5.28}$$

Mais uma vez, tomando o limite quando $\Delta\tau \to 0$, tem-se a solução desejada:

$$u = \int_0^t f(\tau) u_\delta(t - \tau)d\tau \tag{5.29}$$

Essa solução é conhecida como *integral de convolução* e expressa a resposta de um oscilador submetido a uma excitação $f(t)$, arbitrária, como a superposição de respostas a diversos impulsos.

A integral de convolução avalia respostas a impulsos defasados pelo tempo $t = \tau$. O mesmo pode ser feito defasando o forçamento. Considere, então, uma mudança de variável:

$$\vartheta = t - \tau \qquad (5.30)$$

Com isso, $d\tau = -d\vartheta$ e os limites de integração são expressos conforme a seguir:

$$\begin{cases} \tau = 0 & \rightarrow \quad \vartheta = t \\ \tau = t & \rightarrow \quad \vartheta = 0 \end{cases} \qquad (5.31)$$

Assim:

$$u = -\int_t^0 f(t-\vartheta)u_\delta(\vartheta)d\vartheta = \int_0^t f(t-\vartheta)u_\delta(\vartheta)d\vartheta \qquad (5.32)$$

Dessa forma, a integral de convolução é simétrica em relação ao forçamento ou à resposta ao impulso e pode ser escrita da seguinte forma:

$$u = \int_0^t f(\tau)u_\delta(t-\tau)d\tau = \int_0^t f(t-\tau)u_\delta(\tau)d\tau \qquad (5.33)$$

em que $f(\tau)$ é o forçamento e $u_\delta(t - \tau)$ representa a solução do sistema submetido a um forçamento impulsivo.

Exemplo 5.2

Considere um oscilador não dissipativo submetido a uma excitação harmônica do tipo:

$$F(t) = f_0 \operatorname{sen}(\Omega t)$$

Avalie a resposta do sistema.

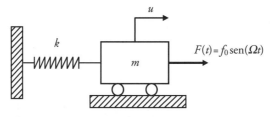

Figura 5.8 Oscilador submetido a um forçamento harmônico.

Solução

A resposta do oscilador é avaliada a partir da integral de convolução. Considerando o forçamento harmônico e o caso não dissipativo, tem-se que a função resposta a um impulso unitário é dada por:

$$u_\delta = \frac{1}{m\omega_n}\operatorname{sen}(\omega_n t)$$

Portanto, a integral de convolução é a seguinte:

$$u = \frac{f_0}{m\omega_n} \int_0^t \text{sen}(\Omega\tau)\text{sen}(\omega_n(t-\tau))d\tau$$

Mas, $\text{sen}(\alpha)\text{sen}(\beta) = \frac{1}{2}\left[\cos(\alpha-\beta) - \cos(\alpha+\beta)\right]$

Com isso:

$$u = \frac{f_0}{2m\omega_n} \int_0^t \left\{\cos\left[(\Omega+\omega_n)\tau - \omega_n t\right] - \cos\left[(\Omega-\omega_n)\tau + \omega_n t\right]\right\}d\tau$$

Mas,

$$\int \cos(a\tau \pm bt)d\tau = \frac{\text{sen}(a\tau)\cos(bt)}{a} \pm \frac{\cos(a\tau)\text{sen}(bt)}{b} = \frac{1}{a}\text{sen}(a\tau \pm bt)$$

Então:

$$u = \frac{f_0}{2m\omega_n}\left[\frac{\text{sen}\left[(\Omega+\omega_n)\tau - \omega_n t\right]}{\Omega+\omega_n} - \frac{\text{sen}\left[(\Omega-\omega_n)\tau + \omega_n t\right]}{\Omega-\omega_n}\right]_0^t$$

Dessa forma, a resposta do sistema é apresentada pela expressão que se segue em que se identifica a parcela homogênea e a particular discutida no Capítulo 4. Note também que a ressonância do sistema está representada de forma adequada quando as frequências Ω e ω_n se igualarem.

$$u = \frac{f_0}{k}\frac{1}{1-(\Omega/\omega_n)^2}\left[\text{sen}(\Omega t) - \frac{\Omega}{\omega_n}\text{sen}(\omega_n t)\right]$$

5.2.4 Resposta a um degrau

Considere agora um oscilador linear submetido a uma excitação do tipo degrau. A equação de movimento é, portanto:

$$m\ddot{u} + c\dot{u} + ku = H(t) \quad (5.34)$$

Definindo $D[\ ]$ como um operador do tipo:

$$D = m\frac{d^2}{dt^2} + c\frac{d}{dt} + k \quad (5.35)$$

Pode-se reescrever a equação de movimento da seguinte forma:

$$D[u] = H(t) \quad (5.36)$$

A resposta do oscilador submetido a um impulso, $u_\delta = u_\delta(t)$, pode ser escrita como se segue:

$$D[u_\delta] = \delta(t) \quad (5.37)$$

Integrando a equação, chega-se a:

$$\int_{-\infty}^{t} D[u_\delta]dt = \int_{-\infty}^{t} \delta(t)dt$$

O que resulta em:

$$D\int_{-\infty}^{t} u_\delta dt = H(t) \tag{5.38}$$

Portanto, a resposta a uma excitação do tipo degrau é dada por:

$$u = \int_{-\infty}^{t} u_\delta(t)dt \tag{5.39}$$

Ou seja:

$$u = \int_{-\infty}^{t} \frac{1}{m\omega_d} e^{-\xi\omega_d t} \operatorname{sen}(\omega_d t)\,dt = \frac{1}{m\omega_d}\int_0^t e^{-\xi\omega_d t}\operatorname{sen}(\omega_d t)dt \tag{5.40}$$

Mas $\operatorname{sen}(\omega_d t) = \dfrac{e^{i\omega_d t} - e^{-i\omega_d t}}{2i}$, então:

$$u = \frac{1}{2im\omega_d}\int_0^t \left[e^{-(\xi\omega_n - i\omega_d)t} - e^{-(\xi\omega_n + i\omega_d)t}\right]dt =$$

$$= \frac{1}{2im\omega_d}\left[\frac{e^{-(\xi\omega_n - i\omega_d)t}}{-(\xi\omega_n - i\omega_d)} - \frac{e^{-(\xi\omega_n + i\omega_d)t}}{-(\xi\omega_n + i\omega_d)}\right] \tag{5.41}$$

O que resulta em uma expressão do tipo:

$$u = \frac{1}{2im\omega_d\left[(\xi\omega_n)^2 + \omega_d^2\right]}\left\{e^{-\xi\omega_n t}\left[-(\xi\omega_n + i\omega_d)e^{i\omega_d t} + (\xi\omega_n - i\omega_d)e^{-i\omega_d t}\right]\right\} \tag{5.42}$$

Utilizando-se a identidade de Euler $e^{i\omega_d t} = \cos(\omega_d t) + i\operatorname{sen}(\omega_d t)$, tem-se que:

$$u = \frac{1}{m\omega_n^2}\left[1 - e^{-\xi\omega_n t}\left(\cos(\omega_d t) + \frac{\xi\omega_n}{\omega_d}\operatorname{sen}(\omega_d t)\right)\right] \tag{5.43}$$

Ou ainda,

$$u = \frac{1}{k}\left[1 - e^{-\xi\omega_n t}\left(\cos(\omega_d t) + \frac{\xi\omega_n}{\omega_d}sen(\omega_d t)\right)\right] \tag{5.44}$$

A Figura 5.9 mostra a resposta do oscilador linear excitado por um degrau unitário. Observe que o degrau é equivalente a uma condição inicial que promove uma resposta do tipo vibração livre subamortecida em torno de uma posição diferente do ponto de equilíbrio. Essa nova posição é definida pelo degrau e equivale a um deslocamento estático.

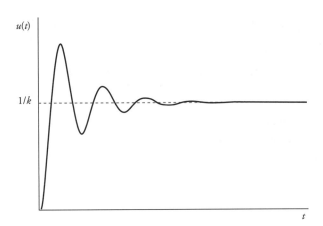

Figura 5.9 Resposta a um degrau unitário.

5.3 Transformada de Laplace

A transformada de Laplace é uma ferramenta utilizada para resolver EDOs com coeficientes constantes. Seu nome é uma homenagem ao astrônomo, físico e matemático francês Pierre Simon Laplace (1749-1827). Em essência, a ideia básica de uma transformada é levar o problema desde o espaço físico para um novo espaço abstrato no qual a solução da equação é obtida de forma conveniente. Uma vez resolvido o problema nesse espaço, utiliza-se uma transformada inversa para retornar para o espaço físico. A transformada de Laplace é uma das possibilidades associadas à ideia de transformação de espaço e tem como principal característica transformar uma EDO em uma equação algébrica no domínio de Laplace. A Figura 5.10 mostra um esquema da aplicação da transformada de Laplace.

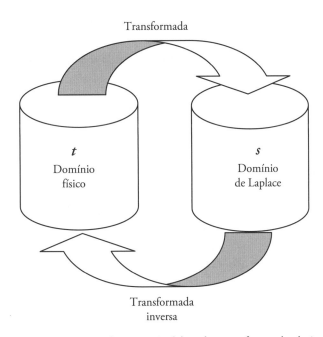

Figura 5.10 Representação esquemática da transformada de Laplace.

Matematicamente, a transformada de Laplace é definida conforme a seguir:

$$\hat{u}(s) = \Im\{u(t)\} = \int_0^\infty e^{-st} u(t) dt \tag{5.45}$$

Capítulo 5

A transformada inversa, por sua vez, é dada por:

$$u(t) = \mathfrak{I}^{-1}\{\hat{u}(s)\} = \frac{1}{2\pi i} \int_{a-i\infty}^{a+i\infty} e^{st} \hat{u}(s) ds \qquad (5.46)$$

em que $s = a + ib$ é uma variável complexa.

A análise do oscilador linear a partir da transformada de Laplace implica sua aplicação nos dois lados da equação de movimento conforme a seguir:

$$\mathfrak{I}\{m\ddot{u} + c\dot{u} + ku\} = \mathfrak{I}\{F\} \qquad (5.47)$$

Para prosseguir nesse objetivo, é importante conhecer algumas propriedades da transformada de Laplace que passam a ser discutidas. A primeira é a linearidade do operador. De acordo com essa propriedade, tem-se que:

$$\mathfrak{I}\{m\ddot{u} + c\dot{u} + ku\} = m\mathfrak{I}\{\ddot{u}\} + c\mathfrak{I}\{\dot{u}\} + k\mathfrak{I}\{u\} \qquad (5.48)$$

A linearidade da transformada de Laplace é uma consequência direta da linearidade do operador integral. Note que:

$$\mathfrak{I}\{\alpha_1 u_1 + \alpha_2 u_2\} = \alpha_1 \hat{u}_1 + \alpha_2 \hat{u}_2 \qquad (5.49)$$

Pois:

$$\mathfrak{I}\{\alpha u\} = \int e^{-st} \alpha u \, dt = \alpha \int e^{-st} u \, dt = \alpha \hat{u} \qquad (5.50)$$

E:

$$\mathfrak{I}\{u_1 + u_2\} = \int e^{-st}(u_1 + u_2)dt = \int e^{-st} u_1 dt + \int e^{-st} u_2 dt = \hat{u}_1 + \hat{u}_2 \qquad (5.51)$$

Outra consideração importante diz respeito à transformada das derivadas. Inicialmente, considere a transformada da derivada primeira.

$$\mathfrak{I}\{\dot{u}\} = \int_0^\infty e^{-st} \frac{du}{dt} dt \qquad (5.52)$$

Usando a integração por partes:

$$\mathfrak{I}\{\dot{u}\} = e^{-st} u \Big|_0^\infty - \int_0^\infty (-s) e^{-st} u \, dt = \lim_{t \to \infty}\left(e^{-st} u\right) - \lim_{t \to 0}\left(e^{-st} u\right) + s\int_0^\infty e^{-st} u \, dt =$$
$$= -u(0) + s\int_0^\infty e^{-st} u \, dt \qquad (5.53)$$

Com isso:

$$\mathfrak{I}\{\dot{u}\} = s\hat{u} - u(0) \qquad (5.54)$$

Para avaliar a derivada segunda, o procedimento é análogo. Considere então:

$$\mathfrak{I}\{\ddot{u}\} = \int_0^\infty e^{-st} \frac{d^2 u}{dt^2} dt \qquad (5.55)$$

Usando a integração por partes:

$$\Im\{\ddot{u}\} = e^{-st}\dot{u}\Big|_0^\infty - \int_0^\infty (-s)e^{-st}\frac{du}{dt}dt \qquad (5.56)$$

Integrando por partes novamente:

$$\Im\{\ddot{u}\} = e^{-st}\dot{u}\Big|_0^\infty + se^{-st}u\Big|_0^\infty - \int_0^\infty (-s)e^{-st}u\,dt \qquad (5.57)$$

Com isso:

$$\Im\{\ddot{u}\} = s^2\hat{u} - su(0) - \dot{u}(0) \qquad (5.58)$$

Dessa forma, a equação de movimento de um oscilador linear transformada para o domínio de Laplace é a seguinte:

$$m[s^2\hat{u} - su(0) - \dot{u}(0)] + c[s\hat{u} - u(0)] + k\hat{u} = \hat{F} \qquad (5.59)$$

Ou:

$$[s^2 + 2\xi\omega_n s + \omega_n^2]\hat{u} = \frac{\hat{F}}{m} + \dot{u}(0) + (s + 2\xi\omega_n)u(0) \qquad (5.60)$$

Admitindo condições iniciais nulas, $u(0) = \dot{u}(0) = 0$, tem-se:

$$\hat{u} = \frac{\hat{F}}{\hat{Z}} \qquad (5.61)$$

em que $\hat{Z}$ é definida como *função de impedância*, explicitada a seguir:

$$\hat{Z} = m[s^2 + 2\xi\omega_n s + \omega_n^2] \qquad (5.62)$$

Outra forma de expressar a resposta do sistema no domínio de Laplace é pela *função de transferência* definida de tal modo que:

$$\hat{u} = \hat{G}\hat{F} \qquad (5.63)$$

E portanto:

$$\hat{G} = \frac{1}{m[s^2 + 2\xi\omega_n s + \omega_n^2]} \qquad (5.64)$$

Note que, fazendo $s = i\Omega$, $\hat{G}(s)$ passa a ser a função de resposta em frequência $G_\Omega(i\Omega)$ multiplicada por m. De uma maneira geral, pode-se entender a função de transferência como um *operador algébrico* que opera a excitação transformada e resulta na resposta transformada (Figura 5.11).

Figura 5.11 Resposta no domínio de Laplace.

Dessa forma, tem-se que, a partir de uma excitação $\hat{F}$, é possível conhecer a resposta do sistema a partir da sua função de transferência: $\hat{u} = \hat{G}\hat{F}$. Portanto, a solução de um sistema dinâmico utilizando a transformada de Laplace implica, primeiramente, avaliar a função de transferência do sistema. Esse procedimento consiste em escrever a equação de movimento no domínio de Laplace ou, em outras palavras, fazer uma transformação da equação de movimento para o domínio de Laplace. A seguir, deve-se efetuar a transformação da excitação do sistema. A obtenção da resposta no domínio de Laplace está associada à solução de uma equação algébrica. A partir daí, deve-se transformar a resposta do sistema para o domínio físico.

Nesse contexto, o uso da transformada de Laplace implica o conhecimento da transformada do forçamento externo. Isso pode ser feito a partir da aplicação direta da definição ou a partir de Tabelas, como a apresentada no Apêndice B.

A resposta do sistema no domínio de Laplace é expressa por uma razão de polinômios. O caso geral está apesentado a seguir:

$$\hat{u} = \frac{N(s)}{D(s)} = \frac{a_i s^i + a_{i-1} s^{i-1} + \ldots + a_1 s + a_0}{b_j s^j + b_{j-1} s^{j-1} + \ldots + b_1 s + b_0} \qquad (5.65)$$

Como o objetivo final é efetuar a transformação inversa, é útil utilizar a expansão em frações parciais. Para isso, é conveniente expressar o denominador $D(s)$ a partir das suas raízes, conhecidas como os *polos* do sistema, $r_k (k = 1,2,\ldots,j)$. Assim:

$$\hat{u} = \frac{N(s)}{(s - r_1)(s - r_n)\ldots(s - r_j)} \qquad (5.66)$$

Nesse momento, utiliza-se a expansão em frações parciais, reescrevendo o polinômio da seguinte forma:

$$\hat{u} = \frac{C_1}{(s - r_1)} + \frac{C_2}{(s - r_2)} + \ldots + \frac{C_j}{(s - r_j)} \qquad (5.67)$$

em que $C_j = \lim\limits_{s \to r_j} \left[\frac{N(s)}{D(s)} (s - r_j) \right]$.

A partir dessa nova forma, é simples calcular a transformada inversa conforme a seguir:

$$u = C_1 e^{r_1 t} + C_2 e^{r_2 t} + \ldots + C_j e^{r_j t} \qquad (5.68)$$

Exemplo 5.3

Considere que a resposta de um sistema mecânico no domínio de Laplace é representada pelo polinômio a seguir. Reescreva o polinômio utilizando expansão em frações parciais.

$$\hat{u} = \frac{s + 2}{s^3 + 5s^2 + 4s}$$

Solução

$$\hat{u} = \frac{C_1}{s + 0} + \frac{C_2}{s + 4} + \frac{C_3}{s + 1}$$

em que:

$$C_1 = \lim_{s \to 0}\left[\frac{(s+2)s}{s(s+4)(s+1)}\right] = \lim_{s \to 0}\left[\frac{(s+2)}{(s+4)(s+1)}\right] = \frac{1}{2}$$

$$C_2 = \lim_{s \to -4}\left[\frac{(s+2)(s+4)}{s(s+4)(s+1)}\right] = \lim_{s \to -4}\left[\frac{s+2}{s(s+1)}\right] = \frac{-2}{(-4)(-3)} = -\frac{1}{6}$$

$$C_2 = \lim_{s \to -1}\left[\frac{(s+2)(s+1)}{s(s+4)(s+1)}\right] = \lim_{s \to -1}\left[\frac{s+2}{s(s+4)}\right] = \frac{1}{(-1)(3)} = -\frac{1}{3}$$

Tem-se então:

$$\hat{u} = \frac{1}{2s} - \frac{1}{6(s+4)} - \frac{1}{3(s+1)}$$

Exemplo 5.4

Avalie a resposta de um oscilador linear (sistema massa-mola-amortecedor) submetido a um impulso utilizando a transformada de Laplace.

Solução

A equação de movimento é:

$$m\ddot{u} + c\dot{u} + ku = \delta(t)$$

Aplicando a transformada de Laplace, sabe-se que:

$$\hat{u} = \hat{G}\hat{F}$$

em que $\hat{G} = \dfrac{1}{m[s^2 + 2\xi\omega_n s + \omega_n^2]}$. Para avaliar $\hat{F}$, considera-se um impulso aplicado em um instante de tempo qualquer, $\delta(t-a)$:

$$\hat{\delta}(t-a) = \int_0^{\infty} e^{-st}\delta(t-a)dt = e^{-sa}\int_{a^-}^{a^+}\delta(t-a)dt = e^{-sa}$$

Para um impulso aplicado no instante inicial, tem-se que $a = 0$, logo, $\hat{F} = 1$. Com isso:

$$\hat{u} = \frac{1}{m[s^2 + 2\xi\omega_n s + \omega_n^2]}$$

Avaliando as raízes do denominador:

$$s_{1,2} = -\xi\omega_n \pm i\omega_d$$

em que $\omega_d = \omega_n\sqrt{1-\xi^2}$.

Capítulo 5

De forma a encontrar a transformada inversa de Laplace, $\hat{u}$ é expandido em frações parciais:

$$\hat{u} = \frac{1}{m(s+\xi\omega_n-i\omega_d)(s+\xi\omega_n+i\omega_d)} = \frac{1}{m}\left[\frac{C_1}{(s+\xi\omega_n-i\omega_d)} + \frac{C_2}{(s+\xi\omega_n+i\omega_d)}\right]$$

em que:

$$C_1 = \lim_{s\to-\xi\omega_n+i\omega_d}\left[\frac{1}{(s+\xi\omega_n+i\omega_d)}\right] = \frac{1}{2i\omega_d}$$

$$C_2 = \lim_{s\to-\xi\omega_n-i\omega_d}\left[\frac{1}{(s+\xi\omega_n-i\omega_d)}\right] = -\frac{1}{2i\omega_d}$$

Com isso:

$$\hat{u} = \frac{1}{2i\omega_d m}\left[\frac{1}{(s+\xi\omega_n-i\omega_d)} - \frac{1}{(s+\xi\omega_n+i\omega_d)}\right]$$

Aplicando a transformada de Laplace inversa:

$$u(t) = \frac{1}{2i\omega_d m}e^{-\xi\omega_n t}\left[e^{+i\omega_d t} - e^{-i\omega_d t}\right] = \frac{e^{-\xi\omega_n t}}{\omega_d m}\mathrm{sen}\,\omega_d t$$

5.4 Transformada de Fourier

Outra ferramenta útil no contexto de vibrações mecânicas é a transformada de Fourier. Essa transformada está relacionada com a transformada de Laplace e é utilizada para obter informações do sistema no domínio da frequência. Inicialmente, a transformada de Fourier foi desenvolvida para análise de sinais aperiódicos, mas também pode ser aplicada a sinais periódicos.

Matematicamente, a transformada de Fourier é definida conforme a seguir:

$$\hat{u}(\omega) = \Im_\omega\{u(t)\} = \int_{-\infty}^{\infty} e^{-i\omega t}u(t)dt \tag{5.69}$$

Note que a transformada de Fourier pode ser obtida fazendo $s = i\omega$ na transformada de Laplace. Embora essa substituição não consista em uma definição rigorosa, ela permite estabelecer uma conexão entre as duas transformadas.

A transformada inversa, por sua vez, é dada por:

$$u(t) = \Im_\omega^{-1}\{\hat{u}(\omega)\} = \frac{1}{2\pi}\int_{-\infty}^{+\infty} e^{i\omega t}\hat{u}(\omega)d\omega \tag{5.70}$$

Nesse contexto, é possível avaliar um sinal qualquer no domínio da frequência. Considere, portanto, um sinal harmônico: $u = A\cos(\omega t)$. A partir da identidade de Euler, pode-se reescrever esse sinal em termos de funções exponenciais:

$$u(t) = A\cos(\omega t) = A\frac{(e^{\omega t} + e^{-\omega t})}{2} \tag{5.71}$$

Considerando a definição da transformada de Fourier, temos:

$$\hat{u}(\omega) = \frac{A}{2}\int_{-\infty}^{\infty}\left(e^{(1-i\omega)t} + e^{-(1+i\omega)t}\right)dt \tag{5.72}$$

Para resolver essa integral, avalia-se a transformada de Fourier da função impulso:

$$\mathfrak{I}_\omega\{\delta(t-a)\} = \int_{-\infty}^{\infty} e^{-i\omega t}\delta(t-a)dt = \int_{a^-}^{a^+} e^{-i\omega t}\delta(t-a)dt = e^{-i\omega a} \tag{5.73}$$

Portanto, estabelece-se uma relação entre a função impulso e a função exponencial da seguinte forma:

$$\mathfrak{I}_\omega\{\delta(t-a)\} = e^{-i\omega a} \tag{5.74}$$

Aplicando a transformada inversa:

$$\delta(t-a) = \mathfrak{I}_\omega^{-1}\{e^{-i\omega a}\} = \frac{1}{2\pi}\int_{-\infty}^{+\infty} e^{(-a+t)i\omega}d\omega \tag{5.75}$$

Nesse momento, pode-se fazer uma mudança de variáveis para escrever:

$$\delta(\omega-a) = \frac{1}{2\pi}\int_{-\infty}^{+\infty} e^{(-a+\omega)it}dt \tag{5.76}$$

Com esse resultado, temos a transformada de Fourier da resposta do sistema:

$$\hat{u}(\omega) = A\pi\,\delta(\omega-1) + A\pi\,\delta(\omega+1) \tag{5.77}$$

A partir da função complexa $\hat{u}(\omega)$ é possível obter o espectro do sinal $|\hat{u}(\omega)| \times \omega$. No contexto de vibrações mecânicas, componentes em frequências negativas não têm significado físico. Dessa forma, apenas as componentes em frequências positivas são consideradas, conforme mostrado na Figura 5.12.

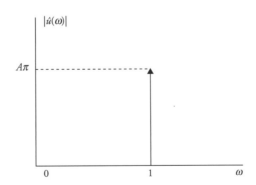

Figura 5.12 Resposta no domínio da frequência.

No caso de sinais periódicos, o espectro é composto por impulsos localizados nas frequências presentes no sinal, sendo, portanto, um espectro discreto. Assim, tanto a amplitude quanto a frequência

Capítulo 5

caracterizam o tipo de sinal. Note que, pensando em termos da série de Fourier, o espectro de Fourier representaria as frequências associadas aos termos da série usados para representar a função.

Sinais não periódicos também podem ser representados a partir da resposta no domínio da frequência. Trata-se de uma nova forma de ver a resposta de um sistema. Esse tipo de análise é muito útil no contexto da análise de sinais. Considere uma situação em que não se conhece a equação de movimento do sistema, mas se tem um sinal representativo da resposta. Isso pode ser obtido a partir de uma medida experimental, por exemplo. Assim, pode-se caracterizar a resposta do sistema a partir do espectro de frequências de um sinal do sistema. Dessa forma, as frequências envolvidas e a amplitude de cada uma delas caracterizam o tipo de resposta.

A análise do espectro de um sinal pode ser entendida como uma monitoração da resposta, muito útil para o diagnóstico de situações críticas de funcionamento de determinado equipamento mecânico sujeito a vibrações. Existem diversas normas técnicas que definem situações críticas, indicando as condições em que o equipamento deve ser retirado de uso.

Uma ferramenta comumente utilizada na identificação de sistemas é a transformada rápida de Fourier FFT (*Fast Fourier Transform*). A FFT calcula a transformada de Fourier discreta DFT (*Discrete Fourier Transform*) — transformada de Fourier para sinais discretos — de forma eficiente. A FFT é aplicada para determinar as informações de frequência de um sistema.

Exemplo 5.5

Obtenha o espectro da resposta de um oscilador dada por $u(t) = 5\cos(t) + 2\cos(2t)$, representada na Figura 5.13.

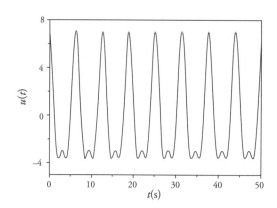

Figura 5.13 Resposta de um sistema mecânico.

Solução

A resposta do sistema pode ser reescrita na seguinte forma:

$$u(t) = 5\cos(t) + 2\cos(2t) = 5\frac{(e^t + e^{-t})}{2} + 2\frac{(e^{2t} + e^{-2t})}{2}$$

A partir da transformada de Fourier, temos:

$$\hat{u}(\omega) = \int_{-\infty}^{\infty} \left(\frac{5}{2}e^{(1-i\omega)t} + \frac{5}{2}e^{-(1+i\omega)t} + e^{(2-i\omega)t} + e^{-(2+i\omega)t}\right)dt$$

Utilizando a Eq. (5.73) obtemos:

$$\hat{u}(\omega) = 5\pi\,\delta(\omega-1) + 5\pi\,\delta(\omega+1) + 2\pi\,\delta(\omega-2) + 2\pi\,\delta(\omega+2)$$

A Figura 5.14 apresenta o espectro da resposta considerando apenas valores positivos de frequência.

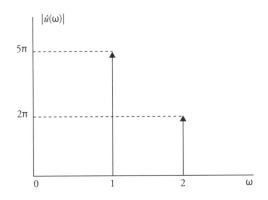

Figura 5.14 Resposta de um sistema mecânico.

5.5 Exercícios

P5.1 Um motor possui um dispositivo que pode ser representado por um oscilador massa-mola-amortecedor excitado a partir de uma came, conforme indicado na figura a seguir. Discuta uma forma de analisar a resposta dinâmica desse sistema.

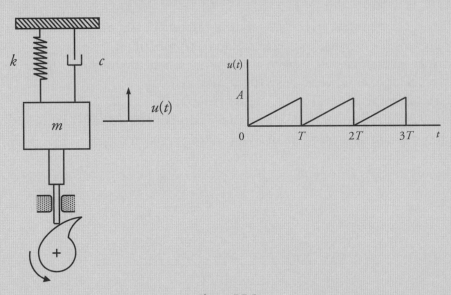

Figura P5.1

P5.2 Discuta diferentes formas de obter a resposta de um oscilador linear submetido a uma excitação arbitrária.

P5.3 Utilize as simulações numéricas para obter a resposta de um oscilador 1 gdl linear excitado periodicamente conforme a função mostrada na figura a seguir. Compare as simulações numéricas com os resultados analíticos. Considere a massa do oscilador igual a 10 kg, um coeficiente de amortecimento de viscoso de 400 Ns/m e $\omega_0=140$ rad/s.

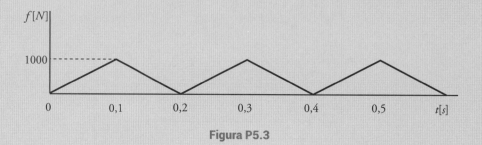

Figura P5.3

P5.4 Obtenha a resposta analítica para o mesmo oscilador do exercício anterior, agora para o forçamento a seguir:

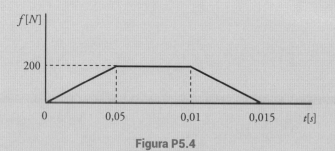

Figura P5.4

P5.5 A partir da transformada de Laplace, avalie a resposta de um oscilador linear não dissipativo ($c = 0$) excitado por uma função degrau unitário ($f(t) = H(t)$).

P5.6 A partir da transformada de Laplace, avalie a resposta de um oscilador linear não dissipativo ($c = 0$) excitado por uma função senoidal ($f(t) = \text{sen}(t)$).

P5.7 Avalie a transformada de Fourier da função $f(t) = e^{-t}H(t)$.

P5.8 Obtenha o espectro da resposta de um oscilador dada por $u(t) = 3\,\text{sen}(t) + 2\cos(3t)$.

P5.9 Obtenha o espectro da função periódica apresentada na figura a seguir:

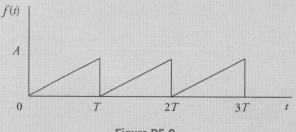

Figura P5.9

6
Vibrações de Sistemas Discretos

Sistemas dinâmicos com um grau de liberdade são protótipos de uma série de situações físicas. No entanto, deve-se ter claro que esses sistemas limitam a realidade física a situações nas quais uma única variável é suficiente para descrever a dinâmica do sistema. Existem situações diferentes, para o mesmo sistema dinâmico, que exigem a consideração de mais graus de liberdade.

Para compreender esse argumento, considere uma viga em balanço, mostrada na Figura 6.1. Essa viga pode representar diferentes sistemas mecânicos, como um prédio. O sistema com um grau de liberdade é adequado para representar o movimento da extremidade da viga. Contudo, podem-se ter situações diferentes, associadas a uma dinâmica mais complexa e, para representá-las, é necessário incluir mais graus de liberdade na análise. A Figura 6.1 mostra duas respostas de um mesmo sistema dinâmico e a sua representação discreta associada. Situação semelhante é apresentada na Figura 6.2, que mostra um corpo flutuante, parcialmente submerso, representando um barco. Na primeira situação, o corpo apresenta apenas um movimento vertical e, portanto, um grau de liberdade é suficiente para descrever a sua dinâmica. Na segunda situação, o corpo, além de apresentar o movimento vertical, também apresenta um movimento de balanço. Nesse caso, o sistema necessita de dois graus de liberdade para ser descrito.

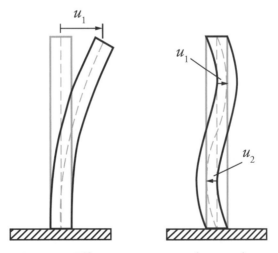

Figura 6.1 Diferentes respostas de uma viga.

Capítulo 6

Figura 6.2 Diferentes respostas de um corpo flutuante.

Para considerar um protótipo de sistemas com múltiplos graus de liberdade (gdl), considere um sistema com 2 gdl, conforme mostrado na Figura 6.3.

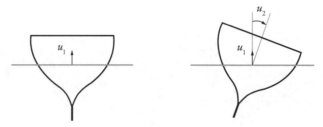

Figura 6.3 Sistema com dois graus de liberdade.

O sistema pode ser completamente descrito pelas coordenadas $u_1 = u_1(t)$ e $u_2 = u_2(t)$, que fornecem a posição das massas m_1 e m_2 em um tempo t. A equação de movimento é obtida estabelecendo o equilíbrio das massas. Admitindo elementos elásticos lineares e dissipadores viscosos lineares, têm-se os seguintes diagramas de corpo livre (Figura 6.4):

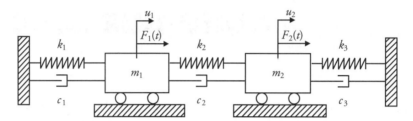

Figura 6.4 Diagrama de corpo livre de um sistema com dois graus de liberdade.

Aplicando a segunda lei de Newton em cada uma das massas, chega-se ao conjunto de equações de movimento.

$$\begin{cases} F_1 - c_1\dot{u}_1 - k_1 u_1 + c_2(\dot{u}_2 - \dot{u}_1) + k_2(u_2 - u_1) = m_1\ddot{u}_1 \\ F_2 - c_2(\dot{u}_2 - \dot{u}_1) - k_2(u_2 - u_1) - c_3\dot{u}_2 - k_3 u_2 = m_2\ddot{u}_2 \end{cases} \quad (6.1)$$

Rearrumando, tem-se:

$$\begin{cases} m_1\ddot{u}_1 + (c_1 + c_2)\dot{u}_1 - c_2\dot{u}_2 + (k_1 + k_2)u_1 - k_2 u_2 = F_1 \\ m_2\ddot{u}_2 - c_2\dot{u}_1 + (c_2 + c_3)\dot{u}_2 - k_2 u_1 + (k_2 + k_3)u_2 = F_2 \end{cases} \quad (6.2)$$

Esse sistema pode ser escrito matricialmente definindo os vetores:

$$\{u\} = \begin{Bmatrix} u_1 \\ u_2 \end{Bmatrix}; \quad \{F\} = \begin{Bmatrix} F_1 \\ F_2 \end{Bmatrix} \quad (6.3)$$

E as matrizes de massa $[m]$, de amortecimento $[c]$ e de rigidez $[k]$:

$$[m] = \begin{bmatrix} m_1 & 0 \\ 0 & m_2 \end{bmatrix}; \quad [c] = \begin{bmatrix} c_1 + c_2 & -c_2 \\ -c_2 & c_2 + c_3 \end{bmatrix}; \quad [k] = \begin{bmatrix} k_1 + k_2 & -k_2 \\ -k_2 & k_2 + k_3 \end{bmatrix} \quad (6.4)$$

Note que as matrizes do sistema são simétricas, e, portanto:

$$[m] = [m]^T; [c] = [c]^T; [k] = [k]^T \qquad (6.5)$$

Com isso, a equação de movimento pode ser reescrita:

$$[m]\{\ddot{u}\} + [c]\{\dot{u}\} + [k]\{u\} = \{F\} \qquad (6.6)$$

Em termos de suas componentes, as duas equações podem ser escritas conforme se segue:

$$\sum_{j=1}^{2}(m_{ij}\ddot{u}_j + c_{ij}\dot{u}_j + k_{ij}u_j) = F_i \qquad (i = 1,2) \qquad (6.7)$$

Exemplo 6.1

Obtenha a equação de movimento de um sistema composto de um oscilador linear acoplado a um pêndulo, conforme mostrado na Figura 6.5.

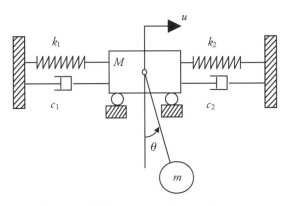

Figura 6.5 Sistema oscilador-pêndulo.

Solução

A equação de movimento de um sistema mecânico pode ser obtida por duas abordagens: energética (escalar) ou newtoniana (vetorial). Neste exemplo, usaremos a abordagem energética, utilizando as equações de Lagrange. Dessa forma, considere a energia potencial e cinética das partículas envolvidas.

Considerando o corpo 1, massa M do oscilador linear:

$$E_{P1} = mg_b l$$

$$E_{C1} = \frac{1}{2}M\dot{u}^2$$

Considerando o corpo 2, massa m do pêndulo:

$$E_{P2} = mg_b l[1 - \cos(\theta)]$$

$$E_{C2} = \frac{1}{2}m\dot{u}^2 + ml\dot{u}\dot{\theta}\cos(\theta) + \frac{1}{2}ml^2\dot{\theta}^2$$

O lagrangiano do sistema, $\mathcal{L} = E_C - E_P$, é então definido como se segue:

$$\mathcal{L} = \frac{(M+m)}{2}\dot{u}^2 + ml\dot{u}\dot{\theta}\cos(\theta) + \frac{1}{2}ml^2\dot{\theta}^2 - mg_b l[2 - \cos(\theta)]$$

As equações de Lagrange estabelecem que:

$$\frac{d}{dt}\left(\frac{\partial \mathcal{L}}{\partial \dot{q}_i}\right) - \frac{\partial \mathcal{L}}{\partial \dot{q}_i} = F_i^N \; (i=1,2)$$

em que F_i^N representam as forças não conservativas. Aqui, consideram-se as forças e os momentos decorrentes do amortecimento, representados por:

$$F_1^N = (c_1 + c_2)\dot{u} \;\; \text{(força)}$$

$$F_2^N = 0 \;\; \text{(momento)}$$

Dessa forma, chegam-se às equações de movimento:

$$(M+m)\ddot{u} + (c_1 + c_2)\dot{u} + (k_1 + k_2)u = ml\dot{\theta}^2\text{sen}(\theta) - ml\ddot{\theta}\cos(\theta)$$

$$\ddot{\theta} + \frac{g_b}{l}\text{sen}(\theta) + \frac{\cos(\theta)}{l}\ddot{u} = 0$$

6.1 Equações de movimento

A partir da análise do sistema 2 gdl é possível generalizar a equação de movimento para um sistema com múltiplos graus de liberdade. Considere então um sistema com n gdl mostrado na Figura 6.6.

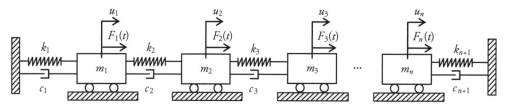

Figura 6.6 Sistema discreto com múltiplos gdl.

A equação de movimento é obtida a partir do equilíbrio de cada uma das n massas que constituem o sistema. O sistema resultante é análogo ao obtido para o sistema com 2 gdl, sendo, portanto, descrito por um sistema de equações diferenciais ordinárias mostrado a seguir:

$$[m]\{\ddot{u}\} + [c]\{\dot{u}\} + [k]\{u\} = \{F\} \tag{6.8}$$

em que as matrizes possuem dimensão $n \times n$, sendo construídas conforme se segue:

$$[m] = \begin{bmatrix} m_1 & 0 & 0 & 0 & 0 \\ 0 & m_2 & 0 & 0 & 0 \\ 0 & 0 & m_3 & 0 & 0 \\ \vdots & \vdots & \vdots & \ddots & \vdots \\ 0 & 0 & \cdots & 0 & m_n \end{bmatrix}$$

$$[c] = \begin{bmatrix} c_1+c_2 & -c_2 & 0 & \cdots & 0 \\ -c_2 & c_2+c_3 & -c_3 & \cdots & 0 \\ 0 & -c_3 & c_3+c_4 & \cdots & 0 \\ \vdots & \vdots & \vdots & \ddots & -c_n \\ 0 & \cdots & 0 & -c_n & c_n+c_{n+1} \end{bmatrix}$$

$$[k] = \begin{bmatrix} k_1+k_2 & -k_2 & 0 & \cdots & 0 \\ -k_2 & k_2+k_3 & -k_3 & \cdots & 0 \\ 0 & -k_3 & k_3+k_4 & \cdots & 0 \\ \vdots & \vdots & \vdots & \ddots & -k_n \\ 0 & \cdots & 0 & -k_n & k_n+k_{n+1} \end{bmatrix} \qquad (6.9)$$

E os vetores força e deslocamento possuem a seguinte forma, com dimensão $n \times 1$:

$$\{F\} = \begin{Bmatrix} F_1 \\ F_2 \\ F_3 \\ \vdots \\ F_n \end{Bmatrix} ; \quad \{u\} = \begin{Bmatrix} u_1 \\ u_2 \\ u_3 \\ \vdots \\ u_n \end{Bmatrix} \qquad (6.10)$$

O sistema discreto representa um protótipo de uma série de sistemas físicos. Assim como na análise do oscilador linear, é possível associar a equação de movimento do sistema com múltiplos graus de liberdade a diversos sistemas físicos que podem representar carros, navios ou pontes.

A equação de movimento do sistema discreto pode ser vista como algo ainda mais geral se compreendermos que ela pode ter sua origem na aplicação de um método numérico. Dessa forma, a partir de um modelo qualquer de uma estrutura, aplica-se um método numérico, digamos, por exemplo, o *método dos elementos finitos*, que resulta em uma equação de movimento discreta conforme a que foi apresentada. Outro ponto importante, que de fato é origem histórica do método dos elementos finitos, é o uso dos coeficientes de influência, tratado na sequência do texto.

Exemplo 6.2

Obtenha a equação do movimento do sistema com três graus de liberdade mostrado na Figura 6.7.

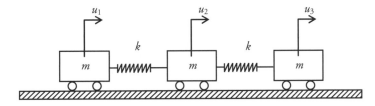

Figura 6.7 Sistema discreto com 3 gdl.

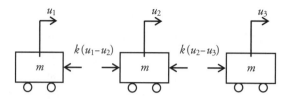

Figura 6.8 Diagramas de corpo livre de um sistema discreto com 3 gdl.

Solução

A partir dos diagramas de corpo livre apresentados na Figura 6.8, tem-se que:

Corpo 1: $-k(u_1 - u_2) = m\ddot{u}_1 \implies m\ddot{u}_1 + ku_1 - ku_2 = 0$

Corpo 2: $k(u_1 - u_2) - k(u_2 - u_3) = m\ddot{u}_2 \implies m\ddot{u}_2 - ku_1 + 2ku_2 - ku_3 = 0$

Corpo 3: $k(u_2 - u_3) = m\ddot{u}_3 \implies m\ddot{u}_3 - ku_2 + ku_3 = 0$

As equações de movimento podem ser escritas na forma matricial:

$$[m]\{\ddot{u}\} + [k]\{u\} = \{0\}$$

em que as matrizes são expressas por:

$$[m] = \begin{bmatrix} m & 0 & 0 \\ 0 & m & 0 \\ 0 & 0 & m \end{bmatrix}; \quad [k] = \begin{bmatrix} k & -k & 0 \\ -k & 2k & -k \\ 0 & -k & k \end{bmatrix}$$

6.2 Coeficientes de influência

Uma forma de compreender a rigidez de uma estrutura geral é a partir dos coeficientes de influência. Considere, portanto, uma situação física na qual são desconsiderados os aspectos dinâmicos do sistema. Nessa condição, as forças são expressas a partir de uma combinação linear dos deslocamentos:

$$\begin{aligned} k_{11}u_1 + k_{12}u_2 + \ldots + k_{1n}u_n &= F_1 \\ k_{21}u_1 + k_{22}u_2 + \ldots + k_{2n}u_n &= F_2 \\ &\ldots \\ k_{n1}u_1 + k_{n2}u_1 + \ldots + k_{nn}u_n &= F_n \end{aligned} \tag{6.11}$$

Escrevendo na forma matricial, tem-se:

$$[k]\{u\} = \{F\} \tag{6.12}$$

Dessa forma, a combinação linear é definida a partir dos *coeficientes de influência*, k_{ij}, conhecidos como coeficientes de rigidez. Uma forma de definir os coeficientes de rigidez é impor uma situação em que há um deslocamento unitário e, dessa forma, a força define o coeficiente. Observe que fazendo $u_1 = 1$, e $u_i = 0$ ($i \neq 1$), definem-se os valores de alguns coeficientes de rigidez:

$$\begin{aligned} k_{11} &= F_1 \\ k_{21} &= F_2 \\ &\ldots \\ k_{n1} &= F_n \end{aligned} \tag{6.13}$$

O processo pode ser repetido, definindo todos os coeficientes. Esse procedimento pode ser visualizado a partir da Figura 6.9. Observe que a imposição de deslocamentos nulos provoca o surgimento de forças para satisfazer a restrição imposta.

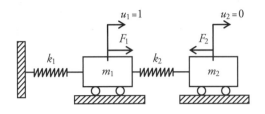

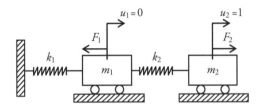

Figura 6.9 Coeficientes de influência: método da rigidez.

Procedimento análogo existe considerando o inverso da rigidez, a flexibilidade. Invertendo a Equação 6.11, tem-se que:

$$[s]\{F\} = \{u\} \qquad (6.14)$$

em que $[s] = [k]^{-1}$ é a *matriz de flexibilidade*. Com isso, vê-se que cada deslocamento é uma combinação linear de todas as forças do sistema.

$$\begin{array}{l} s_{11}F_1 + s_{12}F_2 + \ldots + s_{1n}F_n = u_1 \\ s_{21}F_1 + s_{22}F_2 + \ldots + s_{2n}F_n = u_n \\ \ldots \\ s_{n1}F_1 + s_{n2}F_2 + \ldots + s_{nn}F_n = u_n \end{array} \qquad (6.15)$$

Portanto, os *coeficientes de flexibilidade*, s_{ij}, podem ser definidos a partir da imposição de forças unitárias. Observe que fazendo $F_1 = 1$, e $F_i = 0$ ($i \neq 1$), definem-se os valores de alguns coeficientes de flexibilidade:

$$\begin{array}{l} s_{11} = u_1 \\ s_{21} = u_2 \\ \ldots \\ s_{n1} = u_n \end{array} \qquad (6.16)$$

O processo pode ser repetido, definindo todos os coeficientes. A Figura 6.10 permite uma visualização desse procedimento em que, agora, ao se impor forças nulas, deslocamentos devem aparecer para tornar a restrição factível.

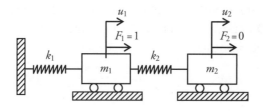

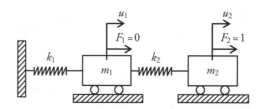

Figura 6.10 Coeficientes de influência: método da flexibilidade.

6.3 Abordagem modal

Neste momento, temos interesse em investigar a resposta do sistema discreto com n gdl. Para isso, considere a vibração livre de um sistema não dissipativo e, portanto, $[c] = [0]$ e $\{F\} = \{0\}$. Dessa forma, o sistema físico é descrito pelo seguinte sistema de equações diferenciais:

$$[m]\{\ddot{u}\} + [k]\{u\} = \{0\} \tag{6.17}$$

Uma abordagem para resolver esse sistema considera uma separação de variáveis do tipo:

$$\{u\} = \{U\}g \tag{6.18}$$

em que o vetor $\{U\}$ representa a característica espacial da resposta, enquanto $g = g(t)$ é uma função do tempo igual para todas as componentes de $\{u\}$. Isso significa que, durante o movimento, a relação entre duas coordenadas quaisquer não depende do tempo. Fisicamente, essa resposta representa um movimento sincronizado de todas as coordenadas de tal forma que a configuração do sistema não muda de forma durante o movimento, apenas de amplitude. Usando essa informação na equação de movimento, tem-se que:

$$[m]\{U\}\ddot{g} + [k]\{U\}g = \{0\} \tag{6.19}$$

Ou seja:

$$\sum_{j=1}^{N} m_{ij}U_j\ddot{g} + \sum_{j=1}^{N} k_{ij}U_j g = 0 \quad (i=1,2,...,n) \tag{6.20}$$

Essa equação pode ser reescrita como:

$$\frac{\sum_{j=1}^{N} k_{ij}U_j}{\sum_{j=1}^{N} m_{ij}U_j} = -\frac{\ddot{g}}{g} \quad (i=1,2,...,n) \tag{6.21}$$

Note que o lado direito depende do tempo, enquanto o lado esquerdo depende do índice *i* e, portanto, é uma característica espacial que não depende do tempo. Essa expressão deve ser uma constante, digamos ω^2. Dessa forma, o problema pode ser decomposto em duas partes: uma associada ao tempo e outra associada ao espaço, conforme representado a seguir.

$$\begin{cases} \ddot{g} + \omega^2 g = 0 \\ \left([k] - \omega^2 [m]\right)\{U\} = \{0\} \end{cases} \tag{6.22}$$

A primeira equação é uma EDO no tempo correspondendo a um problema de vibrações livres não dissipativo apresentando uma solução harmônica. A segunda equação, por sua vez, é uma equação espacial definindo um problema de autovalores e autovetores.

6.3.1 Equação no tempo: movimento harmônico

A análise da resposta no tempo está relacionada com a determinação da função $g = g(t)$, governada pela seguinte equação:

$$\ddot{g} + \omega^2 g = 0 \tag{6.23}$$

Note que se trata de uma equação formalmente igual à dinâmica do sistema em vibração livre harmônica. Portanto, a solução dessa equação é uma função harmônica que pode ser escrita da seguinte forma:

$$g = A \cos(\omega t - \varphi) \tag{6.24}$$

Dessa forma, cada ponto do sistema executa um movimento harmônico com frequência, ω, e o ângulo de fase, φ. A determinação dessa frequência é feita a partir da análise da parte espacial da resposta, tratada a seguir.

6.3.2 Equação no espaço: problema de autovalores

A análise do movimento sincronizado do sistema discreto deve ser feita a partir do problema de autovalores representado pela seguinte equação.

$$([k] - \omega^2[m])\{U\} = 0 \tag{6.25}$$

Trata-se de um sistema homogêneo que sempre possui uma solução trivial ($\{U\} = \{0\}$). No entanto, há interesse em analisar soluções diferentes da trivial. A busca de soluções diferentes da trivial pode ser geometricamente compreendida a partir de uma elipse mostrada na Figura 6.11. A ideia é procurar por vetores posição $\{p\}$, que sejam paralelos aos vetores normais da elipse, $\{n\}$, ($\{p\} = \lambda\{n\}$). Pensando em termos da equação de movimento, busca-se uma situação em que $[k]\{U\} = \lambda[m]\{U\}$.

As possibilidades para que os vetores $\{p\}$ e $\{n\}$ se alinhem são definidas pelos eixos principais da elipse. Essas direções correspondem aos autovetores do problema e a constante λ representa o autovalor. Observe que, no caso plano, mostrado na Figura 6.11, há duas possibilidades indicadas pelas linhas pontilhadas.

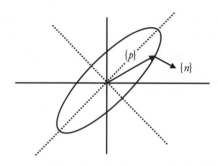

Figura 6.11 Problema de autovalores — interpretação geométrica.

A solução do problema de autovalores estabelece que, para que exista solução diferente da trivial, deve-se ter uma situação em que a solução do sistema não é única. Isso ocorre porque, se existir apenas uma única solução, essa solução é a trivial. A alternativa possível é que o sistema possua infinitas soluções, o que é imposto da seguinte forma:

$$\det([k] - \omega^2[m]) = 0 \tag{6.26}$$

Essa condição está associada ao polinômio característico do sistema. Como as matrizes $[k]$ e $[m]$ são simétricas e positivas definidas, os autovalores $\lambda_r = \omega_r^2$ são reais e distintos. Portanto, existem n autovalores, ou n raízes do polinômio característico.

Os autovalores representam as frequências naturais do sistema, ω_r. Essas frequências podem ser convenientemente ordenadas em ordem crescente $\omega_1 < \omega_2 < \omega_3 < \ldots < \omega_n$, sendo ω_1 a frequência fundamental do sistema.

Cada autovalor possui um *autovetor* associado, $\{U^{(r)}\}$, chamado de *modo natural*. Portanto, a cada frequência natural, ω_r, está associada uma forma de vibrar, $\{U^{(r)}\}$. Deve-se observar que, se $\{U^{(r)}\}$ é a solução do sistema homogêneo apresentado na Eq. (6.25), então $\alpha\{U^{(r)}\}$ também é, sendo α um número qualquer. Portanto, é importante *normalizar* os autovetores, o que pode ser feito de diversas formas. Considere, então, uma normalização baseada na matriz de massa:

$$\{U^{(r)}\}^T[m]\{U^{(r)}\} = 1 \tag{6.27}$$

Note que, partindo da expressão do problema de autovalores:

$$[k]\{U^{(r)}\} = \omega_r^2[m]\{U^{(r)}\} \tag{6.28}$$

Multiplica-se a expressão por $\{U^{(r)}\}^T$, e tem-se que:

$$\{U^{(r)}\}^T[k]\{U^{(r)}\} = \omega_r^2\{U^{(r)}\}^T[m]\{U^{(r)}\} \tag{6.29}$$

Dessa forma, conclui-se que a normalização implica que:

$$\{U^{(r)}\}^T[k]\{U^{(r)}\} = \omega_r^2 \tag{6.30}$$

Exemplo 6.3

Analise as frequências e os modos naturais de um oscilador linear com dois graus de liberdade mostrado na Figura 6.12.

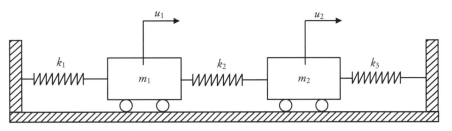

Figura 6.12 Oscilador com 2 gdl.

Solução

A dinâmica do sistema é governada pelo seguinte conjunto de equações:

$$\begin{cases} m_1\ddot{u}_1 + (k_1+k_2)u_1 - k_2u_2 = 0 \\ m_2\ddot{u}_2 - k_2u_1 + (k_2+k_3)u_2 = 0 \end{cases}$$

Ou, usando a forma matricial:

$$[m]\{\ddot{u}\} + [k]\{u\} = 0$$

em que:

$$[m] = \begin{bmatrix} m_1 & 0 \\ 0 & m_2 \end{bmatrix} \text{ e } [k] = \begin{bmatrix} k_1+k_2 & -k_2 \\ -k_2 & k_2+k_3 \end{bmatrix}$$

Fazendo a separação de variáveis, tem-se o seguinte problema de autovalores:

$$\begin{cases} (k_1+k_2-\omega^2 m_1)U_1 - k_2U_2 = 0 \\ -k_2U_1 + (k_2+k_3-\omega^2 m_2)U_2 = 0 \end{cases}$$

Analisando a solução não trivial:

$$\det = \begin{bmatrix} k_1+k_2-\omega^2 m_1 & -k_2 \\ -k_2 & k_2+k_3-\omega^2 m_2 \end{bmatrix} = 0$$

Tem-se o seguinte polinômio característico:

$$m_1 m_2 \omega^4 - [(k_2+k_3)m_1 + (k_1+k_2)m_2]\omega^2 + k_1 k_2 + k_1 k_3 + k_2 k_3 = 0$$

As raízes do polinômio são dadas por:

$$\omega_{1,2} = \frac{1}{2}\frac{(k_2+k_3)m_1 + (k_1+k_2)m_2}{m_1 m_2}$$

$$\pm \frac{1}{2m_1 m_2}[(k_2+k_3)m_1 + (k_1+k_2)m_2]^2$$

$$[-4m_1 m_2(k_1 k_2 + k_1 k_3 + k_2 k_3)]^{1/2}$$

Agora, devem-se calcular os modos naturais associados a cada uma das frequências naturais. O primeiro modo está associado à frequência ω_1. Resolvendo o sistema chega-se a:

$$\frac{U_2^{(1)}}{U_1^{(1)}} = \frac{k_1 + k_2 - \omega_1^2 m_1}{k_2} = \frac{k_2}{k_1 + k_3 - \omega_1^2 m_2}$$

Resolvendo o sistema para a frequência ω_2, obtém-se o segundo modo de vibração:

$$\frac{U_2^{(2)}}{U_1^{(2)}} = \frac{k_1 + k_2 - \omega_2^2 m_1}{k_2} = \frac{k_2}{k_2 + k_3 - \omega_2^2 m_2}$$

Exemplo 6.4

Analise as frequências e modos naturais de um oscilador linear com três graus de liberdade mostrado na Figura 6.13.

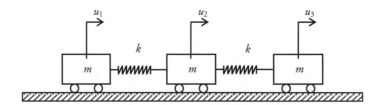

Figura 6.13 Sistema discreto com 3 gdl.

A equação do movimento é dada por (ver o Exemplo 6.2):

$$\begin{bmatrix} m & 0 & 0 \\ 0 & m & 0 \\ 0 & 0 & m \end{bmatrix} \begin{Bmatrix} \ddot{u}_1 \\ \ddot{u}_2 \\ \ddot{u}_3 \end{Bmatrix} + \begin{bmatrix} k & -k & 0 \\ -k & 2k & -k \\ 0 & -k & k \end{bmatrix} \begin{Bmatrix} u_1 \\ u_2 \\ u_3 \end{Bmatrix} = \begin{Bmatrix} 0 \\ 0 \\ 0 \end{Bmatrix}$$

As frequências naturais são obtidas a partir do seguinte polinômio característico:

$$\omega^2 (m^3 \omega^4 - 4km^2 \omega^2 + 3k^2 m) = 0$$

Resolvendo, chega-se à seguinte solução:

$$\omega^2 = \frac{4km^2 \pm \sqrt{16k^2 m^4 - 12k^2 m^4}}{2m^3}$$

Que resulta em três raízes:

$$\omega_1 = 0 \; ; \; \omega_2 = \sqrt{\frac{k}{m}} \; ; \; \omega_3 = \sqrt{\frac{3k}{m}}$$

Os modos naturais são obtidos a partir da determinação dos autovetores. Resolvendo para a primeira frequência, tem-se um movimento de corpo rígido:

$$\{U^{(1)}\} = \begin{Bmatrix} 1 \\ 1 \\ 1 \end{Bmatrix}$$

Para as outras frequências, tem-se:

$$\{U^{(2)}\} = \begin{Bmatrix} 1 \\ 0 \\ -1 \end{Bmatrix}; \quad \{U^{(3)}\} = \begin{Bmatrix} 1 \\ -2 \\ 1 \end{Bmatrix}$$

Esse sistema é dito *semidefinido* por possuir uma frequência nula, associada a um movimento de corpo rígido. Observe que esse modo natural está associado a deslocamentos iguais para todas as massas. A Figura 6.14 apresenta a forma associada aos 3 modos de vibração obtidos.

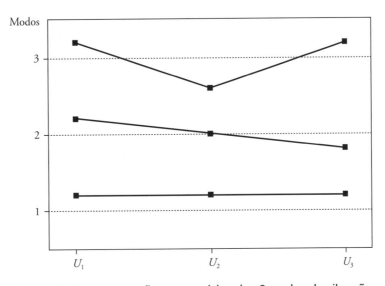

Figura 6.14 Representação esquemática dos 3 modos de vibração.

6.3.3 O problema de autovalores

A solução do problema de autovalores possui uma forma-padrão do tipo:

$$([A] - \lambda[1])\{U\} = 0 \tag{6.31}$$

em que [1] é a matriz identidade, que pode ser expressa pelo tensor delta de Kronecker definido a seguir:

$$\delta_{ij} = \begin{cases} 1, & \text{se } i = j \\ 0, & \text{se } i \neq j \end{cases} \tag{6.32}$$

O uso dessa forma-padrão é interessante, pois existem muitos algoritmos disponíveis para solucionar esse problema específico. Note, contudo, que o problema de autovalores associado às vibrações possui a seguinte forma:

$$([k] - \omega^2[m])\{U\} = 0 \tag{6.33}$$

Capítulo 6

Posto isso, é conveniente converter o problema de autovalores para a forma usual, o que pode ser feito por meio de uma transformação de variáveis do tipo:

$$\{U\} = [m]^{-1/2}\{q\} \tag{6.34}$$

Usando essa transformação no problema de autovalores, chega-se a:

$$([k][m]^{-1/2} - \omega^2[m][m]^{-1/2})\{q\} = 0 \tag{6.35}$$

Multiplicando agora por $[m]^{-1/2}$, tem-se que:

$$([m]^{-1/2}[k][m]^{-1/2} - \omega^2[m]^{-1/2}[m][m]^{-1/2})\{q\} = 0 \tag{6.36}$$

Sabendo que:

$$[m]^{-1/2}[m][m]^{-1/2} = [1] \tag{6.37}$$

E definindo:

$$[\tilde{k}] = [m]^{-1/2}[k][m]^{-1/2} \tag{6.38}$$

Recai-se no problema de autovalores clássico:

$$([\tilde{k}] - \lambda[1])\{q\} = 0 \tag{6.39}$$

em que $\lambda = \omega^2$.

Exemplo 6.5

Considere um sistema discreto mostrado na Figura 6.14, em que $m_1 = 9$ kg, $m_2 = 1$ kg, $k_1 = 24$ N/m, $k_2 = 3$ N/m. Obtenha as frequências e os modos naturais do sistema.

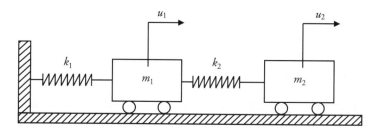

Figura 6.15 Oscilador com 2 gdl.

Solução

A partir da Eq. (6.4) e considerando-se $c_3 = k_3 = 0$, tem-se que:

$$[m] = \begin{bmatrix} m_1 & 0 \\ 0 & m_2 \end{bmatrix}; \quad [k] = \begin{bmatrix} k_1 + k_2 & -k_2 \\ -k_2 & k_2 \end{bmatrix}$$

Dessa forma, o sistema em questão possui as seguintes matrizes:

$$[m] = \begin{bmatrix} 9 & 0 \\ 0 & 1 \end{bmatrix}; \quad [k] = \begin{bmatrix} 27 & -3 \\ -3 & 3 \end{bmatrix}$$

De onde se pode escrever:

$$[\tilde{k}] = [m]^{-1/2}[k][m]^{-1/2} = \begin{bmatrix} 1/3 & 0 \\ 0 & 1 \end{bmatrix} \begin{bmatrix} 27 & -3 \\ -3 & 3 \end{bmatrix} \begin{bmatrix} 1/3 & 0 \\ 0 & 1 \end{bmatrix} = \begin{bmatrix} 3 & -1 \\ -1 & 3 \end{bmatrix}$$

Assim, o problema de autovalores é escrito como se segue:

$$\left([k] - \omega^2[m]\right)\{U\} = 0 \text{ ou } ([\tilde{k}] - \lambda[1])\{q\} = 0$$

Em que $\{U\} = [m]^{-1/2}\{q\}$. Tem-se, então, o seguinte polinômio característico:

$$\det \begin{bmatrix} 27 - 9\lambda & -3 \\ -3 & 3 - \lambda \end{bmatrix} = \det \begin{bmatrix} 3 - \lambda & -1 \\ -1 & 3 - \lambda \end{bmatrix} = \lambda^2 - 6\lambda + 8 = 0$$

Esse polinômio possui as seguintes raízes:

$$\lambda_1 = 2 \text{ e } \lambda_2 = 4$$

Com isso, tem-se que as frequências naturais do sistema são:

$$\omega_1 = \sqrt{\lambda_1} = 1{,}41 \text{ rad/s e } \omega_2 = \sqrt{\lambda_2} = 2 \text{ rad/s}$$

Em seguida, para obter os modos naturais de vibração, calculam-se os autovetores que podem ser determinados a partir do problema de autovalores (Eq. 6.33). Assim, para o primeiro autovetor, associado a $\lambda_1 = 2$, tem-se:

$$\begin{cases} 9U_1^{(1)} - 3U_2^{(1)} = 0 \\ -3U_1^{(1)} + U_2^{(1)} = 0 \end{cases}$$

De onde se chega à seguinte expressão para o primeiro modo natural:

$$\{U^{(1)}\} = U_2^{(1)} \begin{Bmatrix} 1/3 \\ 1 \end{Bmatrix}$$

Normalizando em relação à matriz de massa:

$$\alpha \begin{Bmatrix} 1/3 & 1 \end{Bmatrix} \begin{bmatrix} 9 & 0 \\ 0 & 1 \end{bmatrix} \begin{Bmatrix} 1/3 \\ 1 \end{Bmatrix} \alpha = 1$$

Tem-se o primeiro modo natural de vibração normalizado:

$$\{U^{(1)}\} = \begin{Bmatrix} 1/3\sqrt{2} \\ 1/\sqrt{2} \end{Bmatrix}$$

Para o segundo autovetor, associado a $\lambda_1 = 4$, tem-se:

$$\begin{cases} -9U_1^{(2)} - 3U_2^{(2)} = 0 \\ -U_1^{(2)} - \dfrac{1}{3}U_2^{(2)} = 0 \end{cases}$$

De onde se chega à seguinte expressão para o segundo modo natural:

$$\{U^{(2)}\} = U_2^{(2)} \begin{Bmatrix} -1/3 \\ 1 \end{Bmatrix}$$

Normalizando em relação à matriz de massa, tem-se:

$$\alpha\begin{Bmatrix}-1/3 & 1\end{Bmatrix}\begin{bmatrix}9 & 0 \\ 0 & 1\end{bmatrix}\begin{Bmatrix}-1/3 \\ 1\end{Bmatrix}\alpha = 1$$

Tem-se, então, o segundo modo natural de vibração normalizado:

$$\{U^{(2)}\} = \begin{Bmatrix}-1/3\sqrt{2} \\ 1/\sqrt{2}\end{Bmatrix}$$

6.3.4 Resposta do sistema livre

A resposta de um sistema discreto é descrita a partir da função g, das frequências naturais, ω_r, e dos modos naturais, $\{U^{(r)}\}$. Portanto, cada modo natural possui um comportamento do tipo:

$$\{u_r\} = \{U^{(r)}\}g_r \tag{6.40}$$

em que $g_r = A_r \cos(\omega_r t - \varphi_r)$, sendo A_r e φ_r as constantes de integração.

O sistema vibra em determinado modo natural se a condição inicial for idêntica ao modo. Do contrário, a resposta é uma combinação linear de todos os modos de vibrar do sistema. Os autovetores constituem uma base na qual se expande a solução geral do sistema. Como o sistema é linear, evoca-se a superposição de efeitos e considera-se que um movimento geral é descrito a partir da combinação de movimentos naturais, sendo descrito por:

$$\{u\} = \sum_{r=1}^{n}\{u_r\} = \sum_{r=1}^{n}\{U^{(r)}\}g_r = [\Gamma]\{g\} \tag{6.41}$$

em que $[\Gamma] = [\{U^{(1)}\}\{U^{(2)}\} \ldots \{U^{(n)}\}]$ é a *matriz modal* do sistema, formada pelos autovetores.

A evolução no tempo é descrita pelo seguinte vetor:

$$\{g\} = \begin{Bmatrix}g_1 \\ g_2 \\ \vdots \\ g_n\end{Bmatrix} \tag{6.42}$$

Neste ponto, deve-se realçar, mais uma vez, que a solução geral representa uma expansão em uma base formada pelos autovetores do sistema. Dessa forma, é importante ter certeza de que essa base é linearmente independente. Uma vez que um conjunto de vetores ortogonais forma uma base linearmente independente, é importante avaliar a ortogonalidade dos vetores modais, o que é mostrado a seguir.

6.4 Ortogonalidade dos vetores modais

Os autovetores $\{U^{(r)}\}$ constituem uma base a partir da qual qualquer vetor no espaço de dimensão n pode ser construído considerando uma combinação linear desses autovetores. Com o objetivo de mostrar que os vetores modais formam uma base linearmente independente, apresenta-se uma demonstração acerca da ortogonalidade dos autovetores. Considere, portanto, duas soluções distintas do problema de autovalores: $\omega_r, \{U^{(r)}\}$ e $\omega_s, \{U^{(s)}\}$. Dessa forma, tem-se que:

$$[k]\{U^{(r)}\} = \omega_r^2[m]\{U^{(r)}\} \tag{6.43}$$

$$[k]\{U^{(s)}\} = \omega_s^2[m]\{U^{(s)}\} \tag{6.44}$$

Multiplicando (6.43) por $\{U^{(s)}\}^T$ e (6.44) por $\{U^{(r)}\}^T$:

$$\{U^{(s)}\}^T[k]\{U^{(r)}\} = \omega_r^2\{U^{(s)}\}^T[m]\{U^{(r)}\} \tag{6.45}$$

$$\{U^{(r)}\}^T[k]\{U^{(s)}\} = \omega_s^2\{U^{(r)}\}^T[m]\{U^{(s)}\} \tag{6.46}$$

Mas, avaliando a equação transposta de (6.46):

$$(\{U^{(r)}\}^T[k]\{U^{(s)}\})^T = \{U^{(s)}\}^T[k]^T(\{U^{(s)}\}^T)^T = \{U^{(s)}\}^T[k]\{U^{(r)}\}$$
$$(\{U^{(r)}\}^T[m]\{U^{(s)}\})^T = \{U^{(s)}\}^T[m]^T(\{U^{(r)}\}^T)^T = \{U^{(s)}\}^T[m]\{U^{(r)}\} \tag{6.47}$$

Ou seja, a Eq. (6.47) pode ser reescrita na forma:

$$\{U^{(s)}\}^T[k]\{U^{(r)}\} = \omega_s^2\{U^{(s)}\}^T[m]\{U^{(r)}\} \tag{6.48}$$

Subtraindo agora (6.45) da transposta de (6.46), (6.48), tem-se:

$$(\omega_r^2 - \omega_s^2)\{U^{(s)}\}^T[m]\{U^{(r)}\} = 0 \tag{6.49}$$

Como as matrizes são simétricas e positivas-definidas, tem-se que os autovalores são diferentes. Desta forma, chega-se à seguinte conclusão para $r \neq s$:

$$\{U^{(s)}\}^T[m]\{U^{(r)}\} = 0 \tag{6.50}$$

Utilizando-se esse resultado em (6.45), tem-se que:

$$\{U^{(s)}\}^T[k]\{U^{(r)}\}) = 0 \tag{6.51}$$

Essas conclusões estabelecem a *ortogonalidade dos vetores modais* em relação às matrizes $[m]$ e $[k]$. Deve-se ressaltar que a ortogonalidade existe desde que $[m]$ e $[k]$ sejam matrizes simétricas. Se os autovalores forem *normalizados*, tem-se então uma condição de *ortonormalidade*:

$$\begin{cases} \{U^{(s)}\}^T[m]\{U^{(r)}\} = [1] \\ \{U^{(s)}\}^T[k]\{U^{(r)}\} = [\mathrm{diag}(\omega_s^2)] \end{cases} \tag{6.52}$$

Usando a matriz modal $[\Gamma]$, pode-se escrever:

$$\begin{cases} [\Gamma]^T[m][\Gamma] = [1] \\ [\Gamma]^T[k][\Gamma] = [\Lambda] = [\mathrm{diag}(\omega^2)] \end{cases} \tag{6.53}$$

6.5 Coordenadas normais

O conhecimento dos autovetores de um sistema discreto permite que se conheça um espaço no qual é possível desacoplar as equações de movimento, originalmente acopladas. A Figura 6.15 mostra uma representação da

ideia do uso das coordenadas normais. Em essência, tem-se um domínio físico em que a equação de movimento é acoplada. A partir da matriz modal, promove-se uma transformação de coordenadas para um espaço representado pelas coordenadas normais, em que o sistema é desacoplado. Portanto, no espaço desacoplado, a solução do sistema de equações diferenciais é obtido a partir da análise de sistemas com 1 gdl.

Considere, portanto, a seguinte equação de movimento:

$$[m]\{\ddot{u}\} + [k]\{u\} = \{F\} \tag{6.54}$$

A qual está associada a um problema de autovalores do tipo:

$$([k] - \omega^2[m])\{U\} = 0 \tag{6.55}$$

Admita agora uma transformação de coordenadas do tipo:

$$\{u\} = [T]\{\eta\} \tag{6.56}$$

Que, aplicada à equação de movimento, resulta em:

$$[m][T]\{\ddot{\eta}\} + [k][T]\{\eta\} = \{F\} \tag{6.57}$$

Multiplicando por $[T]^T$, tem-se:

$$[T]^T[m][T]\{\ddot{\eta}\} + [T]^T[k][T]\{\eta\} = [T]^T\{F\} \tag{6.58}$$

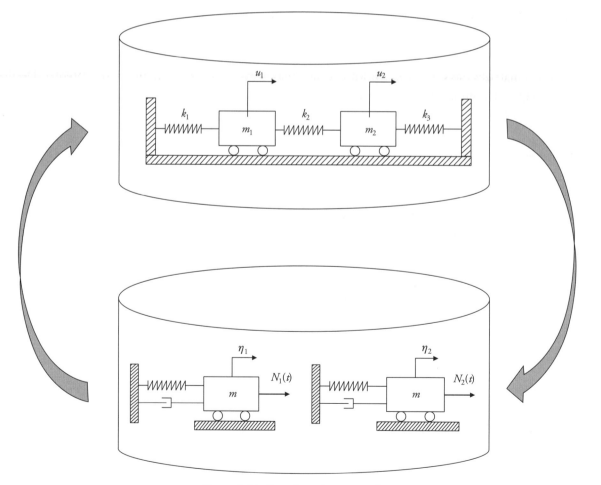

Figura 6.16 Coordenadas normais.

Neste momento, vale observar que, se $[T] = [\Gamma]$ em que $[\Gamma]$ é a matriz modal associada ao problema de autovalores, e sabendo-se que:

$$[\Gamma]^T[m][\Gamma] = [1]$$

$$[\Gamma]^T[k][\Gamma] = [\Lambda] = [\text{diag}(\omega^2)] \tag{6.59}$$

Tem-se um novo sistema desacoplado resultante:

$$\{\ddot{\eta}\} + [\Lambda]\{\eta\} = \{N\} \tag{6.60}$$

em que $\{\eta\}=\{\eta(t)\}$ são as *coordenadas normais* do sistema e $\{N\} = [\Gamma]^T\{F\}$ representa um forçamento no espaço das coordenadas normais.

Esse sistema pode ser escrito em termos de suas componentes da seguinte forma:

$$\ddot{\eta}_r + \omega_r^2 \eta_r = N_r \tag{6.61}$$

Note que o sistema é composto de n equações de 1 gdl no espaço das variáveis $\{\eta\}$ em vez do sistema de n EDOs acoplado no espaço das variáveis $\{u\}$.

As condições iniciais são avaliadas da seguinte forma:

$$\begin{cases} \{u(0)\} = [\Gamma]\{\eta(0)\} \\ \{\dot{u}(0)\} = [\Gamma]\{\dot{\eta}(0)\} \end{cases} \tag{6.62}$$

Pré-multiplicando a equação por $[\Gamma]^{-1}$, que de acordo com a Eq. (6.53) é $[\Gamma]^T[m]$, chegam-se às seguintes expressões:

$$\begin{cases} \{\eta(0)\} = [\Gamma]^{-1}\{u(0)\} = [\Gamma]^T[m]\{u(0)\} \\ \{\dot{\eta}(0)\} = [\Gamma]^{-1}\{\dot{u}(0)\} = [\Gamma]^T[m]\{\dot{u}(0)\} \end{cases} \tag{6.63}$$

 Exemplo 6.6

Considere o sistema discreto apresentado no Exemplo 6.5 quando uma força harmônica $F_1(t) = \cos(1,5t)$ é aplicada ao corpo de massa m_1. Obtenha a resposta do sistema em regime permanente para condições iniciais nulas.

Solução

A equação de movimento do sistema é expressa a seguir:

$$[m]\{\ddot{u}\} + [k]\{u\} = \{F\}$$

em que:

$$[m] = \begin{bmatrix} 9 & 0 \\ 0 & 1 \end{bmatrix};\ [k] = \begin{bmatrix} 27 & -3 \\ -3 & 3 \end{bmatrix};\ \{F\} = \begin{Bmatrix} \cos(1,5t) \\ 0 \end{Bmatrix}$$

Adotando a transformação $\{u\} = [\Gamma]\{\eta\}$, em que:

$$[\Gamma] = \frac{1}{\sqrt{2}} \begin{bmatrix} 1/3 & -1/3 \\ 1 & 1 \end{bmatrix}$$

Capítulo 6

Pode-se escrever o sistema em coordenadas normais:

$$\{\ddot{\eta}\} + [\Lambda]\{\eta\} = \{N\}$$

em que:

$$[\Lambda] = \begin{bmatrix} 2 & 0 \\ 0 & 4 \end{bmatrix} \text{ e } \{N\} = [\Gamma]^{-1}\{F\} = \frac{\sqrt{2}}{6}\begin{Bmatrix} \cos(1,5t) \\ -\cos(1,5t) \end{Bmatrix}$$

Dessa forma,

$$\begin{Bmatrix} \ddot{\eta}_1 \\ \ddot{\eta}_2 \end{Bmatrix} + \begin{bmatrix} 2 & 0 \\ 0 & 4 \end{bmatrix}\begin{Bmatrix} \eta_1 \\ \eta_2 \end{Bmatrix} = \frac{\sqrt{2}}{6}\begin{Bmatrix} \cos(1,5t) \\ -\cos(1,5t) \end{Bmatrix}$$

Para o sistema desacoplado, tem-se que a resposta de cada coordenada é dada pela soma das Eqs. (3.13) e (4.12):

$$\eta_i = A_i \cos(\omega_i t - \varphi_i) + U_i \cos(\Omega t - \varphi_{pi})$$

em que $U_i = \dfrac{f_{0i}}{\left[1 - \left(\Omega/\omega_i\right)^2\right]}$ ($i = 1,2$).

Logo, $U_1 = \dfrac{4}{3\sqrt{2}}$ e $U_2 = \dfrac{4}{21\sqrt{2}}$

Os ângulos de fase relacionados com a solução particular, conforme mostrado na Eq. (4.12), são $\varphi_{p_1} = 0$ (amortecimento nulo e $\Omega < \omega_1$) e $\varphi_{p_2} = \pi$ (amortecimento nulo e $\Omega > \omega_2$). Os valores das frequências naturais foram obtidos no Exemplo 6.5. Além disso, como não há amortecimento, a solução homogênea não pode ser desconsiderada em regime permanente.

Para determinar as constantes A_i e φ_i, é necessário utilizar as condições iniciais:

$$\begin{Bmatrix} \eta_1(0) \\ \eta_2(0) \end{Bmatrix} = [\Gamma]^T[m]\begin{Bmatrix} u_1(0) \\ u_2(0) \end{Bmatrix} = \begin{Bmatrix} 0 \\ 0 \end{Bmatrix}$$

$$\begin{Bmatrix} \dot{\eta}_1(0) \\ \dot{\eta}_2(0) \end{Bmatrix} = [\Gamma]^T[m]\begin{Bmatrix} \dot{u}_1(0) \\ \dot{u}_2(0) \end{Bmatrix} = \begin{Bmatrix} 0 \\ 0 \end{Bmatrix}$$

Com isso,

$$\begin{cases} \eta_1(0) = A_1 \cos(\varphi_1) + U_1(\Omega) = 0 \\ \dot{\eta}_1(0) = A_1\omega_1 \operatorname{sen}(\varphi_1) = 0 \end{cases}$$

$$\begin{cases} \eta_2(0) = A_2 \cos(\varphi_2) - U_2(\Omega) = 0 \\ \dot{\eta}_2(0) = A_2\omega_2 \operatorname{sen}(\varphi_2) = 0 \end{cases}$$

De onde se obtém que $\varphi_1 = \varphi_2 = 0$, e $A_1 = U_1(\Omega)$ e $A_2 = U_2(\Omega)$. Logo, temos que:

$$\eta_1 = U_1[\cos(1,5t) - \cos(1,41t)]$$

$$\eta_2 = U_2[-\cos(1,5t) + \cos(2t)]$$

Realizando a transformada inversa, a resposta do sistema é:

$$u_1 = \frac{\sqrt{2}}{6}\left(U_1\left[\cos(1,5t)-\cos(1,41t)\right]-U_2\left[\cos(1,5t)-\cos(2t)\right]\right)$$

$$u_2 = \frac{\sqrt{2}}{2}\left(U_1\left[\cos(1,5t)-\cos(1,41t)\right]+U_2\left[-\cos(1,5t)-\cos(2t)\right]\right)$$

6.6 Sistemas dissipativos

Até o momento, trataram-se sistemas não dissipativos em que a matriz de amortecimento $[c]$ é nula. Agora, passa-se a discutir o efeito da dissipação na abordagem modal. Considere então um sistema dissipativo geral, no qual se considera a matriz de amortecimento:

$$[m]\{\ddot{u}\}+[c]\{\dot{u}\}+[k]\{u\}=\{F\} \tag{6.64}$$

Para avaliar o efeito do amortecimento na resposta dinâmica do sistema, considera-se uma solução separável no tempo do tipo:

$$\{u(t)\}=\{U\}e^{\lambda t} \tag{6.65}$$

Note que fez-se $g(t)=e^{\lambda t}$. Voltando à equação do movimento, chega-se ao seguinte problema de autovalores:

$$(\lambda^2[m]+\lambda[c]+[k])\{U\}=\{0\} \tag{6.66}$$

Para que exista solução diferente da trivial, deve-se ter:

$$\det(\lambda^2[m]+\lambda[c]+[k]) \tag{6.67}$$

Trata-se de um problema de autovalores proposto de forma diferente da usual. Tem-se um sistema de segunda ordem de dimensão n. Nesse contexto, duas situações distintas podem ser consideradas: a primeira considera um tipo de amortecimento especial conhecido como *amortecimento proporcional*; a segunda representa o *caso geral*. Em essência, deseja-se verificar a influência da dissipação nas frequências e modos naturais, e como isso modifica as coordenadas normais que desacoplam o sistema.

6.6.1 Amortecimento proporcional

Um caso especial de dissipação viscosa é o amortecimento proporcional. Considere, portanto, que a matriz $[c]$ pode ser escrita como uma combinação das matrizes de massa $[m]$ e de rigidez $[k]$:

$$[c]=\beta_m[m]+\beta_k[k] \tag{6.68}$$

em que β_m e β_k são as constantes que definem a forma dessa proporcionalidade.

Um sistema com amortecimento proporcional permite que se utilize a matriz modal do sistema não dissipativo para desacoplar o sistema amortecido. Dessa forma, a matriz modal é calculada a partir do seguinte problema de autovalores:

$$\det([k]-\omega^2[m])=0 \tag{6.69}$$

Capítulo 6

Para verificar essa afirmação, considere uma transformação de coordenadas do tipo:

$$\{u\} = [\Gamma]\{\eta\} \tag{6.70}$$

Com isso, a equação de movimento do sistema amortecido é dada por:

$$[m][\Gamma]\{\ddot{\eta}\} + (\beta_m[m] + \beta_k[k])[\Gamma]\{\dot{\eta}\} + [k][\Gamma]\{\eta\} = \{F\} \tag{6.71}$$

Multiplicando por $[\Gamma]^T$, tem-se que:

$$[\Gamma]^T[m][\Gamma]\{\ddot{\eta}\} + [\Gamma]^T(\alpha[m] + \beta[k])[\Gamma]\{\dot{\eta}\} + [\Gamma]^T[k][\Gamma]\{\eta\} = [\Gamma]^T\{F\} \tag{6.72}$$

Mas, a partir da normalização:

$$[\Gamma]^T[m][\Gamma] = [1]$$

$$[\Gamma]^T[k][\Gamma] = [\Lambda] \tag{6.73}$$

Tem-se que:

$$\beta_m[\Gamma]^T[m][\Gamma] = \beta_m[1]$$

$$\beta_k[\Gamma]^T[k][\Gamma] = \beta_k[\Lambda] \tag{6.74}$$

Com isso:

$$\{\ddot{\eta}\} + (\beta_m[1] + \beta_k[\Lambda])\{\dot{\eta}\} + [\Lambda]\{\eta\} = \{N\} \tag{6.75}$$

Ou:

$$\ddot{\eta}_r + (\beta_m + \beta_k \omega_r^2)\dot{\eta}_r + \omega_r \eta_r = N_r \quad (r = 1,...,n) \tag{6.76}$$

em que $\{N\} = \{\Gamma\}^T\{F\}$. Vale destacar que, dessa forma, recai-se em um sistema desacoplado, no qual a matriz modal é formada pelos autovetores do sistema não dissipativo. Com isso, a matriz modal do sistema não dissipativo é capaz de desacoplar o sistema com amortecimento proporcional. Contudo, as equações dos sistemas desacoplados possuem um termo dissipativo, diferente das equações do sistema não dissipativo.

6.6.2 Amortecimento geral

Considere agora o caso geral do amortecimento que não pode ser enquadrado como amortecimento proporcional. Nesse caso, busca-se uma alternativa para reescrever o sistema de equações de movimento de tal forma a recair em um problema de autovalores clássico. Uma ideia é escrever um sistema de primeira ordem, de dimensão $2n$. Para isso, considere a equação de movimento associada a uma identidade que é utilizada para auxiliar nessa transformação.

$$[m]\{\ddot{u}\} + [c]\{\dot{u}\} + [k]\{u\} = \{F\}$$

$$[m]\{\dot{u}\} - [m]\{\dot{u}\} = \{0\} \tag{6.77}$$

Esse sistema pode ser escrito conforme a seguir:

$$\begin{bmatrix} [c] & [m] \\ [m] & [0] \end{bmatrix} \begin{Bmatrix} \{\dot{u}\} \\ \{\ddot{u}\} \end{Bmatrix} + \begin{bmatrix} [k] & [0] \\ [0] & -[m] \end{bmatrix} \begin{Bmatrix} \{u\} \\ \{\dot{u}\} \end{Bmatrix} = \begin{Bmatrix} \{F\} \\ \{0\} \end{Bmatrix} \tag{6.78}$$

Em que são definidas as variáveis auxiliares:

$$\{w\} = \begin{Bmatrix} \{u\} \\ \{\dot{u}\} \end{Bmatrix}; \ \{Q\} = \begin{Bmatrix} \{F\} \\ \{0\} \end{Bmatrix}; \ [A] = \begin{bmatrix} [c] & [m] \\ [m] & [0] \end{bmatrix}; \ [B] = \begin{bmatrix} [k] & [0] \\ [0] & -[m] \end{bmatrix} \quad (6.79)$$

Assim, a equação de movimento é reescrita da seguinte forma:

$$[A]\{\dot{w}\} + [B]\{w\} = \{Q\} \quad (6.80)$$

Note que, se $[m]$, $[c]$, $[k]$ são matrizes simétricas, então as matrizes $[A]$ e $[B]$ também são. A partir da nova forma da equação de movimento, considera-se novamente uma separação de variáveis do tipo:

$$\{w\} = \{W\}e^{\lambda t} \quad (6.81)$$

Voltando à equação de movimento, chega-se a um problema de autovalores na forma clássica:

$$([B] + \lambda[A])\{W\} = \{0\} \quad (6.82)$$

Agora, há um problema de autovalores que possui $2n$ autovalores, λ_r, e $2n$ autovetores, $\{W^{(r)}\}$. Portanto, pode-se construir a matriz modal da seguinte forma:

$$[\Gamma] = [\{W^{(1)}\}\{W^{(2)}\} \ldots \{W^{(2n)}\}] \quad (6.83)$$

em que os autovetores podem ser normalizados de maneira análoga aos casos anteriores:

$$\{W^{(r)}\}[A]\{W^{(r)}\} = 1 \quad (6.84)$$

O que implica que:

$$\{W^{(r)}\}[B]\{W^{(r)}\} = -\lambda_r \quad (6.85)$$

Esse conjunto de autovetores constitui uma base linearmente independente, assim como a base do sistema não dissipativo. Para avaliar essa propriedade, faz-se uma investigação da ortogonalidade dos autovetores. Para isso, considere duas soluções distintas, λ_r, $\{W^{(r)}\}$ e λ_s, $\{W^{(s)}\}$:

$$[B]\{W^{(r)}\} = -\lambda_r[A]\{W^{(r)}\} \quad (6.86)$$

$$[B]\{W^{(s)}\} = -\lambda_s[A]\{W^{(s)}\} \quad (6.87)$$

Multiplicando (6.86) por $\{W^{(s)}\}^T$ e (6.87) por $\{W^{(r)}\}^T$ e transpondo (6.87):

$$\{W^{(s)}\}^T[B]\{W^{(r)}\} = -\lambda_r\{W^{(s)}\}^T[A]\{W^{(r)}\} \quad (6.88)$$

$$\{W^{(s)}\}^T[B]\{W^{(r)}\} = -\lambda_s\{W^{(s)}\}^T[A]\{W^{(r)}\} \quad (6.89)$$

Subtraindo (6.89) de (6.88):

$$(\lambda_r - \lambda_s)\{W^{(s)}\}^T[A]\{W^{(r)}\} = 0 \quad (6.90)$$

Desde que $\lambda_r \neq \lambda_s$, tem-se:

$$\begin{cases} \{W^{(s)}\}^T[A]\{W^{(r)}\} = 0 \\ \{W^{(s)}\}^T[B]\{W^{(r)}\} = 0 \end{cases} \quad (6.91)$$

E, portanto:

$$\begin{cases} \{\Gamma\}^T[A]\{\Gamma\} = [1] \\ \{\Gamma\}^T[B]\{\Gamma\} = [\Lambda] = [\text{diag}(-\lambda_r)] \end{cases} \quad (6.92)$$

6.7 Controle de vibrações

O controle de um sistema dinâmico tem como ideia central intervir no sistema, forçando-o a responder de forma desejada. De uma maneira geral, é possível pensar em dois tipos de intervenções: ativa e passiva. O controle ativo está relacionado com a introdução de algum tipo de energia no sistema. O controle passivo, por outro lado, considera uma intervenção no sistema sem introduzir uma energia externa. No contexto de vibrações mecânicas, a ideia de redução de vibrações possui grande relevância.

A ideia básica de um sistema de controle está apresentada na Figura 6.17, representado por meio de um diagrama de blocos. Assim, a partir de um sistema dinâmico, pode-se utilizar um sensor para monitorar determinada variável de interesse que representa a resposta desse sistema. Essa informação é então enviada para um sistema responsável por analisar e decidir, que representa um controlador. O controlador decide se intervém no sistema, e essa decisão é então enviada para um atuador que altera o funcionamento do sistema. Esse controle é dito em malha fechada ou com retroalimentação. Em geral, escolhe-se um tipo de comportamento desejável, uma órbita por exemplo, e atua-se sobre o sistema, forçando-o a seguir essa órbita.

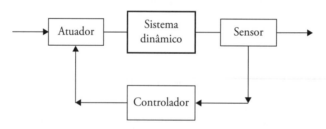

Figura 6.17 Representação esquemática de um sistema de controle.

O controle ativo clássico tem como premissa essencial trabalhar no domínio da frequência, ou, em outras palavras, no domínio de Laplace. O controle moderno trabalha no domínio do tempo. A forma como o controlador intervém no sistema define diferentes tipos de controle, entendidos como ações de controle. No controle clássico, tipicamente se utiliza a seguinte classificação geral para os controladores:

- duas posições ou *on-off*;
- proporcionais;
- integrais;
- proporcional-integral;
- proporcional-derivativo;
- proporcional-integral-derivativo.

6.7.1 Absorvedor dinâmico de vibrações

Uma ideia eficiente para promover o controle passivo de um sistema mecânico, aqui denominado *sistema primário*, consiste no acoplamento de um *sistema secundário* com o objetivo de absorver energia do sistema primário para promover diminuição das suas amplitudes de vibração. Em essência, esse procedimento tem como objetivo transferir energia do sistema primário para o secundário, evitando comportamentos críticos do sistema. A Figura 6.18 mostra um desenho esquemático de um sistema dinâmico composto de um sistema primário, ao qual se acopla um sistema secundário. O sistema secundário, composto pela massa m_a e o elemento de rigidez k_a, funciona como um absorvedor dinâmico de vibrações, capaz de reduzir as vibrações do sistema primário, composto pela massa m e o elemento de rigidez k, excitado com um forçamento externo. Para que isso ocorra, o sistema secundário tem de ser projetado de forma adequada, definindo sua frequência de funcionamento.

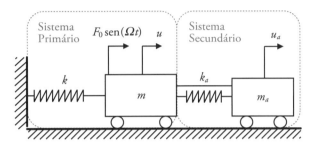

Figura 6.18 Absorvedor dinâmico de vibrações.

A modelagem do sistema dinâmico é feita considerando um sistema 2 gdl, conforme mostrado no Exemplo 6.5. Nesse contexto, escreve-se a equação de movimento na forma matricial:

$$\begin{bmatrix} m & 0 \\ 0 & m_a \end{bmatrix} \begin{Bmatrix} \ddot{u} \\ \ddot{u}_a \end{Bmatrix} + \begin{bmatrix} k+k_a & -k_a \\ -k_a & k_a \end{bmatrix} \begin{Bmatrix} u \\ u_a \end{Bmatrix} = \begin{Bmatrix} F_0 \text{sen}(\Omega t) \\ 0 \end{Bmatrix} \quad (6.93)$$

Considerando condições iniciais que anulam a solução homogênea, as respostas $u = u(t)$ e $u_a = u_a(t)$ são dadas apenas pela solução particular, conforme mostrado a seguir:

$$u = U \text{ sen}(\Omega t)$$
$$u_a = U_a \text{ sen}(\Omega t) \quad (6.94)$$

Substituindo essas soluções na Eq. (6.93), obtém-se:

$$\begin{bmatrix} k+k_a - m\Omega^2 & -k_a \\ -k_a & k_a - m_a\Omega^2 \end{bmatrix} \begin{Bmatrix} U \\ U_a \end{Bmatrix} = \begin{Bmatrix} F_0 \\ 0 \end{Bmatrix} \quad (6.95)$$

Neste momento, precisamos avaliar as amplitudes do movimento representadas pelo vetor $\{U \ U_a\}^T$. Para isso, pré-multiplica-se a Eq. (6.98) pela inversa de $\begin{bmatrix} k+k_a - m\Omega^2 & -k_a \\ -k_a & k_a - m_a\Omega^2 \end{bmatrix}$.

Sabendo-se que a inversa de uma matriz de dimensão 2 × 2:

$$[A] = \begin{bmatrix} a_{11} & a_{12} \\ a_{21} & a_{22} \end{bmatrix} \quad (6.96)$$

É dada por:

$$[A]^{-1} = \frac{1}{\det[A]} \begin{bmatrix} a_{22} & -a_{12} \\ -a_{21} & a_{11} \end{bmatrix} \quad (6.97)$$

Tem-se que:

$$\left\{\begin{array}{c}U\\U_a\end{array}\right\} = \frac{1}{(k+k_a-m\Omega^2)(k_a-m\Omega^2)-k_a^2}\begin{bmatrix}k_a-m_a\Omega^2 & k_a\\k_a & k+k_a-m\Omega^2\end{bmatrix}\left\{\begin{array}{c}F_0\\0\end{array}\right\} =$$
$$= \frac{1}{(k+k_a-m\Omega^2)(k_a-m\Omega^2)-k_a^2}\left\{\begin{array}{c}(k_a-m_a\Omega^2)F_0\\k_aF_0\end{array}\right\} \quad (6.98)$$

Assim, a amplitude de movimento do sistema primário é dada por:

$$U = \frac{(k_a-m_a\Omega^2)F_0}{(k+k_a-m\Omega^2)(k_a-m\Omega^2)-k_a^2} \quad (6.99)$$

Enquanto a amplitude de movimento do sistema secundário (absorvedor) é a que segue:

$$U_a = \frac{k_aF_0}{(k+k_a-m\Omega^2)(k_a-m\Omega^2)-k_a^2}. \quad (6.100)$$

Neste momento, introduz-se a seguinte notação:

- $\omega_p = \sqrt{\dfrac{k}{m}} \to$ Frequência natural do sistema primário isolado

- $\omega_a = \sqrt{\dfrac{k_a}{m_a}} \to$ Frequência natural do absorvedor isolado

- $\mu = \dfrac{m_a}{m} \to$ Razão entre a massa do absorvedor e a massa do sistema primário

- $u_E = \dfrac{F_0}{k} \to$ Deslocamento estático do sistema primário

- Com isso, as Eqs. (6.99) e (6.100) podem ser reescritas na forma:

$$U = \frac{[1-(\Omega/\omega_a)^2]u_E}{[1+\mu(\omega_a/\omega_p)^2-(\Omega/\omega_p)^2][1-(\Omega/\omega_a)^2]-\mu(\omega_a/\omega_p)^2} \quad (6.101)$$

$$U_a = \frac{u_E}{[1+\mu(\omega_a/\omega_p)^2-(\Omega/\omega_p)^2][1-(\Omega/\omega_a)^2]-\mu(\omega_a/\omega_p)^2} \quad (6.102)$$

A partir da Eq. (6.101), vê-se que a amplitude do sistema primário é nula quando $\Omega = \omega_a$, o que representa uma situação em que a frequência de excitação é igual a frequência natural do absorvedor isolado. Dessa forma, tem-se que o absorvedor consome toda a energia do sistema primário quando o sistema é excitado na frequência natural do absorvedor isolado. Essa condição é a mais adequada em termos de absorção de energia. Além disso, quando $\Omega = \omega_a$, a Eq. (6.102) se reduz a:

$$U_a = -\frac{u_E}{\mu(\omega_a/\omega_p)^2} = -\frac{F_0}{k_2} \quad (6.103)$$

E, portanto:

$$u_a = -\frac{F_0}{k_2}\text{sen}(\Omega t) \qquad (6.104)$$

Apesar de o absorvedor ser projetado para determinada frequência de funcionamento ω_a, ele apresenta um desempenho satisfatório para frequências de excitação próximas a ω_a. A Figura 6.19 apresenta a amplitude de resposta do sistema primário normalizada pelo deslocamento estático, $|U/u_E|$, para $\mu = 0{,}2$ e diferentes frequências de excitação. Vê-se que existe uma faixa em que o absorvedor apresenta um desempenho adequado, que pode ser definida quando $|U/u_E|$ do sistema primário é menor que essa quantidade para o sistema 1 gdl isolado.

Um ponto extremamente importante é que o sistema primário isolado possui apenas um grau de liberdade e, portanto, apenas uma frequência de ressonância. O acoplamento do absorvedor introduz um grau de liberdade adicional, fazendo com que o novo sistema, composto dos sistemas primário e secundário, possua duas frequências de ressonância, uma menor e outra maior que a frequência de funcionamento do sistema primário isolado. Dessa forma, o absorvedor dinâmico de vibrações passivo possui uma faixa de trabalho bem definida e, ao sair dessa faixa de frequência, encontra-se uma ressonância do sistema, comportamento altamente indesejável.

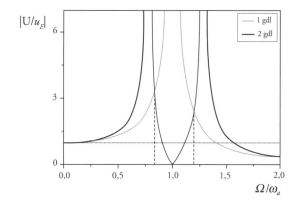

Figura 6.19 Amplitude de resposta do sistema primário normalizada pela deflexão estática para diferentes frequências de forçamento.

6.8 Transformada de Laplace aplicada a sistemas com múltiplos graus de liberdade

A transformada de Laplace pode ser aplicada a sistemas com múltiplos graus de liberdade. Trata-se de uma aplicação direta da ferramenta discutida no capítulo anterior. Considere, portanto, um sistema n gdl, governado pela seguinte equação matricial:

$$[m]\{\ddot{u}\} + [c]\{\dot{u}\} + [k]\{u\} = \{F\} \qquad (6.105)$$

Aplicando a transformada de Laplace, chega-se a:

$$\Im\left\{[m]\{\ddot{u}\} + [c]\{\dot{u}\} + [k]\{u\}\right\} = \Im\left\{\{F\}\right\} \qquad (6.106)$$

Seguindo procedimento similar ao sistema com 1 gdl, reescreve-se a equação de movimento no domínio de Laplace:

$$\left(s^2[m] + s[c] + [k]\right)\{\hat{u}\} = \{\hat{F}\} + \{\dot{u}(0)\} + (s[1] + [c])\{u(0)\} \qquad (6.107)$$

Admitindo condições iniciais nulas, $\{u(0)\} = \{\dot{u}(0)\} = \{0\}$, tem-se:

$$\{\hat{u}\} = [\hat{G}]\{\hat{F}\} \qquad (6.108)$$

Note que agora há uma *matriz de transferência* definida conforme se segue:

$$[\hat{G}] = \left(s^2[m] + s[c] + [k]\right)^{-1} \qquad (6.109)$$

6.9 Exercícios

P6.1 Escreva as equações de movimento na forma matricial do sistema mostrado na Figura P6.1. Assumindo $m_1 = 1$ kg, $m_2 = 4$ kg, $k_1 = k_3 = 10$ N/m e $k_2 = 2$ N/m, avalie as frequências naturais e a matriz modal.

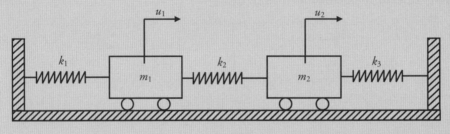

Figura P6.1

P6.2 Considere o sistema tratado no exercício anterior, agora assumindo $m_2 = m_1/2 = 1$ kg, $k_1 = k_2 = k_3 = 1$ N/m. Avalie as frequências naturais e a matriz modal. Obtenha também as coordenadas normais do sistema e explique qual a vantagem da sua utilização.

P6.3 Avalie as frequências naturais de um sistema composto por dois pêndulos acoplados por um elemento elástico de rigidez k.

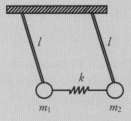

Figura P6.3

P6.4 Um motor elétrico é suportado por duas molas de constante k, possuindo um momento de inércia em torno do eixo central igual a J. Determine a equação de movimento e as frequências naturais para duas situações distintas:
(i) O eixo do motor está fixo.
(ii) O eixo do motor está livre para se mover na vertical.

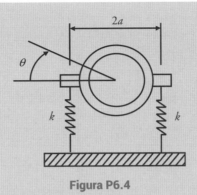

Figura P6.4

P6.5 Avalie a equação de movimento de um perfil aerodinâmico de uma asa de avião apresentado na figura esquemática a seguir.

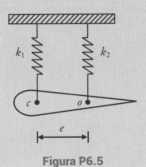

Figura P6.5

P6.6 Considere o sistema de dois graus de liberdade apresentado na figura a seguir.

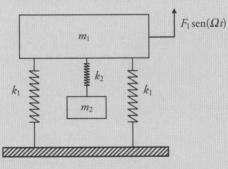

Figura P6.6

a) Calcule as frequências e modos naturais do sistema. Obtenha modos normalizados.
b) Determine a resposta dos dois corpos submetidos a um forçamento harmônico aplicado ao corpo de massa m_1. Adote coordenadas normais para obter a solução.

P6.7 Um torque $T = T_0 \operatorname{sen}(\Omega t)$ é aplicado ao corpo que possui momento de inércia J_1 do sistema torsional mostrado na figura a seguir. Deseja-se absorver energia do sistema primário, composto por esse corpo e uma rigidez torsional linear, k_1. Especifique um absorvedor de vibrações (J_2 e k_2) de tal forma que as frequências de ressonância sejam 0,8 W e 1,2 W. Considere: $J_1 = 0,5$ kgm²; $k_1 = 560$ e 3 mN/rad; $T_0 = 226$ mN; $W = 10^3$ rad/s.

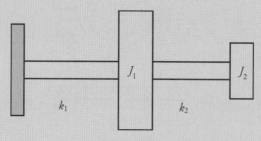

Figura P6.7

P6.8 Considere uma embarcação que está inclinada de um ângulo θ conforme mostrado na figura. O momento de inércia da embarcação pode ser representado por J. Discuta a dinâmica da embarcação avaliando a frequência natural do movimento. Depois disso, refaça a análise considerando mais um grau de liberdade associado ao movimento vertical.

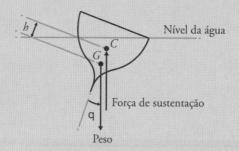

Figura P6.8

P6.9 Considere uma estrutura aeroespacial que consiste em uma massa conectada a molas nas direções vertical e horizontal, conforme mostrado na Figura P6.9. Avalie a equação de movimento do sistema considerando uma excitação harmônica na direção vertical.

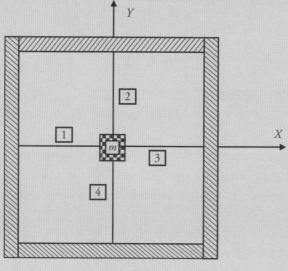

Figura P6.9

P6.10 Considere a estrutura apresentada no exercício anterior. Avalie a equação de movimento admitindo uma imperfeição na posição da massa conforme ilustrado na figura a seguir.

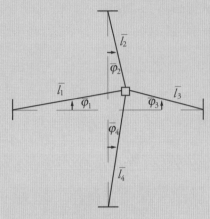

Figura P6.10

P6.11 A dinâmica de um veículo pode ser modelada a partir de um sistema de dois graus de liberdade (*bounce* e *pitch* — Figura P6.11). Escreva a equação do movimento desse veículo. Avalie as frequências e modos naturais assumindo que: $k_1 = k_2 = 20.000$ N/m; $c_1 = c_2 = 2.000$ Ns/m; $d_1 = 0,9$ m; $d_2 = 1,4$ m; $m = 4.000$ kg; $J = 0,64$ m^2. Sendo m a massa total do veículo e J o momento de inércia em relação ao centro de gravidade, CG.

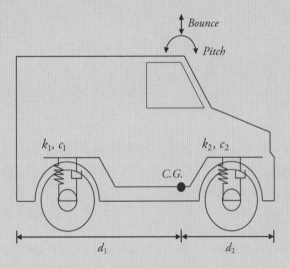

Figura P6.11

P6.12 Para o veículo apresentado no exercício anterior, considere que as ondulações da pista causam um forçamento harmônico na direção vertical (relacionado com o grau de liberdade *bounce*) igual a $F(t) = 200 \, sen(6t)$ N. Obtenha a resposta do sistema, transiente e permanente, por causa das irregularidades da pista.

P6.13 Obtenha a matriz de transferência de um sistema com dois graus de liberdade mostrado no Problema P6.1.

P6.14 Resolva o Problema P6.1 utilizando a transformada de Laplace.

P6.15 Determine a resposta de um *sistema semidefinido* submetido a um impulso assumindo condições iniciais nulas (Figura P6.15).

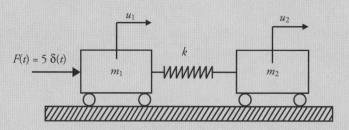

Figura P6.15 Sistema semidefinido.

P6.16 Obtenha as equações de movimento do pêndulo duplo mostrado na Figura P6.16, considerando pequenos ângulos ($\text{sen}\,\theta_1 \approx \theta_1$ e $\text{sen}\,\theta_2 \approx \theta_2$). Assumindo $m_1 = m_2 = 1$ kg, e $L_1 = L_2 = 15$ cm, avalie as frequências e modos naturais.

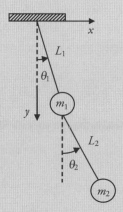

Figura P6.16 Graus de liberdade de um sistema dinâmico.

P6.17 Considerando o sistema tratado no Exercício P6.16, obtenha condições iniciais de forma que o sistema responda no 1º modo de vibração.

P6.18 Considerando o sistema tratado no Exercício P6.16, obtenha condições iniciais de forma que o sistema responda no 2º modo de vibração.

P6.19 Considere o sistema de 2 gdl apresentado na figura a seguir, que representa um absorvedor de vibrações acoplado a um sistema primário. Assuma $m = 10$ kg, $m_a = 1{,}5$ kg, $k = 10^3$ N/m, $F_0 = 0{,}1$ N e $\Omega = 20$ rad/s e responda às seguintes questões:

(i) Obtenha as equações de movimentos na forma matricial e, também, as frequências e modos naturais.

(ii) Projete a rigidez equivalente do absorvedor de forma que sua frequência de operação ocorra na frequência de excitação ($\Omega = 20$ rad/s).

(iii) Para o absorvedor projetado no item ii, obtenha a solução analítica para a resposta do sistema primário e do absorvedor.

(iv) Obtenha a resposta do sistema primário e do absorvedor, acrescentado um elemento de dissipação viscosa linear em paralelo com o elemento elástico, k_a. Adote valores para o amortecimento adicionado e compare os resultados.

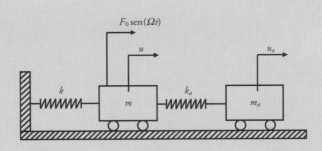

Figura P6.19 Absorvedor dinâmico de vibrações.

P6.20 Considerando o absorvedor projetado no Exercício P6.19 (item ii), faça um gráfico (com auxílio de um programa computacional apropriado) das amplitudes máximas de vibração do sistema primário em função da frequência de forçamento, Ω, para diferentes valores de amortecimento. Note que cada valor de amortecimento dará origem a uma curva diferente.

P6.21 Considerando o absorvedor projetado no Exercício P6.19 (item ii), faça um gráfico (com auxílio de um programa computacional apropriado) dos ângulos de fase em função da frequência de forçamento, Ω, para diferentes valores de amortecimento. Note que cada valor de amortecimento dará origem a uma curva diferente.

P6.22 As equações de governo de um sistema de 3 gdl são apresentadas na forma matricial abaixo. Para o sistema em questão, obtenha a resposta $x_1(t)$, assumindo condições iniciais nulas. Adote $m = 1$ kg, $k = 100$ N/m, $c = 6$ Ns/m, $\Omega = 20$ rad/s.

$$\begin{bmatrix} m & 0 & 0 \\ 0 & m & 0 \\ 0 & 0 & m \end{bmatrix} \begin{bmatrix} \ddot{x}_1 \\ \ddot{x}_2 \\ \ddot{x}_3 \end{bmatrix} + \begin{bmatrix} 3c & -2c & 0 \\ -2c & 4c & -c \\ 0 & -c & c \end{bmatrix} \begin{bmatrix} \ddot{x}_1 \\ \ddot{x}_2 \\ \ddot{x}_3 \end{bmatrix} + \begin{bmatrix} 3k & -2k & 0 \\ -2k & 4k & -k \\ 0 & -k & k \end{bmatrix} \begin{bmatrix} x_1 \\ x_2 \\ x_3 \end{bmatrix} = \begin{bmatrix} 0 \\ 0 \\ \cos(\Omega t) \end{bmatrix}$$

Introdução à Mecânica dos Sólidos

A realidade física é contínua e os sistemas discretos constituem uma idealização útil para sua modelagem. Uma forma alternativa à utilização de sistemas discretos é descrever os sistemas físicos a partir de sistemas contínuos. Pelo fato de representar o mesmo sistema físico, os sistemas discretos e contínuos possuem características dinâmicas similares. A diferença básica entre eles está no número de graus de liberdade. Os sistemas discretos possuem um número finito de graus de liberdade, enquanto os sistemas contínuos possuem infinitos graus de liberdade.

Matematicamente, um sistema discreto é governado por EDOs, e um sistema contínuo é governado por EDPs. Análise da dinâmica de um sistema contínuo possui duas abordagens distintas. A primeira é uma abordagem modal, baseada na separação de variáveis, enquanto a segunda é baseada na propagação de ondas.

A análise de vibrações em meios contínuos considera os mesmos princípios fundamentais aplicados aos sistemas discretos. Este capítulo tem como objetivo apresentar as principais características da formulação do problema mecânico associado a um meio contínuo sólido. Basicamente, são discutidos o equilíbrio, apresentando as tensões; a cinemática, a partir de uma discussão de deformação; e as equações constitutivas, particularmente as equações elásticas. Com isso, definem-se as equações da elasticidade linear. A partir do próximo capítulo, passa-se a utilizar esses conceitos para tratar a vibração de sistemas contínuos.

7.1 Tensão

A análise de tensão é essencial para se estabelecer o equilíbrio de um corpo. Considere então um meio contínuo submetido à ação de forças externas. Considere, também, uma porção desse meio definida por um volume arbitrário V que é envolvido por uma área A. Como uma consequência de que as forças são transmitidas de uma porção para outra, as partes interna e externa desse volume interagem. Como as duas porções estão originalmente em equilíbrio, a interação entre elas ocorre de tal forma que o esforço de uma sobre a outra representa os esforços necessários para que cada porção permaneça em equilíbrio. Assim, considere a Figura 7.1, que representa um meio contínuo no qual atuam esforços externos $\{f_i\}$. Fazendo-se um corte arbitrário, definem-se duas porções que devem estar em equilíbrio. A interação entre essas duas porções ocorre na área A, que é definida por um vetor unitário normal $\{n\}$. Assim, em um ponto genérico P de um elemento de área ΔA de A, atua uma resultante de força $\{\Delta f\}$.

Capítulo 7

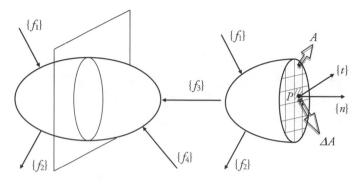

Figura 7.1 Meio contínuo submetido a forças externas.

A média da força por unidade de área é dada por $\{\Delta f\}/\Delta A$. O princípio de tensão de Cauchy estabelece que essa média tende para um valor em P à medida que a área ΔA tende para zero. Com essa consideração, define-se o vetor tensão $\{t\}$ no ponto P, da seguinte forma:

$$\{t\} = \lim_{\Delta A \to 0} \frac{\{\Delta f\}}{\Delta A} \tag{7.1}$$

Em um dado ponto P, o princípio de tensão de Cauchy associa um vetor tensão $\{t\}$ a um vetor normal $\{n\}$, ou seja, $\{t\} = \{t(\{n\})\}$. Dessa forma, um dado ponto P possui infinitos pares $\{t\}$ e $\{n\}$, e a totalidade das possibilidades desses pares fornece o estado de tensão. Intuitivamente, deve-se entender a grandeza tensão como um estado de tensão, o que é diferente do vetor tensão definido anteriormente.

O estado de tensão em um ponto pode ser completamente definido a partir de três vetores normais, $\{n\}$, tomados em direções linearmente independentes. Nessas três direções, definem-se os respectivos vetores tensão associados a cada vetor normal. Assim, em um sistema de eixos cartesianos, consideram-se os vetores unitários, $\{e_i\}$, e a cada um deles é definido um vetor tensão $\{t\} = \{t(\{e_i\})\}$ (Figura 7.2).

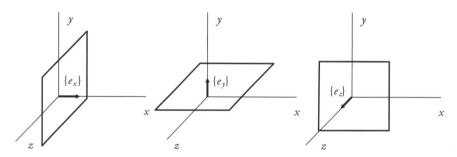

Figura 7.2 Três cortes linearmente independentes no sistema cartesiano.

A consideração dos três vetores normais no sistema cartesiano é equivalente à construção de um elemento infinitesimal cúbico em torno do ponto em questão. Em cada uma das faces do cubo são avaliados os vetores tensão que podem ser escritos segundo suas componentes em cada um dos eixos coordenados (Figura 7.3).

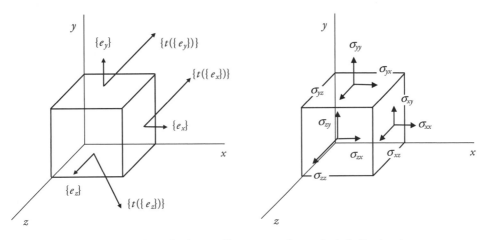

Figura 7.3 Estado de tensão em um elemento infinitesimal.

$$\{t(\{e_x\})\} = \sigma_{xx}\{e_x\} + \sigma_{xy}\{e_y\} + \sigma_{xz}\{e_z\}$$

$$\{t(\{e_y\})\} = \sigma_{yx}\{e_x\} + \sigma_{yy}\{e_y\} + \sigma_{yz}\{e_z\}$$

$$\{t(\{e_z\})\} = \sigma_{zx}\{e_x\} + \sigma_{zy}\{e_y\} + \sigma_{zz}\{e_z\} \tag{7.2}$$

As componentes dos vetores que definem o estado de tensão formam o tensor das tensões, $[\sigma]$. Esse tensor de segunda ordem necessita de nove componentes para ser definido, e sua representação é feita por suas componentes, σ_{ij}, em que cada uma delas está associada à face i e à direção j.

Usualmente, a notação utilizada para as componentes de tensão distingue as tensões normais, $\sigma_{xx} = \sigma_x$, $\sigma_{yy} = \sigma_y$, $\sigma_{zz} = \sigma_z$, das tensões cisalhantes σ_{xy}, σ_{yx}, σ_{xz}, σ_{zx}, σ_{zy}, σ_{yz}.

$$[\sigma] = \begin{bmatrix} \sigma_{xx} & \sigma_{xy} & \sigma_{xz} \\ \sigma_{yx} & \sigma_{yy} & \sigma_{yz} \\ \sigma_{zx} & \sigma_{zy} & \sigma_{zz} \end{bmatrix} \tag{7.3}$$

Dessa forma, a cada ponto de um contínuo se tem associado um tensor de tensão que define completamente o estado de tensão desse ponto.

A definição do estado de equilíbrio é fundamental na análise de qualquer problema mecânico. Considere, então, um elemento do contínuo, no qual atuam as componentes de tensão conforme mostra a Figura 7.4 para um caso bidimensional. De maneira geral, admite-se que as tensões variam de uma face para outra. Considere também a existência de forças de corpo, representadas por um vetor $\{b\}$.

Capítulo 7

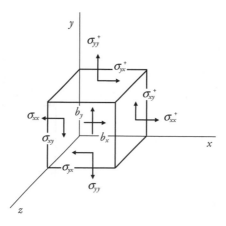

Figura 7.4 Elemento do contínuo submetido a um estado plano de tensão.

Assim, as grandezas ( )$^+$ estão definidas nas faces $(x + \Delta x, y)$ ou $(x, y + \Delta y)$, enquanto as grandezas sem o superescrito +, ( ), estão definidas em (x, y). Para se estabelecer o equilíbrio do elemento, considera-se que o somatório de forças e momentos deve se anular. Para expandir os termos de uma grandeza qualquer g em $(x + \Delta x)$ e $(y + \Delta y)$, utiliza-se a série de Taylor, mostrada a seguir:

$$g^+ = g(x + \Delta x) = g + \frac{dg}{dx}\Delta x + \frac{d^2 g}{dx^2}\frac{\Delta x^2}{2!} + \cdots \tag{7.4}$$

Tomando-se apenas a parte linear da série, dividindo as expressões por $\Delta x\, \Delta y$ e, ainda, tomando o limite dessas grandezas tendendo a zero, chegam-se às seguintes equações de equilíbrio:

$$\sum F_x = \frac{\partial \sigma_{xx}}{\partial x} + \frac{\partial \sigma_{yx}}{\partial y} + b_x = \rho \ddot{u}_x \tag{7.5}$$

$$\sum F_y = \frac{\partial \sigma_{yy}}{\partial y} + \frac{\partial \sigma_{xy}}{\partial x} + b_y = \rho \ddot{u}_y \tag{7.6}$$

$$\sum M_z^O = \sigma_{xy} - \sigma_{yx} = 0 \tag{7.7}$$

em que ρ é a massa específica e a inércia de rotação foi desprezada.

Extrapolando as equações de equilíbrio para um contexto tridimensional, tem-se:

$$\frac{\partial \sigma_{xx}}{\partial x} + \frac{\partial \sigma_{yx}}{\partial y} + \frac{\partial \sigma_{zx}}{\partial z} + b_x = \rho \ddot{u}_x \tag{7.8}$$

$$\frac{\partial \sigma_{xy}}{\partial x} + \frac{\partial \sigma_{yy}}{\partial y} + \frac{\partial \sigma_{zy}}{\partial z} + b_y = \rho \ddot{u}_y \tag{7.9}$$

$$\frac{\partial \sigma_{xz}}{\partial x} + \frac{\partial \sigma_{yz}}{\partial y} + \frac{\partial \sigma_{zz}}{\partial z} + b_z = \rho \ddot{u}_z \tag{7.10}$$

$$\sigma_{xy} - \sigma_{yx} = 0 \tag{7.11}$$

$$\sigma_{xz} - \sigma_{zx} = 0 \tag{7.12}$$

$$\sigma_{yz} - \sigma_{zy} = 0 \tag{7.13}$$

O equilíbrio do corpo pode ser compreendido como a conservação da quantidade de movimento linear e angular. As equações de equilíbrio de momento estabelecem que o tensor de tensão é simétrico, ou seja, $[\sigma] = [\sigma]^T$. Esse resultado mostra que das nove componentes do tensor de tensão, apenas seis são independentes.

As equações de equilíbrio também podem ser expressas em notação simbólica, que fornecem uma forma compacta para representar as equações vetoriais:

$$\text{div}[\sigma] = \rho\{\ddot{u}\} \tag{7.14}$$

$$[\sigma] = [\sigma]^T \tag{7.15}$$

A definição de $\text{div}([\sigma])$ implica o conhecimento do operador Nabla:

$$\{\nabla\} = \frac{\partial}{\partial x}\{e_x\} + \frac{\partial}{\partial y}\{e_y\} + \frac{\partial}{\partial z}\{e_z\} \tag{7.16}$$

O divergente de um vetor $\{v\}$, denotado como $\text{div}(\{v\})$, é definido como o produto escalar do operador Nabla e o vetor, o que é um escalar:

$$\{\nabla\} \cdot \{v\} = \frac{\partial v_x}{\partial x} + \frac{\partial v_y}{\partial y} + \frac{\partial v_z}{\partial z} \tag{7.17}$$

Portanto, o divergente de um tensor de segunda ordem é um vetor, representado conforme se segue:

$$\text{div}([\sigma]) = \{\nabla\} \cdot [\sigma] = \left\{ \frac{\partial \sigma_{xx}}{\partial x} + \frac{\partial \sigma_{xy}}{\partial y} + \frac{\partial \sigma_{xz}}{\partial z}, \frac{\partial \sigma_{yx}}{\partial x} + \frac{\partial \sigma_{yy}}{\partial y} + \frac{\partial \sigma_{yz}}{\partial z}, \frac{\partial \sigma_{zx}}{\partial x} + \frac{\partial \sigma_{zy}}{\partial y} + \frac{\partial \sigma_{zz}}{\partial z} \right\} \tag{7.18}$$

7.2 Deformação

A análise da deformação é essencial para definir a cinemática do movimento. Para iniciar essa análise, considere um meio contínuo que se movimenta no espaço desde uma posição inicial em um tempo t_0, definida como configuração inicial ou indeformada, até uma nova posição em um tempo genérico t, definida como configuração deformada. De uma maneira geral, o movimento pode ser decomposto em duas partes: movimento de corpo rígido, que inclui translação e rotação; e movimento relativo, que consiste na deformação.

Capítulo 7

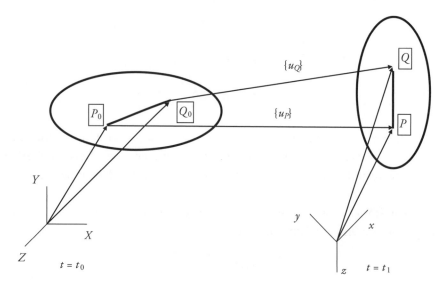

Figura 7.5 Movimento de um meio contínuo desde a configuração indeformada até a deformada.

A análise das deformações tem como objetivo mapear a evolução da configuração indeformada para a configuração deformada e vice-versa. Dessa forma, conhecendo-se a posição dos pontos P_0 e Q_0 no instante t_0, deseja-se avaliar as posições P e Q no instante t, ou vice-versa.

Para mapear o movimento de um corpo deve-se ter atenção ao sistema de referência utilizado. Note que é possível utilizar o sistema XYZ, associado à configuração indeformada, ou o sistema xyz, associado à configuração deformada. Em uma primeira aproximação, essa dificuldade é contornada ao se admitir que os dois sistemas se confundem, o que caracteriza um fenômeno associado a deformações infinitesimais, ou simplesmente, pequenas deformações.

Considere, então, um elemento infinitesimal que está submetido a um movimento de modo que as configurações indeformada e deformada se confundem. Deseja-se avaliar a deformação desse elemento e, para isso, promove-se uma decomposição em duas partes. Uma devido à expansão volumétrica, sem mudança de forma — deformações normais; e outra devido à distorção — deformações cisalhantes. Dessa forma, os dois problemas podem ser tratados separadamente.

Por simplicidade, considere um elemento plano que experimenta uma expansão volumétrica. Deseja-se definir grandezas que sejam capazes de quantificar a deformação normal nos eixos x e y. Para isso, consideram-se as variações dos deslocamentos horizontais e verticais, u_x e u_y, em pontos que definam os segmentos de reta nas direções x e y, respectivamente (Figura 7.6).

Nesse contexto, é possível fazer uma definição para quantificar a deformação no eixo x, assumindo uma relação entre a variação de tamanho $(u_x^+ - u_x)$ em relação ao tamanho original do elemento (Δx),

$$\varepsilon_{xx} = \lim_{\Delta x \to 0} \frac{u_x^+ - u_x}{\Delta x} = \frac{\partial u_x}{\partial x} \quad (7.19)$$

De forma análoga, a deformação na direção y pode ser definida por:

$$\varepsilon_{yy} = \frac{\partial u_y}{\partial y} \quad (7.20)$$

Extrapolando para o caso 3D, considera-se mais uma direção:

$$\varepsilon_{zz} = \frac{\partial u_z}{\partial z} \quad (7.21)$$

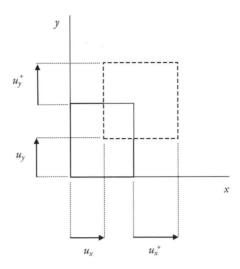

Figura 7.6 Deformações normais de um elemento infinitesimal plano.

Considere agora um elemento plano que experimenta uma distorção. Deseja-se definir grandezas que sejam capazes de quantificar a deformação cisalhante associada ao plano xy. Para isso, consideram-se as variações dos deslocamentos horizontais e verticais, u_x e u_y, em pontos que definam os segmentos de reta nas direções y e x, respectivamente (Figura 7.7).

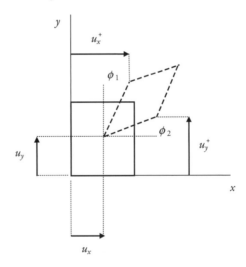

Figura 7.7 Deformações cisalhantes de um elemento infinitesimal plano.

Dessa forma, a quantificação da deformação cisalhante no plano xy está associada aos ângulos ϕ_1 e ϕ_2, mostrados na Figura 7.7, e pode ser definida da seguinte forma:

$$\varepsilon_{xy} = \varepsilon_{yx} = \lim_{\Delta x, \Delta y \to 0} \frac{1}{2}\left(\frac{u_x^+ - u_x}{\Delta y} + \frac{u_y^+ - u_y}{\Delta x} \right) = \frac{1}{2}\left(\frac{\partial u_x}{\partial y} + \frac{\partial u_y}{\partial x} \right) \qquad (7.22)$$

Extrapolando para o caso tridimensional, definem-se, ainda:

$$\varepsilon_{xz} = \varepsilon_{zx} = \frac{1}{2}\left(\frac{\partial u_x}{\partial z} + \frac{\partial u_z}{\partial x} \right) \qquad (7.23)$$

Capítulo 7

$$\varepsilon_{yz} = \varepsilon_{zy} = \frac{1}{2}\left(\frac{\partial u_y}{\partial z} + \frac{\partial u_z}{\partial y}\right) \qquad (7.24)$$

Usualmente, as deformações cisalhantes são definidas como deformações de engenharia, da seguinte forma:

$$\varepsilon_{xy} = \frac{\gamma_{xy}}{2} \qquad (7.25)$$

$$\varepsilon_{xz} = \frac{\gamma_{xz}}{2} \qquad (7.26)$$

$$\varepsilon_{yz} = \frac{\gamma_{yz}}{2} \qquad (7.27)$$

O estado de deformação de um ponto, que é envolvido por um elemento infinitesimal, necessita de nove componentes para estar completamente definido. Portanto, a deformação é uma grandeza tensorial descrita por um tensor de segunda ordem, de forma semelhante ao tensor das tensões. Dessa forma, define-se um tensor de deformações, $[\varepsilon]$, que caracteriza o estado de deformação de um ponto. Esse tensor é simétrico e, portanto, apenas seis das nove componentes do tensor são independentes, o que está de acordo com o comportamento das tensões.

$$[\varepsilon] \equiv \begin{bmatrix} \varepsilon_{xx} & \varepsilon_{xy} & \varepsilon_{xz} \\ \varepsilon_{yx} & \varepsilon_{yy} & \varepsilon_{yz} \\ \varepsilon_{zx} & \varepsilon_{zy} & \varepsilon_{zz} \end{bmatrix} \qquad (7.28)$$

Em notação simbólica, o tensor de deformação é representado da seguinte forma:

$$[\varepsilon] = \frac{1}{2}\Big([\nabla\{u\}] + [\nabla\{u\}]^T\Big) \qquad (7.29)$$

Note que $[\nabla\{u\}]$ é um tensor de segunda ordem, uma vez que define o produto do operador Nabla com um vetor:

$$[\nabla\{u\}] = \begin{bmatrix} \dfrac{\partial u_x}{\partial x} & \dfrac{\partial u_x}{\partial y} & \dfrac{\partial u_x}{\partial z} \\ \dfrac{\partial u_y}{\partial x} & \dfrac{\partial u_y}{\partial y} & \dfrac{\partial u_y}{\partial z} \\ \dfrac{\partial u_z}{\partial x} & \dfrac{\partial u_z}{\partial y} & \dfrac{\partial u_z}{\partial z} \end{bmatrix} \qquad (7.30)$$

A análise de efeitos não lineares introduz novos termos ao tensor de deformação. Sem entrar em detalhes, é importante saber que o tensor de deformação geral pode ser expresso na configuração deformada ou indeformada, com a seguinte forma geral:

$$[\varepsilon] = \frac{1}{2}\Big([\nabla\{u\}] + [\nabla\{u\}]^T\Big) + (\text{Termos não lineares}) \qquad (7.31)$$

7.3 Equações constitutivas

O uso dos princípios fundamentais da mecânica fornece um número maior de incógnitas do que de equações. Note que o equilíbrio e as equações cinemáticas fornecem um conjunto de 12 equações (seis equações de equilíbrio e mais seis equações cinemáticas) e há 18 incógnitas (nove componentes do tensor de tensão, seis componentes do tensor de deformações e mais três deslocamentos). Dessa forma, torna-se necessário propor equações adicionais para que o problema mecânico esteja bem posto. As equações constitutivas introduzem informações acerca das características dos materiais, fornecendo as equações necessárias para descrever o problema mecânico.

A formulação de equações constitutivas deve levar em consideração informações específicas sobre o material, estabelecendo uma relação entre os tensores de tensão e de deformação. Dessa forma, particulariza-se o problema para cada material específico. Somente neste momento introduz-se a distinção entre sólido e fluido, ou, de forma mais específica ainda, entre os diversos tipos de sólidos. Neste momento, estabelece-se a distinção entre materiais elásticos, elastoplásticos, viscoelásticos, e assim por diante.

A elaboração das equações constitutivas é baseada em evidências experimentais. O principal objetivo de sua formulação é apresentar uma relação entre as variáveis do problema mecânico, tensão e deformação, por exemplo, que descreva de forma realista o comportamento de um dado material. Com relação aos materiais sólidos, um experimento-padrão utilizado para caracterizar um material é o ensaio de tração, que consiste na aplicação de uma força trativa em um corpo de prova por uma máquina de ensaio.

O resultado desse ensaio é normalmente apresentado na forma de um diagrama tensão-deformação. De maneira geral, podem-se identificar duas regiões típicas. Na primeira, conhecida como região elástica, cessando a carga aplicada, cessa-se o efeito, e o corpo de prova retorna a sua forma original. Essa região é definida por meio de um ponto conhecido como limite de escoamento. A partir desse ponto, um comportamento inelástico, irreversível, passa a ocorrer.

O fenômeno elástico pode ser linear ou não. Esta seção é dedicada a apresentar as equações constitutivas para materiais elásticos lineares. Em um contexto unidimensional, basta escrever que a tensão se relaciona com a deformação segundo determinada constante E, chamada de módulo elástico ou módulo de Young.

$$\sigma_{xx} = E\varepsilon_{xx} \tag{7.32}$$

Pensando em um contexto tridimensional, outros fenômenos podem ser observados. O caso mais geral é aquele em que cada componente de tensão é uma combinação linear de todas as componentes de deformação. Com isso, pode-se reescrever a relação constitutiva na forma matricial, conforme a seguir:

$$\begin{Bmatrix} \sigma_{xx} \\ \sigma_{yy} \\ \sigma_{zz} \\ \sigma_{yz} \\ \sigma_{xz} \\ \sigma_{xy} \end{Bmatrix} = \begin{bmatrix} E_{11} & E_{12} & E_{13} & E_{14} & E_{15} & E_{16} \\ E_{21} & E_{22} & E_{23} & E_{24} & E_{25} & E_{26} \\ E_{31} & E_{32} & E_{33} & E_{34} & E_{35} & E_{36} \\ E_{41} & E_{42} & E_{43} & E_{44} & E_{45} & E_{46} \\ E_{51} & E_{52} & E_{53} & E_{54} & E_{55} & E_{56} \\ E_{61} & E_{62} & E_{63} & E_{64} & E_{65} & E_{66} \end{bmatrix} \begin{Bmatrix} \varepsilon_{xx} \\ \varepsilon_{yy} \\ \varepsilon_{zz} \\ \varepsilon_{yz} \\ \varepsilon_{xz} \\ \varepsilon_{xy} \end{Bmatrix} \tag{7.33}$$

Ou seja:

$$\{\sigma\} = [E]\{\varepsilon\} \tag{7.34}$$

Na forma inversa, as deformações podem ser escritas em função das tensões:

Capítulo 7

$$\{\varepsilon\} = [S]\{\sigma\} \tag{7.35}$$

em que $[S] = [E]^{-1}$, representa um tensor de flexibilidade.

Usualmente é possível dizer que a matriz dos coeficientes elásticos $[E]$ é simétrica. Assim, das 36 componentes, apenas 21 são independentes. A equação constitutiva proposta é dita anisotrópica, no sentido de que apresenta diferentes propriedades para diferentes direções. Deve-se observar que esse comportamento acarreta um acoplamento entre as componentes cisalhantes e normais das tensões e deformações. Dessa forma, uma barra anisotrópica, submetida a uma tração simples, apresenta deformações cisalhantes. Os materiais compósitos constituem um exemplo clássico de materiais que possuem comportamento anisotrópico.

As simetrias existentes em cada problema particular podem simplificar a equação constitutiva. Quando as propriedades do material independem da direção, diz-se que ele apresenta isotropia. Nesse caso, a equação constitutiva é chamada de lei de Hooke Generalizada para meios isotrópicos, e suas equações estão apresentadas a seguir:

$$\varepsilon_{xx} = \frac{1}{E}\left(\sigma_{xx} - \nu(\sigma_{yy} + \sigma_{zz})\right)$$

$$\varepsilon_{yy} = \frac{1}{E}\left(\sigma_{yy} - \nu(\sigma_{xx} + \sigma_{zz})\right)$$

$$\varepsilon_{zz} = \frac{1}{E}\left(\sigma_{zz} - \nu(\sigma_{xx} + \sigma_{yy})\right)$$

$$\gamma_{xy} = 2\varepsilon_{xy} = \frac{\sigma_{xy}}{G}$$

$$\gamma_{xz} = 2\varepsilon_{xz} = \frac{\sigma_{xz}}{G}$$

$$\gamma_{yz} = 2\varepsilon_{yz} = \frac{\sigma_{yz}}{G} \tag{7.36}$$

em que E, G e ν são as constantes de engenharia: E é o módulo elástico, G é o módulo de cisalhamento e ν é o coeficiente de Poisson.

Em notação simbólica, a relação constitutiva é escrita conforme se segue:

$$[\varepsilon] = \frac{(1+\nu)}{E}[\sigma] - \frac{\nu}{E}\operatorname{tr}([\sigma])[1] \tag{7.37}$$

Note que $\operatorname{tr}([\sigma]) \equiv \sigma_{xx} + \sigma_{yy} + \sigma_{zz}$.

Na forma inversa, podem-se escrever as tensões em função das deformações da seguinte forma:

$$\sigma_{xx} = (\lambda + 2\mu)\varepsilon_{xx} + \lambda(\varepsilon_{yy} + \varepsilon_{zz})$$

$$\sigma_{yy} = (\lambda + 2\mu)\varepsilon_{yy} + \lambda(\varepsilon_{xx} + \varepsilon_{zz})$$

$$\sigma_{zz} = (\lambda + 2\mu)\varepsilon_{zz} + \lambda(\varepsilon_{xx} + \varepsilon_{yy})$$

$$\sigma_{xy} = \mu\gamma_{xy} = 2\mu\varepsilon_{xy}$$

$$\sigma_{xz} = \mu\gamma_{xz} = 2\mu\varepsilon_{xz}$$

$$\sigma_{yz} = \mu\gamma_{yz} = 2\mu\varepsilon_{yz} \tag{7.38}$$

em que μ e λ são as constantes de Lamé, que se associam com as constantes de engenharia como se segue:

$$\lambda = \frac{\nu E}{(1+\nu)(1-2\nu)}$$

$$\mu = G = \frac{E}{2(1+\nu)} \tag{7.39}$$

Note que, das três constantes de engenharia, apenas duas são independentes. Dessa forma, é possível descrever um material elástico isotrópico com apenas duas constantes que devem ser determinadas experimentalmente.

Em termos simbólicos, a expressão da tensão em função das deformações é dada por:

$$[\sigma] = 2\mu[\varepsilon] + \lambda \mathrm{tr}([\varepsilon])[1] \tag{7.40}$$

em que $\mathrm{tr}([\varepsilon]) \equiv \varepsilon_{xx} + \varepsilon_{yy} + \varepsilon_{zz}$.

7.4 Teoria da elasticidade

A modelagem do problema mecânico envolve a formulação das equações de equilíbrio, cinemáticas e constitutivas. A teoria da elasticidade linear considera pequenas deformações e equações constitutivas elásticas lineares. Dessa forma, o problema elástico em meio isotrópico é definido pelo seguinte conjunto de equações, apresentado em notação simbólica.

Equilíbrio: $\mathrm{div}[\sigma] + \{b\} = \rho\{\ddot{u}\}$

$[\sigma] = [\sigma]^T$

Cinemáticas: $[\varepsilon] = \dfrac{1}{2}\left([\nabla\{u\}] + [\nabla\{u\}]^T\right)$

Constitutivas: $[\varepsilon] = \dfrac{(1+\nu)}{E}[\sigma] - \dfrac{\nu}{E}\mathrm{tr}([\sigma])[1]$

Ou, na forma inversa: $[\sigma] = 2\mu[\varepsilon] + \lambda \mathrm{tr}([\varepsilon])[1]$

Esse conjunto de equações, associado às condições de contorno e iniciais, fornecem uma descrição completa do problema elástico. O sistema de equações pode ser reescrito na forma de um problema de valor de contorno, em termos de deslocamentos ou tensões. A formulação em termos de deslocamentos é mais usual, obtida a partir das equações constitutivas escritas em função dos deslocamentos. Para isso, utilizam-se as equações cinemáticas, o que fornece:

$$[\sigma] = \mu\left([\nabla\{u\}] + [\nabla\{u\}]^T\right) + \lambda \mathrm{div}(\{u\})[1] \tag{7.41}$$

pois $\mathrm{tr}([\varepsilon]) = \mathrm{div}(\{u\})$.

Usando esse resultado nas equações de equilíbrio, chega-se a:

$$\mu \nabla \cdot \left([\nabla\{u\}] + [\nabla\{u\}]^T\right) + \lambda \nabla \cdot (\mathrm{div}(\{u\}))[1] + \{b\} = \rho\{\ddot{u}\} \tag{7.42}$$

Mas, sabendo-se que:

$\nabla \cdot ([\nabla\{u\}]^T) = \nabla(\text{div}(\{u\}))$
$\nabla \cdot ([\nabla\{u\}]) = \nabla^2\{u\}$
$\nabla \cdot (\text{div}(\nabla\{u\})[1] = \nabla(\text{div}(\{u\}))$

Escreve-se a equação do problema de valor de contorno conhecida como *equação de Navier*:

$$\mu\nabla^2\{u\} + (\lambda + \mu)\nabla(\text{div}\{u\}) + \{b\} = \rho\{\ddot{u}\} \tag{7.43}$$

A solução analítica desse sistema é difícil ou, por vezes, impossível. Dessa forma, motiva-se a elaboração de teorias aproximadas para descrever o problema elástico. Fundamentalmente, essas teorias formulam hipóteses cinemáticas que simplificam o problema. Tração de barras, torção de eixos, flexão de vigas são teorias aproximadas unidimensionais. Placas e cascas, por sua vez, são teorias bidimensionais. Os próximos capítulos tratam da vibração em sistemas contínuos considerando algumas dessas teorias aproximadas. A literatura costuma usar o termo teoria da elasticidade para tratar o problema elástico em uma perspectiva estática. A teoria da elasticidade dinâmica é usualmente abordada no que se chama propagação de ondas elásticas em sólidos ou no contexto das vibrações mecânicas. Antes disso, contudo, este capítulo apresenta uma alternativa à notação simbólica: notação indicial. Depois disso, as equações da elasticidade são reapresentadas utilizando essa notação.

7.5 Notação indicial

A notação indicial é uma ferramenta útil para representar, de forma compacta, grandezas tensoriais e suas equações. A notação indicial é, portanto, uma alternativa à notação simbólica utilizada nas seções anteriores. Esta seção tem como objetivo fazer uma breve introdução a essa notação. Para isso, considere que determinado vetor é representado por meio de suas componentes:

$$\{t\} \equiv t_i \tag{7.44}$$

Note que, dessa forma, o índice *i* assume os valores 1, 2 e 3 para representar as coordenadas do vetor $\{t\}$: t_1, t_2, t_3 que, convenientemente, substituem t_x, t_y, t_z. Da mesma forma, um tensor de segunda ordem pode ser expresso da seguinte forma.

$$[\sigma] \equiv \sigma_{ij} = \begin{bmatrix} \sigma_{11} & \sigma_{12} & \sigma_{13} \\ \sigma_{21} & \sigma_{22} & \sigma_{23} \\ \sigma_{31} & \sigma_{32} & \sigma_{33} \end{bmatrix} = \begin{bmatrix} \sigma_{xx} & \sigma_{xy} & \sigma_{xz} \\ \sigma_{yx} & \sigma_{yy} & \sigma_{yz} \\ \sigma_{zx} & \sigma_{zy} & \sigma_{zz} \end{bmatrix} \tag{7.45}$$

A notação indicial usualmente está associada à convenção soma na qual índices repetidos, chamados mudos, indicam somatório (Eringen, 1967; Sokolnikoff, 1956). Nessa notação, é inconsistente utilizar mais de dois índices mudos por termo. Dessa forma, tem-se que:

$$t_i t_i = t_1 t_1 + t_2 t_2 + t_3 t_3 \tag{7.46}$$

Note que, com isso, é possível dizer que: $t_i t_i = t_j t_j$. Outra convenção útil é utilizar a vírgula para representar a derivada: $d(\ )/dx_i = (\ )_{,i}$. Baseado nisso, as equações da elasticidade são reapresentadas a seguir.

7.5.1 Equações de equilíbrio

Considerando que o tensor de tensão é representado por:

$$[\sigma] \equiv \sigma_{ij} \tag{7.47}$$

134

As equações de equilíbrio podem ser reescritas da seguinte forma:

$$\frac{\partial \sigma_{ij}}{\partial x_i} + b_j = \rho \ddot{u}_j \quad \text{ou} \quad \sigma_{ij,i} + b_j = \rho \ddot{u}_j \tag{7.48}$$

$$\sigma_{ij} = \sigma_{ji} \tag{7.49}$$

Observe que:

$$\frac{\partial \sigma_{ij}}{\partial x_i} \equiv \text{div}([\sigma]) \tag{7.50}$$

7.5.2 Equações cinemáticas

A partir do tensor de deformação:

$$[\varepsilon] \equiv \varepsilon_{ij} \tag{7.51}$$

As componentes de deformação podem ser escritas, em termos de notação indicial, da seguinte forma:

$$\varepsilon_{ij} = \frac{1}{2}\left(\frac{\partial u_i}{\partial x_j} + \frac{\partial u_j}{\partial x_i}\right) \tag{7.52}$$

Neste momento, é importante verificar a relação existente entre a notação indicial e a simbólica:

$$[\nabla\{u\}] \equiv \frac{\partial u_i}{\partial x_j} \tag{7.53}$$

$$[\nabla\{u\}]^T \equiv \frac{\partial u_j}{\partial x_i} \tag{7.54}$$

Considerando termos não lineares, tem-se a seguinte forma geral:

$$\varepsilon_{ij} = \frac{1}{2}\left(\frac{\partial u_i}{\partial x_j} + \frac{\partial u_j}{\partial x_i}\right) + (\text{Termos não lineares}) \tag{7.55}$$

7.5.3 Equações constitutivas

A relação elástica linear pode ser reescrita utilizando notação indicial conforme se segue:

$$\sigma_{ij} = E_{ijkl}\varepsilon_{kl} \tag{7.56}$$

em que E_{ijkl} é o tensor elástico, de quarta-ordem, que possui 81 componentes. Tendo em vista a simetria dos tensores de tensão e deformação, existem apenas 36 componentes independentes. A Tabela 7.1 apresenta uma alternativa para a conversão dos índices.

Tabela 7.1 Conversão de índices

ij	ij	I
xx	11	1
yy	22	2
zz	33	3
yz	23	4
xz	13	5
xy	12	6

Com isso, pode-se reescrever a relação constitutiva na forma matricial, conforme a seguir:

$$\sigma_I = E_{IJ}\varepsilon_J \tag{7.57}$$

Na forma inversa, podem-se escrever as deformações em função das tensões,

$$\varepsilon_I = S_{IJ}\sigma_J \tag{7.58}$$

em que $S_{IJ} = E_{IJ}^{-1}$, representa um tensor de flexibilidade.

As simetrias existentes em cada problema particular podem simplificar a equação constitutiva. Quando as propriedades do material independem da direção, diz-se que ele apresenta isotropia. Nesse caso, a equação constitutiva é chamada de lei de Hooke Generalizada para meios isotrópicos, e suas equações estão apresentadas a seguir:

$$\varepsilon_{ij} = \frac{(1+\nu)}{E}\sigma_{ij} - \frac{\nu}{E}\delta_{ij}\sigma_{kk} \tag{7.59}$$

δ_{ij} é o delta de Kronecker, definido de forma análoga à matriz identidade. Além disso, observe que $\sigma_{kk} = \sigma_{11} + \sigma_{22} + \sigma_{33} = \sigma_{xx} + \sigma_{yy} + \sigma_{zz}$.

Na forma inversa, podem-se escrever as tensões em função das deformações da seguinte forma:

$$\sigma_{ij} = 2\mu\varepsilon_{ij} + \lambda\delta_{ij}\varepsilon_{kk} \tag{7.60}$$

7.5.4 Teoria da elasticidade

O problema elástico em meio isotrópico é definido pelo seguinte conjunto de equações, apresentado em notação indicial.

Equilíbrio: $\dfrac{\partial \sigma_{ij}}{\partial x_i} + b_j = \rho \ddot{u}_j$

$\sigma_{ij} = \sigma_{ji}$

Cinemáticas: $\varepsilon_{ij} = \dfrac{1}{2}\left(\dfrac{\partial u_i}{\partial x_j} + \dfrac{\partial u_j}{\partial x_i}\right)$

Constitutivas: $\varepsilon_{ij} = \dfrac{(1+\nu)}{E}\sigma_{ij} - \dfrac{\nu}{E}\delta_{ij}\sigma_{kk}$

Ou, na forma inversa: $\sigma_{ij} = 2\mu\varepsilon_{ij} + \lambda\delta_{ij}\varepsilon_{kk}$

A formulação do problema de valor de contorno em termos de deslocamentos é obtida a partir das equações constitutivas escritas em função dos deslocamentos. Para isso, utilizam-se as equações cinemáticas, o que fornece:

$$\sigma_{ij} = \mu\left(\dfrac{\partial u_i}{\partial x_j} + \dfrac{\partial u_j}{\partial x_i}\right) + \lambda\delta_{ij}\dfrac{\partial u_k}{\partial x_k} \tag{7.61}$$

Usando esse resultado nas equações de equilíbrio, chega-se à *equação de Navier*:

$$\mu\dfrac{\partial u_i}{\partial x_j \partial x_j} + (\lambda + \mu)\dfrac{\partial u_j}{\partial x_j \partial x_i} + b_i = \rho\ddot{u}_i \tag{7.62}$$

7.6 Exercícios

P7.1 Mostre que o vetor tensão em uma face qualquer, definida pelo vetor normal $\{n\}$, pode ser avaliado a partir da seguinte expressão:

$$\begin{Bmatrix} t_x \\ t_y \\ t_z \end{Bmatrix} = \begin{bmatrix} \sigma_{xx} & \sigma_{xy} & \sigma_{xz} \\ \sigma_{yx} & \sigma_{yy} & \sigma_{yz} \\ \sigma_{zx} & \sigma_{zy} & \sigma_{zz} \end{bmatrix} \begin{Bmatrix} n_x \\ n_y \\ n_z \end{Bmatrix}$$

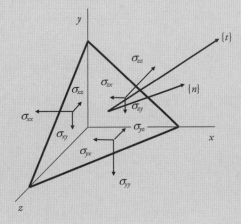

Figura P7.1

Capítulo 7

P7.2 O estado de tensão em um ponto P de um contínuo é determinado pelo tensor das tensões $[\sigma]$.

$$[\sigma] = \begin{bmatrix} 7 & 0 & -2 \\ 0 & 5 & 0 \\ -2 & 0 & 4 \end{bmatrix}$$

Determine o vetor tensão na face $\{n\} = 2/3\,\{e_1\} - 2/3\,\{e_2\} + 1/3\,\{e_3\}$. Decomponha esse vetor em suas componentes normal e cisalhante.

P7.3 Considere um estado plano de tensões, ou seja, $\sigma_{33} = \sigma_{13} = \sigma_{23} = 0$. Mostre que as equações de transformação para uma face qualquer definida pelo ângulo θ são as seguintes:

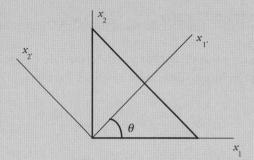

Figura P7.3

$$\sigma_{1'1'} = \frac{\sigma_{11}+\sigma_{22}}{2} + \frac{\sigma_{11}-\sigma_{22}}{2}\cos(2\theta) + \sigma_{12}\,\text{sen}(2\theta)$$

$$\sigma_{2'2'} = \frac{\sigma_{11}+\sigma_{22}}{2} - \frac{\sigma_{11}-\sigma_{22}}{2}\cos(2\theta) - \sigma_{12}\,\text{sen}(2\theta)$$

$$\sigma_{1'2'} = -\frac{\sigma_{11}-\sigma_{22}}{2}\,\text{sen}(2\theta) - \sigma_{12}\cos(2\theta)$$

Mostre que essas equações de transformação podem ser representadas por um círculo (*Círculo de Mohr*).

P7.4 Mostre que se um estado de tensão for descrito em coordenadas cilíndricas, as equações de equilíbrio são dadas por:

$$\frac{\partial \sigma_{rr}}{\partial r} + \frac{1}{r}\frac{\partial \sigma_{r\theta}}{\partial \theta} + \frac{\partial \sigma_{zr}}{\partial z} + \frac{\sigma_{rr} - \sigma_{\theta\theta}}{r} = 0$$

$$\frac{\partial \sigma_{r\theta}}{\partial r} + \frac{1}{r}\frac{\partial \sigma_{\theta\theta}}{\partial \theta} + \frac{\partial \sigma_{\theta z}}{\partial z} + \frac{2\sigma_{r\theta}}{r} = 0$$

$$\frac{\partial \sigma_{zr}}{\partial r} + \frac{\partial \sigma_{zz}}{\partial z} + \frac{1}{r}\frac{\partial \sigma_{\theta z}}{\partial \theta} + \frac{\sigma_{rz}}{r} = 0$$

P7.5 Sabe-se que um tensor de segunda ordem pode ser transformado com a seguinte equação:

$$[\bar{\sigma}] = [T]^T[\sigma][T]$$

em que [T] é um tensor de transformação que define os ângulos entre os eixos de dois sistemas coordenados. Mostre que se tomarmos [T] como a matriz formada pelos autovetores de [σ], obteremos [$\bar{\sigma}$] na forma diagonal (tensões principais).

P7.6 O tensor das tensões pode ser dividido em uma parte responsável pela expansão volumétrica e outra pela mudança de forma (desviatória) — [σ] = [σ^V] + [s^D].

Sendo $[\sigma] = \begin{bmatrix} 12 & 4 & 0 \\ 4 & 9 & -2 \\ 0 & -2 & 3 \end{bmatrix}$, fazer $\sigma_{ij}^V = \begin{cases} \text{tr}([\sigma])/3, & \text{se } i = j \\ 0, & \text{se } i \neq j \end{cases}$

Mostre que $\text{tr}([\sigma^D]) = 0$.

P7.7 Determine o tensor de deformações infinitesimais associado ao seguinte campo de deslocamentos:
$$\begin{cases} x_1 = (2aX_1 + b)^{1/2} \\ x_2 = cX_2 + aX_1 \\ x_3 = dX_3 \end{cases}$$

P7.8 A equação constitutiva elástica linear e isotrópica possui três coeficientes conhecidos como constantes de engenharia (E, G e ν). Mostre que apenas dois desses coeficientes são independentes. Utilize dois estados de tensão equivalentes: cisalhamento puro e tensões principais associadas a uma tração e compressão. Depois compare as relações constitutivas nas duas situações.

Vibrações de Sistemas Contínuos: Equação da Onda

A vibração de sistemas contínuos trata a dinâmica de sistemas com infinitos graus de liberdade descritos a partir de equações diferenciais parciais. Este capítulo foca sua atenção na equação da onda que descreve uma série de fenômenos físicos. A equação da onda pode ser vista como uma teoria aproximada obtida a partir das equações da elasticidade. Inicialmente, apresenta-se a formulação matemática discutindo a vibração longitudinal de barras, a vibração transversal de cordas e a vibração torcional de eixos. A seguir, são tratadas as soluções da equação da onda que representam as duas abordagens existentes para investigar a dinâmica da vibração: abordagem modal e abordagem propagatória.

8.1 Equação da onda

A equação da onda descreve a vibração de uma série de fenômenos físicos, notadamente a vibração longitudinal de barras, a vibração transversal de cordas, e a vibração torcional de eixos. A seguir, apresenta-se a formulação desses problemas.

8.1.1 Barra

Considere a vibração longitudinal de uma barra mostrada na Figura 8.1. Esse sistema pode ser compreendido como uma versão contínua de um sistema com múltiplos graus de liberdade. Em essência, entende-se que o elemento de massa agora é representado por uma massa infinitesimal. Portanto, deve-se estabelecer o equilíbrio de um elemento de massa, considerando um diagrama de corpo livre, equivalente ao feito para um sistema discreto.

Estabelecendo o equilíbrio da massa infinitesimal na direção x, chega-se à seguinte equação, entendendo que as variáveis com ( )$^+$ estão descritas em $(x + \Delta x, t)$, enquanto as demais estão em (x, t):

$$f \Delta x + N^+ - N = \rho A \Delta x \ddot{u} \qquad (8.1)$$

Dividindo por Δx e tomando o limite de $\Delta x \to 0$, tem-se que:

$$f + \lim_{\Delta x \to 0} \left[\frac{N^+ - N}{\Delta x} \right] = \rho A \ddot{u} \qquad (8.2)$$

Capítulo 8

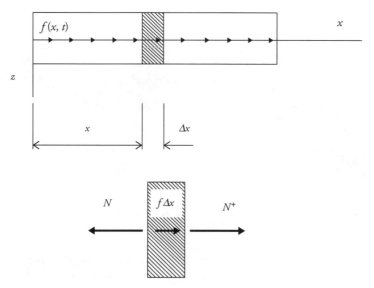

Figura 8.1 Vibração longitudinal de uma barra.

O termo do limite é a própria definição de derivada e, portanto, chega-se à seguinte equação de movimento:

$$\frac{\partial N}{\partial x} + f = \rho A \ddot{u} \tag{8.3}$$

Neste ponto, é importante utilizar as equações da elasticidade para expressar a força normal N em termos do deslocamento. Para isso, utilizam-se as equações de equilíbrio, cinemáticas e do comportamento do material. A simplificação essencial na dinâmica da barra é feita restringindo o comportamento do sólido a uma única dimensão. Nesse contexto, o equilíbrio de uma barra pode ser visualizado na Figura 8.2, que assume uma distribuição homogênea de tensões normais na seção transversal. Dessa forma, tem-se que:

$$N = \int_A \sigma_{xx} \, dA = \sigma A. \tag{8.4}$$

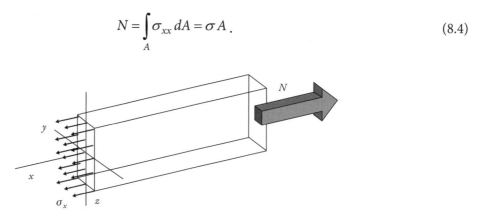

Figura 8.2 Equilíbrio de uma barra submetida à tração.

A equação cinemática é representada por uma equação do tipo: $\varepsilon_{xx} = \partial u / \partial x = u'$. Além disso, assume-se uma equação constitutiva elástica linear, $\sigma_{xx} = E\varepsilon_{xx}$. Dessa forma, usando as três expressões, escreve-se a seguinte equação que estabelece a relação força-deslocamento.

$$N = EA \frac{\partial u}{\partial x} = EAu' \tag{8.5}$$

Usando essa expressão na equação de movimento, chega-se à seguinte equação:

$$\frac{\partial}{\partial x}\left(EA\frac{\partial u}{\partial x}\right)+f=\rho A\ddot{u} \tag{8.6}$$

Admitindo que EA é constante ao longo da barra, e assumindo a notação $(\ )'=\partial(\ )/\partial x$, obtém-se a seguinte equação:

$$u''-\frac{1}{v^2}\ddot{u}=-\frac{f}{EA} \tag{8.7}$$

Em que $v^2=\dfrac{E}{\rho}$. Fazendo $f=0$, chega-se à equação da onda:

$$u''-\frac{1}{v^2}\ddot{u}=0 \tag{8.8}$$

A seguir, apresenta-se o caso da vibração transversal de uma corda que também é descrita pela mesma equação matemática.

8.1.2 Corda

Considere uma corda tensionada, vibrando transversalmente, conforme mostrado na Figura 8.3. Nesse caso, considera-se que u representa o deslocamento transversal da corda.

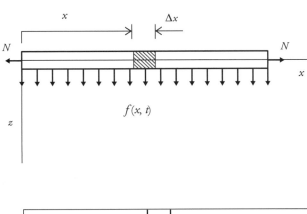

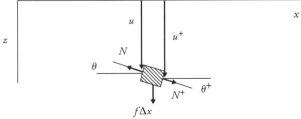

Figura 8.3 Vibração transversal de uma corda.

Mais uma vez, as variáveis de $(\ )^+$ estão associadas ao ponto $(x+\Delta x,t)$, enquanto as variáveis $(\ )$ estão associadas a (x,t). Estabelecendo o equilíbrio na direção z, tem-se:

$$f\Delta x+[N\operatorname{sen}(\theta)]^+ - N\operatorname{sen}(\theta)=\rho\Delta x\ddot{u} \tag{8.9}$$

Capítulo 8

Portanto,

$$f + \left[\frac{[N\,\text{sen}(\theta)]^+ - [N\,\text{sen}(\theta)]}{\Delta x}\right] = \rho \ddot{u} \tag{8.10}$$

Tomando o limite de $\Delta x \to 0$:

$$[N\,\text{sen}(\theta)]' + f = \rho \ddot{u} \tag{8.11}$$

Admitindo pequenas deformações, $\theta \ll 1$, tem-se que $\text{sen}\,\theta \approx \text{tg}\,\theta \approx \frac{\partial u}{\partial x} = u'$. Então:

$$(N u')' + f = \rho \ddot{u} \tag{8.12}$$

Assumindo que N é constante ao longo da corda, chega-se à seguinte equação de movimento:

$$u'' - \frac{1}{v^2}\ddot{u} = -\frac{f}{N} \tag{8.13}$$

Em que $v^2 = \frac{N}{\rho}$.

Fazendo $f = 0$, tem-se a equação da onda:

$$u'' - \frac{1}{v^2}\ddot{u} = 0 \tag{8.14}$$

8.1.3 Eixo

Considere agora a vibração torcional de um eixo mostrado na Figura 8.4, em que f representa um torque distribuído por unidade de comprimento.

Estabelecendo o equilíbrio de momento na direção x, tem-se que:

$$f\Delta x + M^+ - M = \rho J \Delta x \ddot{\theta} \tag{8.15}$$

Em que $J = \int_A r^2 dA$ é o momento polar de inércia. Dividindo por Δx e tomando o limite $\Delta x \to 0$, chega-se a:

$$f + \lim_{\Delta x \to 0}\left[\frac{M^+ - M}{\Delta x}\right] = \rho J \ddot{\theta} \tag{8.16}$$

O que resulta em:

$$M' + f = \rho J \ddot{\theta} \tag{8.17}$$

144

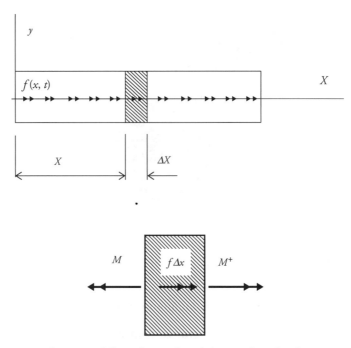

Figura 8.4 Vibração torcional de um eixo circular.

Neste ponto, devem-se utilizar as equações da elasticidade para expressar o momento M em termos do deslocamento θ. A simplificação essencial aplicada à torção de eixos está associada à hipótese cinemática que descreve o comportamento tridimensional do sólido a partir do conhecimento de uma única grandeza, unidimensional. Isso é feito por meio da hipótese que assume que seções planas permanecem planas após as deformações. Dessa forma, tem-se uma distribuição linear de deformação cisalhante, o que implica que não existe empenamento da seção transversal.

Com isso, utilizando coordenadas polares, a deformação cisalhante é dada por:

$$\varepsilon = r\theta' \tag{8.18}$$

O equilíbrio é estabelecido de forma que a distribuição de tensões cisalhantes na seção transversal se equilibram com o momento externo, conforme expresso a seguir e mostrado na Figura 8.5.

$$M = \int_A \sigma\, r\, dA \tag{8.19}$$

Note que, aqui, a tensão σ representa uma tensão cisalhante, enquanto ε representa uma deformação cisalhante.

Assumindo ainda um material elástico linear, tem-se uma relação constitutiva do tipo $\sigma = G\varepsilon$. Utilizando as três expressões, chega-se a

$$M = \int_A \sigma\, r\, dA = \int_A G\varepsilon\, r\, dA = \int_A G\theta'\, r^2\, dA \tag{8.20}$$

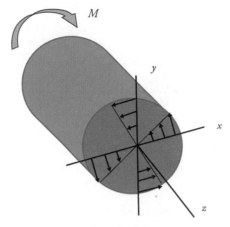

Figura 8.5 Equilíbrio de um eixo submetido a torção — distribuição linear das tensões cisalhantes é decorrente da hipótese das seções planas que não admite o empenamento das seções transversais.

Sabendo que G e θ' não variam em uma dada seção transversal, e lembrando que o momento polar de inércia é definido por $J = \int_A r^2 dA$, estabelece-se uma relação entre o momento torsor e o deslocamento:

$$M = GJ\theta' \tag{8.21}$$

Dessa forma, voltando à equação de movimento, tem-se:

$$\left(GJ\theta'\right)' + f = \rho J \ddot{\theta} \tag{8.22}$$

Admitindo que GJ é constante ao longo do eixo, chega-se à equação:

$$\theta'' - \frac{1}{v^2}\ddot{\theta} = -\frac{f}{GJ} \tag{8.23}$$

Em que $v^2 = \dfrac{G}{\rho}$.

Considerando $f = 0$, e ainda fazendo $u = \theta$, chega-se à equação da onda, formalmente igual às mostradas anteriormente para barras e cordas.

8.1.4 Condições iniciais e de contorno

A equação da onda é uma equação diferencial parcial de segunda ordem no espaço e no tempo. Sua solução implica o conhecimento de condições iniciais e de contorno. Portanto, são necessárias duas condições iniciais, associadas às derivadas no tempo, e duas condições de contorno, associadas às derivadas espaciais. As condições iniciais são dadas por:

$$\begin{cases} u(x,0) = u_0 \\ \dot{u}(x,0) = v_0 \end{cases} \tag{8.24}$$

As condições de contorno envolvem restrições nas extremidades. Diversas situações podem ser pensadas, e expressas em termos dos deslocamentos nas extremidades. Considerando extremidades fixas, elas são expressas da seguinte forma:

$$\begin{cases} u(0,t) = 0 \\ u(L,t) = 0 \end{cases} \qquad (8.25)$$

A seguir, passa-se a discutir as soluções da equação da onda. Inicialmente trata-se a abordagem modal, de maneira análoga à realizada para os sistemas discretos. Depois, passa-se a tratar a abordagem propagatória.

8.2 Abordagem modal

A análise da dinâmica de sistemas contínuos possui duas abordagens: modal e propagatória. A partir de agora a abordagem passa a ser aplicada na equação da onda. O procedimento é análogo ao aplicado aos sistemas discretos tratados no capítulo anterior. Dessa forma, assumem-se movimentos sincronizados a partir de uma separação de variáveis mostrada a seguir:

$$u = u(x,t) = U(x)g(t) = Ug \qquad (8.26)$$

Voltando à equação da onda, tem-se:

$$U''g - \frac{1}{v^2}U\ddot{g} = 0 \qquad (8.27)$$

Rearrumando, chega-se a:

$$v^2 \frac{U''}{U} = \frac{\ddot{g}}{g} \qquad (8.28)$$

O lado esquerdo da equação depende da coordenada espacial x, enquanto o lado direito depende do tempo t. Dessa forma, os termos devem ser constantes. Igualando os termos a uma constante, $-\omega^2$, obtêm-se duas equações, uma no tempo e outra no espaço:

$$\begin{cases} \ddot{g} + \omega^2 g = 0 \\ U'' + \beta^2 U = 0 \end{cases} \qquad (8.29)$$

Em que $\beta^2 = \dfrac{\omega^2}{v^2}$. O problema temporal define uma função harmônica do tipo $g = C_1 \cos(\omega t) + C_2 \mathrm{sen}(\omega t)$, obtida conforme no caso de vibrações livres e também no estudo das vibrações de sistemas discretos. A equação espacial define um problema de autovalores, tratado a seguir.

8.2.1 Problema de autovalores

O problema espacial define um problema de autovalores de onde se avaliam as frequências naturais, ω, e os modos naturais, U. Considere, portanto, a equação espacial que descreve o movimento: $U'' + \beta^2 U = 0$. A definição do problema de autovalores associado à dinâmica da equação da onda necessita das condições de contorno. Inicialmente, vamos avaliar a solução da equação espacial, que possui a seguinte forma:

$$U = A_1 \mathrm{sen}(\beta x) + A_2 \cos(\beta x) \qquad (8.30)$$

Assumem-se condições de contorno em que as extremidades estão fixas, expressas pelas expressões que se seguem:

$$\begin{cases} U(0) = 0 \\ U(L) = 0 \end{cases} \quad (8.31)$$

Dessa forma, usando a solução da equação, as condições de contorno são expressas por:

$$\begin{cases} U(0) = A_2 = 0 \\ U(L) = A_1 \text{sen}(\beta L) = 0 \end{cases} \quad (8.32)$$

Ou, ainda, na forma matricial:

$$\begin{bmatrix} 0 & 1 \\ \text{sen}(\beta L) & 0 \end{bmatrix} \begin{Bmatrix} A_1 \\ A_2 \end{Bmatrix} = \begin{Bmatrix} 0 \\ 0 \end{Bmatrix} \quad (8.33)$$

Para que exista solução não trivial, deve-se fazer $A_1 \neq 0$. Isso define uma equação característica da seguinte forma:

$$\text{sen}(\beta L) = 0 \quad (8.34)$$

O que fornece os seguintes valores característicos:

$$\beta_r = \frac{r\pi}{L} \quad (r = 1, 2, \ldots) \quad (8.35)$$

A partir desse resultado, definem-se os autovalores que representam as frequências naturais:

$$\omega_r = \frac{r\pi \upsilon}{L} \quad (r = 1, 2, \ldots) \quad (8.36)$$

A cada autovalor existe uma autofunção associada que representa o modo natural. Os modos naturais constituem uma base no espaço de funções e, portanto, a solução da equação da onda é expandida nessa base. A Figura 8.6 mostra alguns modos naturais associados à solução da equação da onda.

$$U(x) = A_1 \text{sen}\left(\frac{r\pi}{L}x\right) \quad (8.37)$$

Vibrações de Sistemas Contínuos: Equação da Onda

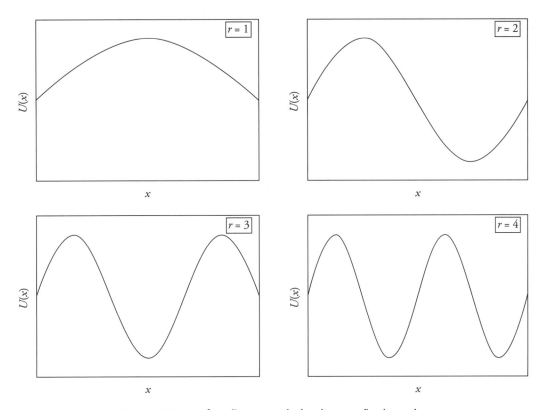

Figura 8.6 Autofunções associadas à equação da onda.

A solução do problema de autovalores fornece um conjunto de frequências ω_r, e seus respectivos modos naturais, associados às autofunções, U_r. Tendo em vista que U_r é solução, qualquer múltiplo também é, e, dessa forma, é conveniente normalizar as autofunções de maneira análoga ao que foi feito para sistemas discretos. Assim, considere a seguinte normalização definida a partir da inércia do sistema:

$$\int_0^L \rho(U_r)U_r dx = 1 \qquad (8.38)$$

Com isso, tem-se que:

$$\int_0^L \rho v^2 \left(\frac{dU_r}{dx}\right)\frac{dU_r}{dx}dx = \omega_r^2 \qquad (8.39)$$

8.2.2 Resposta do sistema livre

As autofunções constituem uma base e a solução é obtida a partir de uma combinação linear dos elementos dessa base. O procedimento é análogo aos sistemas discretos nos quais a base é formada pelos autovetores do sistema. Com isso, escreve-se a solução da equação da onda conforme se segue:

$$u = u(x,t) = \sum_{r=1}^{\infty} U_r g_r \qquad (8.40)$$

Ou ainda:

$$u = u(x,t) = \sum_{r=1}^{\infty} A_r \operatorname{sen}\left(\frac{r\pi}{L}x\right)\operatorname{sen}\left(\frac{r\pi\upsilon}{L}t\right) + C_r \operatorname{sen}\left(\frac{r\pi}{L}x\right)\cos\left(\frac{r\pi\upsilon}{L}t\right) \qquad (8.41)$$

em que as constantes A_r e C_r são determinadas a partir das condições iniciais e de contorno. Considere, portanto, uma condição inicial do tipo:

$$u(x,0) = u_0(x) = \sum_{r=1}^{\infty} C_r \operatorname{sen}\left(\frac{r\pi x}{L}\right) \qquad (8.42)$$

Multiplicando-se os dois lados da igualdade por sen($p\pi x/L$) e integrando-se em todo o domínio, obtém-se:

$$\int_0^L u_0(x)\operatorname{sen}\left(\frac{p\pi x}{L}\right)dx = \sum_{r=1}^{\infty} C_r \int_0^L \operatorname{sen}\left(\frac{r\pi x}{L}\right)\operatorname{sen}\left(\frac{p\pi x}{L}\right)dx = C_r\left(\frac{L}{2}\right) \qquad (8.43)$$

Mas, sabendo-se que:

$$\int_0^L \operatorname{sen}\left(\frac{r\pi x}{L}\right)\operatorname{sen}\left(\frac{p\pi x}{L}\right)dx = \begin{cases} L/2, & \text{se } p=r \\ 0, & \text{se } p \neq r \end{cases} \qquad (8.44)$$

Observa-se que o único termo do somatório da Eq. (8.43) diferente de zero ocorre quando $p = r$. Com isso:

$$C_r = \frac{2}{L}\int_0^L u_0(x)\operatorname{sen}\left(\frac{r\pi x}{L}\right)dx \qquad (r = 1,2,3,\ldots) \qquad (8.45)$$

Procedimento análogo é feito para obter as constantes A_r. Para isso, considera-se a velocidade inicial:

$$\dot{u}(x,0) = \dot{u}_0(x) = \sum_{r=1}^{\infty} A_r \beta_r \cos\left(\frac{r\pi}{L}x\right) \qquad (8.46)$$

Novamente multiplicando por sen($p\pi x/L$) e integrando-se em todo o domínio obtém-se que:

$$A_r = \frac{2}{r\pi\upsilon}\int_0^L \dot{u}_0(x)\operatorname{sen}\left(\frac{r\pi x}{L}\right)dx \qquad (r = 1,2,3,\ldots) \qquad (8.47)$$

As Eqs. (8.41), (8.45) e (8.47) combinadas fornecem a solução completa no tempo para a equação da onda.

8.2.3 Ortogonalidade das autofunções

As autofunções constituem uma base para a expansão da resposta de um sistema contínuo. Existe uma analogia direta entre as autofunções dos sistemas contínuos e os autovetores dos sistemas discretos. Neste momento, é importante verificar que os modos naturais de vibração, associados às autofunções, constituem uma base linearmente independente. Para isso, vamos verificar que essa base é ortogonal e, portanto, linearmente independente. Para tratar o caso geral, define-se a equação de movimento da seguinte forma:

$$\mathbf{m}(\ddot{u}) + \mathbf{k}(u) = 0 \tag{8.48}$$

em que **m** e **k** representam operadores diferenciais. Essa notação representa diversas equações de movimento, nas quais se inclui a equação da onda. A Tabela 8.1 mostra a relação entre as equações de movimento e os operadores. Note que em cada um dos problemas em questão a variável u possui um significado físico diferente. A seguir, apresenta-se o desenvolvimento para obter o problema de autovalores no formalismo geral, e depois é mostrada a ortogonalidade das autofunções.

Tabela 8.1 Relação entre as equações do movimento e os operadores

Elemento	Equação	Operador m	Operador k
Barra	$u'' - (\rho/E)\ddot{u} = 0$	$\mathbf{m} = -\rho/E$	$\mathbf{k} = \dfrac{\partial^2}{\partial x^2}$
Corda	$u'' - (\rho/N)\ddot{u} = 0$	$\mathbf{m} = -\rho/N$	$\mathbf{k} = \dfrac{\partial^2}{\partial x^2}$
Eixo	$u'' - (\rho/G)\ddot{u} = 0$	$\mathbf{m} = -\rho/G$	$\mathbf{k} = \dfrac{\partial^2}{\partial x^2}$

A abordagem modal pressupõe uma separação de variáveis do tipo:

$$u = u(x,t) = U(x)g(t) \tag{8.49}$$

Voltando à equação de movimento:

$$\mathbf{m}(U)\ddot{g} + \mathbf{k}(U)g = 0 \tag{8.50}$$

Essa equação pode ser reescrita da seguinte forma:

$$\frac{\mathbf{k}(U)}{\mathbf{m}(U)} = -\frac{\ddot{g}}{g} = \lambda \tag{8.51}$$

O primeiro termo é função das coordenadas espaciais, enquanto o segundo é função do tempo e, portanto, ambos devem ser constantes. Dessa forma, recai-se em dois sistemas do tipo:

$$\begin{cases} \ddot{g} + \lambda g = 0 \\ \mathbf{k}(U) - \lambda \mathbf{m}(U) = 0 \end{cases} \tag{8.52}$$

As condições de contorno são representadas por:

Capítulo 8

$$\mathbf{b}(U) = \lambda\, \mathbf{c}(U) \tag{8.53}$$

em que **b** e **c** são operadores diferenciais lineares envolvendo as coordenadas espaciais. Desde que não existam termos de inércia nas condições de contorno, sua forma geral pode ser simplificada para:

$$\mathbf{b}(U) = 0 \tag{8.54}$$

Neste momento, assume-se uma normalização do tipo:

$$\int_V \mathbf{m}(U_r)U_r dV = 1 \tag{8.55}$$

$$\int_V \mathbf{k}(U_r)U_r dV = \lambda_r \tag{8.56}$$

em que V representa o domínio. Considere agora dois modos r e s, representados por suas frequências e modos naturais:

$$\begin{cases} \mathbf{k}(U_r) = \lambda_r \mathbf{m}(U_r) \\ \mathbf{k}(U_s) = \lambda_s \mathbf{m}(U_s) \end{cases} \tag{8.57}$$

Multiplicando o primeiro por U_s e o segundo por U_r, subtraindo e integrando no domínio:

$$\int_V \left[\mathbf{k}(U_r)U_s - \mathbf{k}(U_s)U_r\right]dV = \int_V \left[\lambda_r \mathbf{m}(U_r)U_s - \lambda_s \mathbf{m}(U_s)U_r\right]dV \tag{8.58}$$

A simetria dos operadores é representada pelo problema *autoadjunto*, estabelecida com a seguinte propriedade:

$$\int_V \mathbf{k}(U_r)U_s dV = \int_V U_r \mathbf{k}(U_s) dV \tag{8.59}$$

$$\int_V \mathbf{m}(U_r)U_s dV = \int_V U_r \mathbf{m}(U_s) dV \tag{8.60}$$

Isso é análogo à simetria das matrizes dos sistemas discretos. Dessa forma, utilizando-se essa propriedade no sistema (8.58), chega-se a:

$$(\lambda_r - \lambda_s)\int_V \mathbf{m}(U_s)U_r dV = 0 \tag{8.61}$$

Portanto, desde que $\lambda_r \neq \lambda_s$, tem-se que:

$$\int_V \mathbf{m}(U_s)U_r dV = 0 \qquad \text{se } r \neq s \tag{8.62}$$

E como consequência:

$$\int_V \mathbf{k}(U_s)U_r dV = 0 \quad \text{se} \quad r \neq s \tag{8.63}$$

Isso mostra que as autofunções são ortogonais em relação aos operadores **k** e **m**. Dessa forma, desde que as autofunções sejam normalizadas conforme proposto anteriormente, tem-se que:

$$\int_V \mathbf{m}(U_s)U_r dV = \delta_{sr} \tag{8.64}$$

$$\int_V \mathbf{k}(U_s)U_r dV = \lambda_s \delta_{sr} \tag{8.65}$$

8.2.4 Coordenadas normais

A abordagem modal representa uma alternativa para obter a resposta de sistemas contínuos considerando as coordenadas normais. Solução análoga foi apresentada para a solução de sistemas discretos. Agora, apresenta-se o uso das coordenadas normais para sistemas governados pela equação da onda com um termo forçante:

$$u'' - \frac{1}{v^2}\ddot{u} = f \tag{8.66}$$

Sendo $f = f(x,t)$.

A ideia central é obter a resposta do sistema fazendo uma expansão em uma base modal. Assim, inicialmente se resolve o problema modal associado ao problema de autovalores, de onde se obtêm os modos naturais, $U_r = U_r(x)$, e as frequências naturais, ω_r ($r = 1,2,...$). A seguir, normalizam-se as autofunções, conforme proposto nas Eqs. (8.38) e (8.39). Dessa forma, a solução é uma combinação linear das autofunções da seguinte forma:

$$u = \sum_{r=1}^{\infty} U_r \eta_r \tag{8.67}$$

em que $\eta_r = \eta_r(t)$ ($r = 1,2,...$) são as coordenadas normais. Note que, como o sistema contínuo possui infinitos graus de liberdade, o somatório possui infinitos termos. Contudo, é possível usar um número finito de termos, considerando uma análise dos modos que apresentam uma contribuição mais significativa para a resposta. Substituindo a Eq. (8.67) na Eq. (8.66), multiplicando por U_s e integrando no domínio, obtém-se as equações normais independentes:

$$\ddot{\eta}_r + \omega_r \eta_r = N_r \quad (r = 1,2,...) \tag{8.68}$$

em que as forças modais são definidas como se segue:

Capítulo 8

$$N_r = \int_0^L U_r f \, dx \quad (r = 1, 2, \ldots) \tag{8.69}$$

Neste momento, deve-se chamar a atenção para a semelhança entre a solução do sistema contínuo, Eq. (8.68), e a solução dos sistemas discretos utilizando coordenadas normais, Eq. (6.61). Portanto, a solução é análoga à realizada no Capítulo 6.

Para exemplificar o procedimento, considere uma excitação harmônica do tipo:

$$f = F \cos(\Omega t) \tag{8.70}$$

Sendo $F = F(x)$. Substituindo a Eq. (8.70) na Eq. (8.69), obtém-se:

$$N_r = \left[\int_0^L U_r F \, dx \right] \cos(\Omega t) = F_r \cos(\Omega t) \quad (r = 1, 2, \ldots) \tag{8.71}$$

em que as amplitudes de forçamento nas coordenadas adotadas são definidas como se segue:

$$F_r = \int_0^L U_r F \, dx \quad (r = 1, 2, \ldots) \tag{8.72}$$

Nesse contexto, as equações normais para o sistema forçado harmonicamente são:

$$\ddot{\eta}_r + \omega_r \eta_r = F_r \cos(\Omega t) \quad (r = 1, 2, \ldots) \tag{8.73}$$

Neste momento, há um conjunto de equações diferenciais ordinárias, desacopladas, que podem ser resolvidas a partir da soma das soluções homogênea e particular. Para isso, deve-se conhecer as condições iniciais. Considerando uma situação em que as condições iniciais anulam a solução homogênea, a resposta do sistema é dada apenas pela solução particular:

$$\eta_r = \frac{F_r}{\omega_r^2 - \Omega^2} \cos(\Omega t) \quad r = 1, 2, \ldots \tag{8.74}$$

Com isso, a solução da equação da onda é expressa como se segue:

$$u = \left[\sum_{r=1}^{\infty} \frac{F_r}{\omega_r^2 - \Omega^2} U_r \right] \cos(\Omega t) \tag{8.75}$$

8.2.5 Abordagem propagatória

A abordagem baseada na propagação de ondas pode ser feita de diferentes formas. A seguir, considera-se a solução de D'Alembert e a solução usando ondas harmônicas.

8.2.5.1 Solução de D'Alembert

Considere a solução da equação da onda segundo a abordagem propagatória proposta por Jean-Baptiste le Rond D'Alembert (1717-1783). A partir da equação da onda:

Vibrações de Sistemas Contínuos: Equação da Onda

$$u'' - \frac{1}{v^2}\ddot{u} = 0 \tag{8.76}$$

Adota-se uma mudança de variáveis do tipo:

$$\begin{aligned}\gamma &= \gamma(x,t) = x - vt \\ \zeta &= \zeta(x,t) = x + vt\end{aligned} \tag{8.77}$$

Dessa forma, o deslocamento pode ser expresso em termos das novas coordenadas:

$$\bar{u}(\gamma,\zeta) = u(x,t) \tag{8.78}$$

Para escrever a equação da onda de acordo com a nova variável, avaliam-se as derivadas em relação às novas coordenadas:

$$\frac{\partial}{\partial x} = \frac{\partial \gamma}{\partial x}\frac{\partial}{\partial \gamma} + \frac{\partial \zeta}{\partial x}\frac{\partial}{\partial \zeta} = \frac{\partial}{\partial \gamma} + \frac{\partial}{\partial \zeta} \tag{8.79}$$

$$\frac{\partial^2}{\partial x^2} = \left(\frac{\partial}{\partial \gamma} + \frac{\partial}{\partial \zeta}\right)^2 = \frac{\partial^2}{\partial \gamma^2} + 2\frac{\partial^2}{\partial \gamma \partial \zeta} + \frac{\partial^2}{\partial \zeta^2} \tag{8.80}$$

$$\frac{\partial}{\partial t} = \frac{\partial \gamma}{\partial t}\frac{\partial}{\partial \gamma} + \frac{\partial \zeta}{\partial t}\frac{\partial}{\partial \zeta} = -v\frac{\partial}{\partial \gamma} - v\frac{\partial}{\partial \zeta} \tag{8.81}$$

$$\frac{1}{v^2}\frac{\partial^2}{\partial t^2} = \frac{1}{v^2}\left(-v\frac{\partial}{\partial \gamma} - v\frac{\partial}{\partial \zeta}\right)^2 = \frac{\partial^2}{\partial \gamma^2} - 2\frac{\partial^2}{\partial \gamma \partial \zeta} + \frac{\partial^2}{\partial \zeta^2} \tag{8.82}$$

Assim, a equação da onda pode ser reescrita da seguinte forma:

$$\left(\frac{\partial^2}{\partial x^2} - \frac{1}{v^2}\frac{\partial^2}{\partial t^2}\right)u(x,t) = 4\frac{\partial^2}{\partial \gamma \partial \zeta}\bar{u}(\gamma,\zeta) = 0 \tag{8.83}$$

O que é equivalente a resolver a seguinte equação:

$$\frac{\partial^2 \bar{u}}{\partial \gamma \partial \zeta} = 0 \tag{8.84}$$

Neste momento, efetua-se a integração na variável γ:

$$\frac{\partial \bar{u}}{\partial \zeta} = G(\zeta) \tag{8.85}$$

A seguir, efetua-se a integração na variável ζ:

$$\bar{u} = f(\gamma) + \int G(\zeta)d\zeta \tag{8.86}$$

Dessa forma, a solução da equação da onda é dada por:

$$\overline{u} = \overline{u}(\gamma, \zeta) = f(\gamma) + g(\zeta) \tag{8.87}$$

Fazendo a mudança de variáveis inversa, tem-se que:

$$u = u(x,t) = f(x - \upsilon t) + g(x + \upsilon t) \tag{8.88}$$

Esse resultado mostra que a solução da equação da onda é uma superposição de duas ondas se propagando em sentidos contrários. A forma da onda permanece inalterada à medida que o tempo evolui. Em $t = 0$, tem-se $f(x)$ e $g(x)$. Em $t = \tau$, existe um deslocamento dessas funções com uma velocidade v. A Figura 8.7 mostra a propagação de ondas assumindo duas formas arbitrárias para as funções f e g. Portanto, verifica-se que, enquanto f evolui no sentido positivo de x, g evolui no sentido negativo de x. A combinação de todas as ondas que se propagam no meio fornecem a forma observada na abordagem modal. Portanto, as duas abordagens geram resultados iguais formados, de um lado, pela combinação linear dos modos naturais, e de outro, pela superposição de ondas que se propagam.

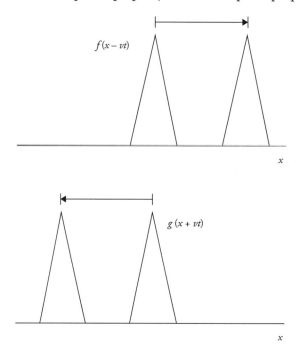

Figura 8.7 Propagação de ondas.

8.2.5.2 Ondas harmônicas

A abordagem propagatória pode ser aplicada assumindo a propagação de uma onda harmônica através do meio. Dessa forma, assume-se que a solução da equação da onda possui a seguinte forma geral:

$$u = u(x,t) = A e^{i(\kappa x - \omega t)} \tag{8.89}$$

Utilizando essa solução na equação diferencial, chega-se:

$$\left(-\kappa^2 + \frac{\omega^2}{\upsilon^2}\right) A e^{i(\kappa x - \omega t)} = 0 \tag{8.90}$$

Nesse caso, a solução é possível desde que:

$$\omega^2 = \kappa^2 \upsilon^2 \tag{8.91}$$

O que implica a seguinte solução:

$$u = A_1 e^{i\kappa(x-\upsilon t)} + A_2 e^{i\kappa(x+\upsilon t)} \tag{8.92}$$

Mais uma vez, observa-se que existem duas ondas se propagando em sentidos opostos. A onda $u_1 = A_1 e^{i\kappa(x-\upsilon t)}$ se propaga no sentido positivo, enquanto a onda $u_2 = A_2 e^{i\kappa(x+\upsilon t)}$ se propaga no sentido negativo. O significado físico dessa solução está associado a parte real ou imaginária. Considerando a parte real da onda que se propaga no sentido positivo, observa-se uma onda harmônica no tempo e no espaço:

$$\text{Re}(u_1) = \cos(\kappa x - \omega t) \tag{8.93}$$

Em determinada posição espacial, em $x = \xi$, tem-se uma forma mostrada na Figura 8.8, que representa uma solução harmônica no tempo.

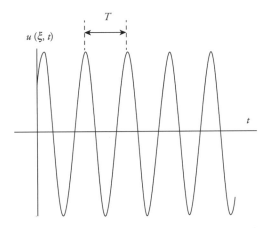

Figura 8.8 Onda harmônica no tempo para uma posição fixa.

Assim,

$$\cos[\kappa\xi - \omega(t+T)] = \cos(\kappa\xi - \omega t) \tag{8.94}$$

De onde se tem que $\kappa\xi - \omega(t+T) = \kappa\xi - \omega t - 2\pi$. Dessa forma, define-se a frequência angular.

$$\omega = \frac{2\pi}{T} \tag{8.95}$$

Capítulo 8

A *velocidade de propagação* da onda, $\upsilon = \omega/\kappa$, pode ser visualizada na solução da equação reescrevendo-a da seguinte forma:

$$\mathrm{Re}(u_1) = \cos\kappa(x - \upsilon t) \tag{8.96}$$

Por outro lado, em determinado instante de tempo $t = \tau$, tem-se uma forma representada na Figura 8.9 que indica uma solução harmônica no espaço. Note que o comprimento de onda X é definido no espaço.

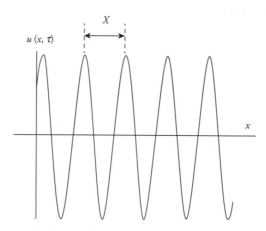

Figura 8.9 Onda harmônica no espaço para um tempo fixo.

Assim,

$$\cos[\kappa(x + X) - \omega\tau] = \cos(\kappa x - \omega\tau) \tag{8.97}$$

De onde se tem que: $\kappa(x + X) - \omega\tau = \kappa x - \omega\tau + 2\pi$

Dessa forma, define-se o *número de onda* que está associado a uma frequência espacial da solução.

$$\kappa = \frac{2\pi}{X} \tag{8.98}$$

Note que as ondas harmônicas representam uma propagação harmônica tanto no espaço quanto no tempo. Existe, portanto, uma relação entre as grandezas espaciais, comprimento de onda, X, e número de onda κ, com as grandezas temporais, período, T e frequência, ω. A relação entre o número de onda e a frequência é definida como *espectro de dispersão* do sólido.

Vibrações de Sistemas Contínuos: Equação da Onda

8.3 Exercícios

P8.1 Considere a vibração transversal de uma corda. Modele o problema a partir de elementos discretos de massa, espaçados por um Δx_i. Obtenha a equação da onda fazendo Δx_i tender a zero.

P8.2 Determine a equação característica da vibração de uma barra longitudinal fixa em uma extremidade e com uma partícula de massa m na outra extremidade.

P8.3 Determine a frequência fundamental de uma barra fixa em uma extremidade e acoplada a uma mola de rigidez k na outra.

P8.4 Avalie a tensão necessária em uma linha de transmissão de 15 m e massa específica 10 kg/m de forma que sua frequência fundamental seja 100 rad/s.

Vibrações de Sistemas Contínuos: Vigas e Placas

As teorias de vigas e placas possuem inúmeras aplicações, o que motiva a apresentação das principais características de sua dinâmica. Este capítulo tem como objetivo discutir a vibração de vigas e placas. Inicialmente é discutida a vibração de vigas de Bernoulli-Euler. Depois, trata-se a dinâmica da viga-coluna e o efeito da carga normal. A seguir, a viga de Timoshenko. A teoria da placa de Kirchhoff é então discutida. Mais uma vez vale dizer que as teorias de vigas e placas podem ser vistas como teorias aproximadas no contexto da teoria da elasticidade.

9.1 Viga

A dinâmica de vibrações transversais de elementos estruturais é usualmente tratada no contexto de teoria de vigas, que descreve o comportamento de um sólido tridimensional em um contexto unidimensional. Considere a vibração transversal de uma viga, submetida a um carregamento qualquer, conforme mostrado na Figura 9.1.

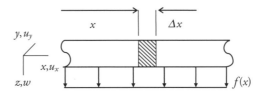

Figura 9.1 Viga submetida a um carregamento qualquer.

Para analisar o equilíbrio de um elemento de viga, é conveniente definir as resultantes das tensões, conforme a seguir (Figura 9.2):

$$M = \int_A \sigma_{xx}\, z\, dA \tag{9.1}$$

$$Q = \int_A \sigma_{xz}\, dA \tag{9.2}$$

Capítulo 9

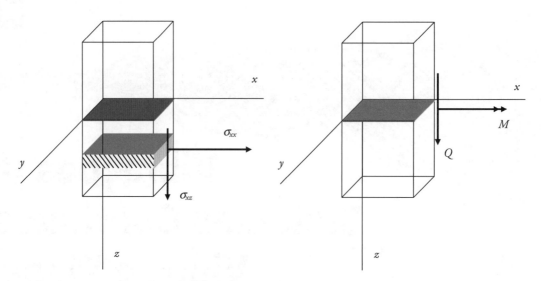

Figura 9.2 Resultante das tensões em uma viga.

Dessa forma, o equilíbrio de uma viga pode ser visualizado conforme mostrado na Figura 9.3.

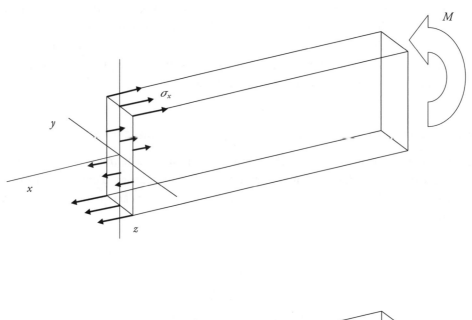

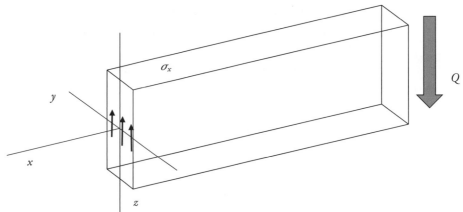

Figura 9.3 Definição das resultantes de tensão em uma viga.

Para estabelecer o equilíbrio da viga, considera-se um elemento infinitesimal com todos os esforços atuantes (Figura 9.4). Os esforços em questão são as resultantes das tensões e um carregamento por unidade de comprimento. Em essência, deve-se estabelecer o equilíbrio de forças e de momentos, obtendo-se o seguinte conjunto de equações:

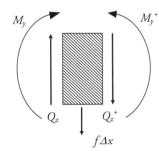

Figura 9.4 Equilíbrio de um elemento de viga.

$$\sum F_z : Q^+ - Q + f\Delta x = \rho A \Delta x \ddot{w} \tag{9.3}$$

$$\sum M_y : M^+ - M - Q\Delta x + f\Delta x \frac{\Delta x}{2} = -\rho I \Delta x \ddot{\psi} \tag{9.4}$$

Note que se considera uma inércia de rotação definida a partir da inércia da seção transversal I e também do angulo de rotação, ψ, para definir o equilíbrio de momentos. Usando a série de Taylor, desprezando os termos de ordem superior, dividindo por Δx e tomando o limite quando $\Delta x \to 0$, obtém-se:

$$Q' + f = \rho A \ddot{w} \tag{9.5}$$

$$M' - Q = -\rho I \ddot{\psi} \tag{9.6}$$

em que $Q' = \dfrac{\partial Q}{\partial x}$ e $M' = \dfrac{\partial M}{\partial x}$.

Observando o comportamento de uma viga submetida à flexão pura é possível estabelecer uma hipótese cinemática que permita descrever o comportamento de um ponto qualquer da seção transversal a partir do comportamento da linha média. A *hipótese das seções planas* foi introduzida por J. Bernoulli (1645-1705) e reapresentada por M. Navier (1785-1836), sendo a principal característica da teoria clássica de vigas. Essa hipótese é mostrada na Figura 9.5, que ilustra uma viga em suas configurações indeformada e deformada. Observe que a ideia central é definir uma linha média da viga e descrever todo o comportamento do sólido tridimensional a partir dessa linha. Para isso, precisamos relacionar o comportamento de um ponto genérico P, fora da linha média, com a linha média. Isso é feito a partir de considerações geométricas, assumindo que uma seção plana e normal à linha média assim permanece após a deformação. Dessa forma, a hipótese das seções planas pode ser enunciada da seguinte forma: *uma seção plana e normal à linha média da viga permanece plana e normal a essa linha após a aplicação dos momentos.*

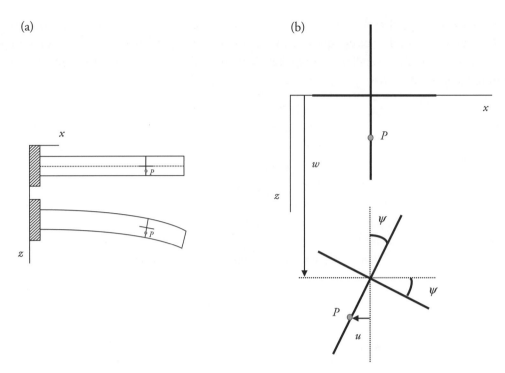

Figura 9.5 Hipótese cinemática das seções planas. (a) Configurações deformada e indeformada de uma viga submetida à flexão. (b) Detalhe da seção assumindo a hipótese das seções planas.

A partir da hipótese das seções planas, escreve-se uma expressão para o deslocamento, $u_x = u$, de um ponto qualquer da seção transversal, P, definido pela coordenada z, a partir do deslocamento da linha média, definido por w:

$$u_x = u = -z\,\mathrm{tg}(\psi) \tag{9.7}$$

Considerando pequenas deformações, tem-se que:

$$\mathrm{sen}(\theta) \approx \mathrm{tg}(\theta) = \frac{\partial w}{\partial x} = w' \tag{9.8}$$

Com isso, escreve-se a seguinte equação cinemática representando a deformação:

$$\varepsilon_{xx} = u' = -z\,w'' \tag{9.9}$$

Deve-se observar que a derivada segunda de w, w'', representa uma aproximação da curvatura da viga quando submetida a pequenas deformações, conforme pode ser visto na definição do raio de curvatura mostrada a seguir:

$$\frac{1}{R} = \frac{w''}{\left[1+(w')^2\right]^{3/2}} \approx w'' \tag{9.10}$$

O equilíbrio de uma viga estabelece que a resultante das tensões em uma dada seção transversal tem de se equilibrar com o momento de flexão aplicado. Assumindo ainda uma equação constitutiva elástica linear, estabelece-se uma relação entre momento e deslocamento:

$$M = \int_A \sigma_{xx} z dA = \int_A E\varepsilon_{xx} z dA = -\int_A Ew''z^2 dA \tag{9.11}$$

Definindo o momento de inércia:

$$I = \int_A z^2 dA \tag{9.12}$$

Chega-se a uma expressão que relaciona momento e curvatura:

$$M = -EIw'' \tag{9.13}$$

Voltando às equações de equilíbrio (9.5-6), deriva-se a equação de equilíbrio de momentos em relação a x:

$$M'' - Q' = -(\rho I \ddot{\psi})' \tag{9.14}$$

Usando agora a equação de equilíbrio de forças, chega-se à seguinte expressão:

$$M'' + f = \rho A \ddot{w} - \frac{\partial}{\partial x}(\rho I \ddot{\psi}) \tag{9.15}$$

Mas, considerando a hipótese cinemática das seções planas, sabe-se que $M = -EIw''$ e $w' = \psi$. Portanto:

$$-(EIw'')'' + f = \rho A \ddot{w} - (\rho I \ddot{w}')' \tag{9.16}$$

Assumindo-se que as propriedades não variam ao longo da viga, tem-se que:

$$EIw^{iv} - f = -\rho A \ddot{w} + \rho I \ddot{w}'' \tag{9.17}$$

em que $w^{iv} = \frac{d^4 w}{dx^4}$.

Desprezando-se a inércia de rotação, representada pelo termo $\rho I \ddot{w}''$, recai-se na equação clássica que governa a dinâmica da vibração de vigas:

$$EIw^{iv} - f = -\rho A \ddot{w} \tag{9.18}$$

9.1.1 Condições de contorno

As condições de contorno de uma viga são essenciais para definir suas características dinâmicas. A seguir, são apresentados alguns dos principais casos que representam vínculos da viga com o restante da estrutura. Observe que todas as condições devem ser escritas em termos da variável essencial na descrição do comportamento da viga, o deslocamento da linha média e suas derivadas.

9.1.1.1 Suporte com molas

Inicialmente considere um apoio com molas linear e de rotação. Dessa forma, o momento e cortante na extremidade podem ser escritos em termos da rotação e do deslocamento, respectivamente.

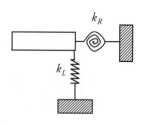

$$M_z(a) = EIw''(a) = k_R w'(a)$$
$$Q_z(a) = -EIw'''(a) = k_L w(a) \qquad (9.19)$$

O suporte com molas pode ser considerado o caso mais geral possível. Os casos que se seguem podem ser obtidos assumindo-se valores particulares para as constantes de mola, k_R e k_L.

9.1.1.2 Apoio simples

As condições do apoio simples podem ser obtidas ao fazer $k_R \to 0$ e $k_L \to \infty$ no apoio do tipo suporte com molas.

$$w(a) = 0$$
$$M_z(a) = EIw''(a) = 0 \implies w''(a) = 0 \qquad (9.20)$$

9.1.1.3 Engaste

As condições de engaste podem ser obtidas ao fazer $k_R \to \infty$ e $k_L \to \infty$ no apoio do tipo suporte com molas.

$$w(a) = 0$$
$$w'(a) = 0 \qquad (9.21)$$

9.1.1.4 Suporte guiado

O suporte guiado é um tipo de apoio no qual se tem $k_R \to \infty$ e $k_L \to 0$ no suporte com molas.

$$w'(a) = 0$$
$$Q_z(a) = -EIw'''(a) = 0 \implies w'''(a) = 0 \qquad (9.22)$$

9.1.1.5 Extremidade com esforços prescritos

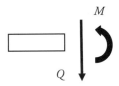

O suporte com esforços prescritos é um tipo de vínculo mecânico que possui as seguintes condições de contorno.

$$M_z(a) = EIw''(a) = M_a \\ Q_z(a) = -EIw'''(a) = Q_a \quad (9.23)$$

Note que os esforços M_a e Q_a representam as forças de restituição das molas no caso do suporte com molas. Quando os esforços prescritos forem nulos no contorno, considera-se uma extremidade livre de esforços, ou sem molas, e há o seguinte caso particular:

$$w''(a) = 0 \\ w'''(a) = 0 \quad (9.24)$$

9.1.2 Frequências e modos naturais

Esta seção tem como objetivo avaliar as frequências e modos naturais de uma viga. Considere para isso a equação de movimento da viga de Bernoulli-Euler:

$$EIw^{iv} = -\rho A \ddot{w} \quad (9.25)$$

Admitindo uma solução separável do tipo:

$$w = w(x,t) = W(x)g(t) \quad (9.26)$$

Tem-se que:

$$EIW^{iv}g = -\rho A W \ddot{g} \quad (9.27)$$

em que o primeiro termo depende apenas do espaço e o segundo depende do tempo. Dessa forma, igualam-se os termos a uma constante, como mostrado a seguir:

$$\frac{EI}{\rho A}\frac{W^{iv}}{W} = -\frac{\ddot{g}}{g} = \omega^2 \quad (9.28)$$

Isso resulta em dois problemas definidos no tempo e no espaço:

$$\begin{cases} \ddot{g} + \omega^2 g = 0 \\ W^{iv} - \beta^4 W = 0 \end{cases} \quad (9.29)$$

em que $\beta^4 = \dfrac{\rho A}{EI}\omega^2$. A partir da equação no tempo, que é análoga à tratada na resposta livre de um oscilador 1 gdl (Eq. 3.6), conclui-se que a resposta é harmônica:

$$g = A\cos(\omega t - \phi) \qquad (9.30)$$

A equação do espaço estabelece um problema de autovalores que define as frequências e modos naturais. Assumindo uma solução do tipo:

$$W = Ae^{sx} \qquad (9.31)$$

Volta-se à equação diferencial para obter:

$$(s^4 - \beta^4)Ae^{sx} = 0 \qquad (9.32)$$

Dessa forma, tem-se:

$$s^2 = \pm\beta^2 \qquad (9.33)$$

Que possui as seguintes raízes:

$$\begin{cases} s_{1,2} = \pm i\beta \\ s_{3,4} = \pm\beta \end{cases} \qquad (9.34)$$

Assim, existem quatro funções para formar a base no espaço de funções em que a solução é expandida, chegando a uma solução geral com a seguinte forma:

$$W - A_1 e^{i\beta x} + A_2 e^{-i\beta x} + A_3 e^{\beta x} + A_4 e^{-\beta x} \qquad (9.35)$$

Usando as relações:

$$e^{i\theta} = \cos(\theta) + i\,\text{sen}(\theta) \qquad (9.36)$$

$$e^{\theta} = \cosh(\theta) + \text{senh}(\theta) \qquad (9.37)$$

Obtém-se a seguinte forma da solução:

$$W = C_1 \cos(\beta x) + C_2 \,\text{sen}(\beta x) + C_3 \cosh(\beta x) + C_4 \,\text{senh}(\beta x) \qquad (9.38)$$

Agora, devem-se aplicar as condições de contorno para definir o problema de autovalores. Trataremos dois casos a seguir: viga biapoiada e viga biengastada.

9.1.3 Viga biapoiada

Considere uma viga biapoiada, representada na Figura 9.6. Nesse caso, as condições de contorno são:

Vibrações de Sistemas Contínuos: Vigas e Placas

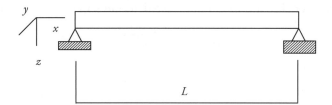

Figura 9.6 Viga biapoiada.

$$\begin{cases} W(0) = 0 \\ W''(0) = 0 \\ W(L) = 0 \\ W''(L) = 0 \end{cases} \quad (9.39)$$

Aplicando essas condições na solução, tem-se o seguinte sistema de equações:

$$W(0) = C_1 + C_3 = 0$$
$$W''(0) = (-C_1 + C_3)\beta^2 = 0$$

$$W(L) = C_2 \operatorname{sen}(\beta L) + C_4 \operatorname{senh}(\beta L)$$

$$W''(L) = [(-C_2 \operatorname{sen}(\beta L) + C_4 \operatorname{senh}(\beta L)]\beta^2 = 0 \quad (9.40)$$

ou na forma matricial:

$$\begin{bmatrix} 1 & 0 & 1 & 0 \\ -\beta^2 & 0 & \beta^2 & 0 \\ 0 & \operatorname{sen}(\beta L) & 0 & \operatorname{senh}(\beta L) \\ 0 & -\beta^2 \operatorname{sen}(\beta L) & 0 & \beta^2 \operatorname{senh}(\beta L) \end{bmatrix} \begin{Bmatrix} C_1 \\ C_2 \\ C_3 \\ C_4 \end{Bmatrix} = \begin{Bmatrix} 0 \\ 0 \\ 0 \\ 0 \end{Bmatrix} \quad (9.41)$$

Esse sistema deve ser resolvido para determinar as constantes de integração. Uma análise do sistema mostra que se deve ter $C_1 = C_3 = C_4 = 0$ e, portanto:

$$C_2 \operatorname{sen}(\beta L) = 0 \quad (9.42)$$

Para que exista solução diferente da trivial $C_2 \neq 0$, o que estabelece a seguinte equação característica:

$$\operatorname{sen}(\beta L) = 0 \quad (9.43)$$

Ou seja:

$$\beta_p = \frac{p\pi}{L} \quad (9.44)$$

Portanto, as frequências naturais são dadas por:

$$\omega_p = (p\pi)^2 \sqrt{\frac{EI}{\rho A L^4}} \quad (9.45)$$

A cada uma dessas frequências, um modo natural é definido a partir da seguinte autofunção:

$$W_p = C_2 \, \text{sen}\left(\frac{p\pi x}{L}\right) \tag{9.46}$$

O valor de C_2 é avaliado a partir da normalização da autofunção. A Figura 9.7 apresenta a forma dos quatro primeiros modos naturais de vibração para a viga biapoiada. Observe que o aumento da frequência implica o aumento do número de pontos em que a viga cruza a linha horizontal. Portanto, modos mais altos estão associados a uma configuração mais sofisticada e, portanto, a uma energia maior.

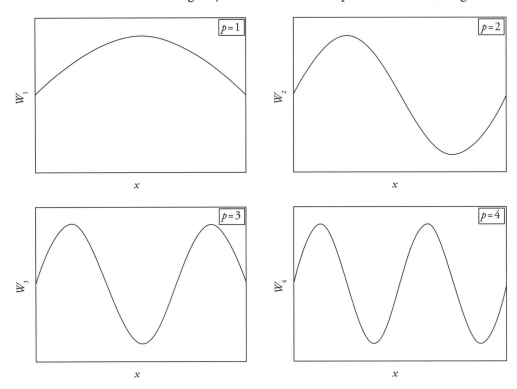

Figura 9.7 Modos naturais da viga de Bernoulli-Euler biapoiada.

9.1.4 Viga biengastada

Considere agora uma viga biengastada, representada na Figura 9.8. Nesse caso, as condições de contorno são:

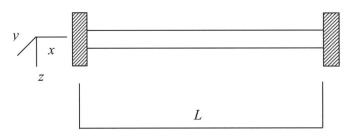

Figura 9.8 Viga biengastada.

$$\begin{cases} W(0) = 0 \\ W'(0) = 0 \\ W(L) = 0 \\ W'(L) = 0 \end{cases} \quad (9.47)$$

Aplicando essas condições na solução, tem-se o seguinte sistema de equações:

$$W(0) = C_1 + C_3 = 0$$
$$W'(0) = (C_2 + C_4)\beta = 0$$

$$W(L) = C_1 \cos(\beta L) + C_2 \operatorname{sen}(\beta L) + C_3 \cosh(\beta L) + C_4 \operatorname{senh}(\beta L) = 0$$

$$W'(L) = -C_1\beta \operatorname{sen}(\beta L) + C_2\beta \cos(\beta L) + C_3\beta \operatorname{senh}(\beta L) + C_4\beta \cosh(\beta L) = 0 \quad (9.48)$$

Ou na forma matricial:

$$\begin{bmatrix} 1 & 0 & 1 & 0 \\ 0 & \beta & 0 & \beta \\ \cos(\beta L) & \operatorname{sen}(\beta L) & \cosh(\beta L) & \operatorname{senh}(\beta L) \\ -\beta \operatorname{sen}(\beta L) & \beta \cos(\beta L) & \beta \operatorname{senh}(\beta L) & \beta \cosh(\beta L) \end{bmatrix} \begin{Bmatrix} C_1 \\ C_2 \\ C_3 \\ C_4 \end{Bmatrix} = \begin{Bmatrix} 0 \\ 0 \\ 0 \\ 0 \end{Bmatrix} \quad (9.49)$$

A partir desse sistema, chegam-se às relações:

$$C_1 = -C_3; \quad C_2 = -C_4; \quad C_1 = C_2 \frac{\operatorname{senh}(\beta L) - \operatorname{sen}(\beta L)}{\cos(\beta L) - \cosh(\beta L)}; \quad C_3 = C_4 \frac{\cos(\beta L) - \cosh(\beta L)}{\operatorname{sen}(\beta L) - \operatorname{senh}(\beta L)} \quad (9.50)$$

De onde é possível obter:

$$C_2[2 - 2\cos(\beta L)\cosh(\beta L)] = 0 \quad (9.51)$$

Para que exista solução diferente da trivial deve-se ter:

$$\cos(\beta L)\cosh(\beta L) = 1 \quad (9.52)$$

Essa equação contém infinitas soluções, $\beta_p L = p\pi$, como pode ser verificado pelo gráfico $\cos(\beta L) \cosh(\beta L)$ em função de β mostrado na Figura 9.9 (cada vez que a curva passa por 1 no eixo das ordenadas se tem uma solução).

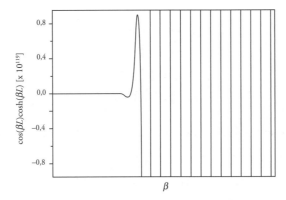

Figura 9.9 Raízes da equação $\cos(\beta_L)\cosh(\beta_L) = 1$.

Dessa forma, as frequências naturais de uma viga biengastada são dadas por:

$$\omega_p = \beta_p^2 \sqrt{\frac{EI}{\rho A}} \qquad (9.53)$$

em que os valores de β_p vêm da solução da Eq. (9.52).

Deve-se observar que os engastes propiciam uma rigidez maior para a viga, e, dessa forma, a viga biengastada possui frequências naturais que tendem a ser maiores do que a viga biapoiada. A Tabela 9.1 apresenta alguns valores típicos de frequências naturais de duas vigas semelhantes, mas com condições de contorno diferentes.

Tabela 9.1 Comparação das 4 primeiras frequências naturais de uma viga biengastada com uma biapoiada expressas em rad/s para $L = 1$. Os valores devem ser multiplicados por $\sqrt{EI/\rho A}$

Modo natural	Biengastada $\left(\sqrt{EI/\rho A}\right)$	Biapoiada $\left(\sqrt{EI/\rho A}\right)$
1	22,35	9,87
2	61,64	39,48
3	120,90	88,83
4	199,80	157,91

Para cada frequência natural há um modo natural, obtido a partir da substituição das relações apresentadas nas Eqs. (9.50) e (9.38), definido pela seguinte autofunção:

$$W_p = C_2 \left\{ \frac{\operatorname{sen}(\beta_p L) - \operatorname{senh}(\beta_p L)}{\cosh(\beta_p L) - \cos(\beta_p L)} \left[\cos(\beta_p x) - \cosh(\beta_p x) \right] + \operatorname{sen}(\beta_p x) - \operatorname{senh}(\beta_p x) \right\} \qquad (9.54)$$

em que C_2 deve ser definido a partir da normalização da autofunção. A Figura 9.10 mostra os quatro primeiros modos naturais de vibração da viga de Bernoulli-Euler biengastada, a partir dos valores de β_p obtidos da solução da Eq. (9.52). Observe que as respostas próximas aos contornos são diferentes das obtidas para a viga biapoiada.

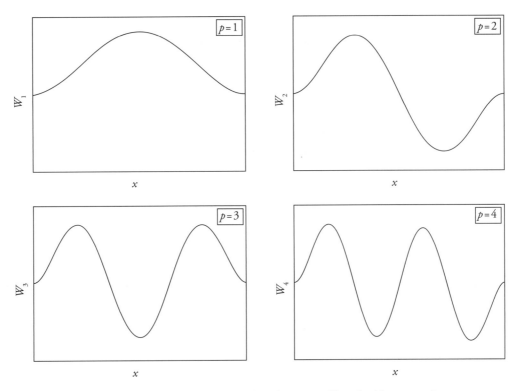

Figura 9.10 Modos naturais da viga de Bernoulli-Euler biengastada.

9.2 Viga-coluna

A vibração de uma viga-coluna representa um caso mais geral dentro do contexto da dinâmica de vigas, considerando-se o efeito de carregamentos axiais. A formulação da equação de movimento de uma viga-coluna deve estabelecer o equilíbrio na configuração deformada. Para isso, considere a Figura 9.11, que mostra uma viga e as forças que nela atuam. O elemento infinitesimal é representado na configuração deformada, incluindo a força normal, N. Dessa forma, estabelecendo o equilíbrio, tem-se que:

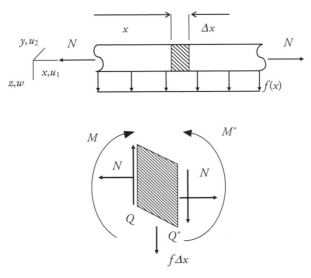

Figura 9.11 Viga-coluna.

Capítulo 9

$$\sum F_z : Q^+ - Q + f\Delta x = \rho A \Delta x \ddot{w} \tag{9.55}$$

$$\sum M_y : M^+ - M - Q\Delta x + f\Delta x \frac{\Delta x}{2} + \Delta w N = -\rho I \Delta x \ddot{\psi} \tag{9.56}$$

Observe que o termo associado à carga normal aparece no equilíbrio de momentos. Usando a série de Taylor, desprezando os termos de ordem superior, dividindo por Δx e tomando o limite quando $\Delta x \to 0$, chega-se a:

$$Q' + f = \rho A \ddot{w}$$

$$M' - Q + Nw' = -\rho I \ddot{\psi} \tag{9.57}$$

Fazendo um procedimento análogo ao aplicado para a viga sem carga normal, chega-se à equação de movimento em que se deve observar o surgimento de um termo adicional associado à carga normal, N:

$$EIw^{iv} + Nw' - f = \rho I \ddot{w}'' - \rho A \ddot{w} \tag{9.58}$$

9.2.1 Frequências e modos naturais

Considere uma viga-coluna na qual se despreza a inércia de rotação ($\rho I \ddot{w}'' = 0$) e não existem forças externas ($f = 0$). Dessa forma, a equação de movimento possui a seguinte forma:

$$EIw^{iv} - Nw' - \rho A \ddot{w} = 0 \tag{9.59}$$

Essa equação possui um termo extra quando comparada à equação da vibração da viga de Bernoulli-Euler. Considerando a separação de variáveis:

$$w = w(x,t) = W(x)g(t) = W(x)e^{\lambda t} \tag{9.60}$$

Podemos escrever o seguinte problema de autovalores, associado ao problema espacial:

$$EIW^{iv} - NW'' + \lambda \rho A W = 0 \tag{9.61}$$

Neste momento, passamos a tratar uma viga biapoiada, assumindo uma solução que satisfaz automaticamente as condições de contorno (note que W e W'' se anulam nas duas extremidades — $x = 0$ e $x = L$):

$$W_p = C \operatorname{sen}\left(\frac{p\pi x}{L}\right) \tag{9.62}$$

Usando essa solução no problema de autovalores, chega-se a:

$$\left(\frac{p\pi x}{L}\right)^4 + \left(\frac{p\pi x}{L}\right)^2 N - \lambda \rho A = 0 \tag{9.63}$$

Portanto, sabendo que $\lambda = \omega^2$, obtêm-se as frequências naturais da viga-coluna:

$$\omega_p = \frac{p\pi x}{L}\sqrt{\frac{1}{\rho A}\left[\left(\frac{p\pi x}{L}\right)^2 + N\right]} \qquad (9.64)$$

Esse resultado mostra que a carga normal de tração tende a tornar a viga mais rígida, aumentando os valores das frequências naturais. O inverso ocorre quando a carga é de compressão. As formas dos modos naturais de vibração da viga-coluna são semelhantes aos modos da viga de Bernoulli-Euler biapoiada, apresentados na Figura 9.5.

Exemplo 9.1

O espectro de dispersão de uma estrutura define a relação entre a frequência e o número de onda. Avalie esse espectro para uma viga-coluna.

Solução:

Considerando uma solução do tipo onda harmônica, tem-se que:

$$w = Ce^{i(\kappa x - \omega t)}$$

Substituindo na equação de movimento, obtemos:

$$(EI\kappa^4 + N\kappa^2 - \rho A\omega^2)Ce^{i(\kappa x - \omega t)} = 0$$

Portanto, tem-se que o espectro de dispersão é dado pela seguinte equação:

$$\omega = \pm\kappa\sqrt{\frac{EI\kappa^2 + N}{\rho A}}$$

Note que esse espectro é não linear, conforme ilustrado na Figura 9.12.

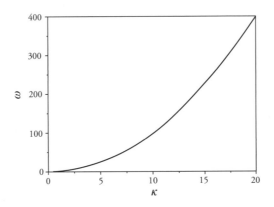

Figura 9.12 Espectro de dispersão da viga-coluna.

9.3 Viga de Timoshenko

A viga de Bernoulli-Euler considera uma hipótese cinemática que contém em si uma incoerência, pelo fato de ser formulada para o caso de uma viga em flexão pura, mas aplicada a um caso geral que considera o cisalhamento. Contudo, sua aplicação se difundiu em diferentes situações, sendo de grande utilidade para diferentes fins. O uso da teoria de Bernoulli-Euler deve ser feito com cuidado, avaliando o efeito das tensões cisalhantes na resposta. De uma maneira geral, sua aplicação é restrita a vigas com pequenas alturas da seção transversal. Além disso, do ponto de vista dinâmico, a aplicação da teoria clássica está restrita aos primeiros modos de vibração.

A hipótese cinemática das seções planas, adotada para formular as equações da viga de Bernoulli-Euler, implica uma distribuição linear de tensões normais ao longo da seção transversal. A variação dos momentos ao longo do comprimento da viga implica o surgimento de tensões cisalhantes, e o equilíbrio está associado a uma distribuição parabólica. Como consequência, existe um empenamento da seção transversal, o que é inconsistente com a hipótese cinemática adotada. Dessa forma, a viga de Bernoulli-Euler assume, de um ponto de vista cinemático, que a seção é plana, o que implica a não existência de cisalhamento. No entanto, introduzem-se tensões cisalhantes, de modo a garantir o equilíbrio da viga. A Figura 9.13 mostra a seção plana considerada na hipótese cinemática e o empenamento de uma seção transversal. Observe que na hipótese das seções planas não existe mudança de forma associada ao elemento infinitesimal. Por outro lado, na seção empenada, os elementos apresentam uma distorção máxima na região da linha média, indo a zero nas superfícies superior e inferior.

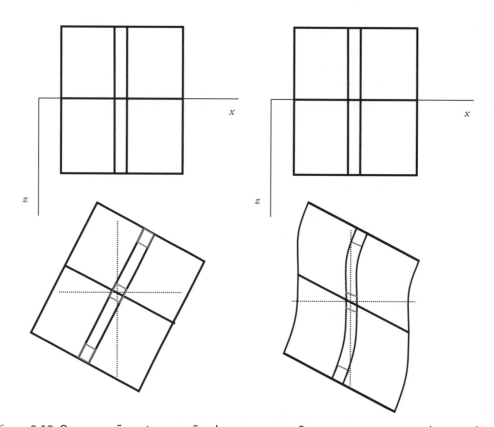

Figura 9.13 Comparação entre a seção plana e uma seção com empenamento de uma viga.

Uma alternativa à viga de Bernoulli-Euler foi proposta por S. Timoshenko (1878-1972), incluindo o efeito cisalhante. A hipótese de Timoshenko ainda não contempla o equilíbrio de forma exata, mas representa uma sofisticação à teoria clássica. A hipótese cinemática de Timoshenko considera que uma seção plana, normal à linha média, permanece plana, mas não mais normal à linha média (Figura 9.14).

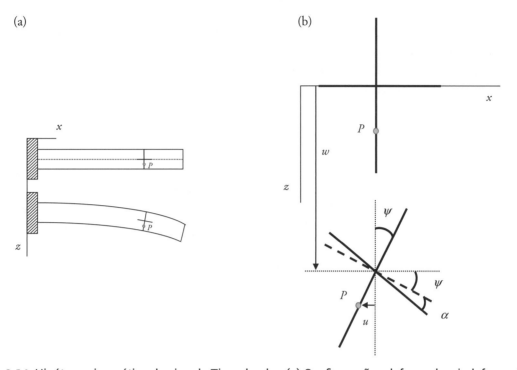

Figura 9.14 Hipótese cinemática da viga de Timoshenko. (a) Configurações deformada e indeformada de uma viga submetida à flexão. (b) Hipótese cinemática da viga de Timoshenko.

A hipótese cinemática de Timoshenko considera que o deslocamento total da linha média, w, é uma composição do deslocamento devido à flexão, w_f, e ao cisalhamento, w_c. Assim, escreve-se a relação:

$$w = w_f + w_c \tag{9.65}$$

O deslocamento horizontal é avaliado a partir de considerações geométricas conforme se segue:

$$u = -z\,\text{tg}(\psi) = -zw'_f = -z\psi \tag{9.66}$$

Pois $w'_f = \psi$. A partir das definições das deformações, tem-se que:

$$\begin{aligned} \varepsilon_x &= \frac{\partial u}{\partial x} = u' \\ \gamma_{xz} &= \frac{\partial u}{\partial z} + \frac{\partial w}{\partial x} \end{aligned} \tag{9.67}$$

Usando a hipótese cinemática, há as seguintes relações:

$$\varepsilon_x = -z\psi' \tag{9.68}$$

$$\gamma_{xz} = -\psi + w'_f + w'_c = \alpha \tag{9.69}$$

Capítulo 9

As equações de equilíbrio da viga de Timoshenko são indênticas às obtidas para a viga de Bernoulli-Euler, e, portanto:

$$M = -EI\psi' \tag{9.70}$$

No que diz respeito ao cisalhamento, deve-se estar atento ao fato de que o equilíbrio estabelece uma distribuição parabólica de tensões cisalhantes e que a hipótese cinemática considera uma distribuição constante. Dessa forma, a análise do cisalhamento considera um *coeficiente de cisalhamento*, χ, responsável por promover uma correção devido à diferença apresentada. Com isso, o esforço cortante é definido conforme se segue:

$$Q = \chi GA\alpha \tag{9.71}$$

O coeficiente de cisalhamento é uma constante que depende da seção transversal, e foi obtida de várias formas na literatura. Apesar de os valores variarem, com o passar do tempo se convergiu para valores próximos, obtidos por argumentos distintos. Para seções retangulares, o valor $\chi = 5/6$ é bem aceito.

Voltando à equação de movimento e substituindo as expressões do momento e do cortante, tem-se que:

$$\begin{aligned}(\chi GA\alpha)' + f &= \rho A \ddot{w} \\ (EI\psi')' + \chi GA\alpha &= \rho I \ddot{\psi}\end{aligned} \tag{9.72}$$

Usando agora a expressão $\alpha = w' - \psi$ chega-se a:

$$\begin{aligned}\left[\chi GA(w' - \psi)\right]' + f &= \rho A \ddot{w} \\ \left[EI\psi'\right]' + \chi GA(w' - \psi) &= \rho I \ddot{\psi}\end{aligned} \tag{9.73}$$

Para escrever a equação de movimento em termos de uma única variável, deriva-se a segunda equação em relação a *x*:

$$\left[EI\psi'\right]'' + \left[\chi GA(w' - \psi)\right]' = (\rho I \ddot{\psi})' \tag{9.74}$$

Usando a primeira equação, e sabendo que $\psi' = w'' - \alpha'$, tem-se que:

$$\left[EI(w'' - \alpha')\right]'' + \rho A \ddot{w} - f - (\rho I \ddot{\psi})' = 0 \tag{9.75}$$

Assumindo agora que as propriedades da viga não variam ao longo do seu comprimento (*EI*, χGA, ρA, ρI são constantes), chega-se à seguinte expressão:

$$EI\, w^{iv} - EI\, \alpha''' + \rho A \ddot{w} - f - \rho I(\ddot{w}'' - \ddot{\alpha}') = 0 \tag{9.76}$$

Mas, da primeira equação, $\alpha' = \dfrac{\rho}{\chi G}\ddot{w} - \dfrac{f}{\chi GA}$, e portanto:

$$EI\, w^{iv} - \frac{EI\rho}{\chi G}\ddot{w}'' - \frac{EI}{\chi GA}f'' + \rho A \ddot{w} - f - \rho I \ddot{w}'' + \frac{\rho^2 I}{\chi G}\ddddot{w} + \frac{\rho I}{\chi GA}\ddot{f} = 0 \tag{9.77}$$

Dessa forma, chega-se à equação do problema de valor de contorno para viga de Timoshenko.

Vibrações de Sistemas Contínuos: Vigas e Placas

$$EI w^{iv} - \left(\frac{EI\rho}{\chi G} + \rho I\right)\ddot{w}'' + \rho A \ddot{w} + \frac{\rho^2 I}{\chi G}\dddot{w} = f + \frac{EI}{\chi GA}f'' - \frac{\rho I}{\chi GA}\ddot{f} \qquad (9.78)$$

Definindo raio de giração, $R^2 = \dfrac{I}{A}$, obtém-se a seguinte expressão:

$$EI w^{iv} + \rho A \ddot{w} - \rho A R^2\left(1 + \frac{E}{\chi G}\right)\ddot{w}'' + \frac{\rho^2 A R^2}{\chi G}\dddot{w} = f + \frac{ER^2}{\chi G}f'' - \frac{\rho R^2}{\chi G}\ddot{f} \qquad (9.79)$$

Neste momento, vale estabelecer uma comparação da teoria de Timoshenko com a de Bernoulli-Euler. Observando as equações de movimento, vê-se que os dois últimos termos do lado esquerdo, assim como os dois últimos termos do lado direito, são decorrentes do cisalhamento e não existem na teoria de vigas clássica.

9.3.1 Frequências e modos naturais

Considere a vibração livre de uma viga de Timoshenko, governada pela seguinte equação:

$$EI w^{iv} + \rho A \ddot{w} - \rho A R^2\left(1 + \frac{E}{\chi G}\right)\ddot{w}'' + \frac{\rho^2 A R^2}{\chi G}\dddot{w} = 0 \qquad (9.80)$$

Assumindo a separação de variáveis $w = W(x)g(t)$, chega-se a um problema espacial e outro temporal. O problema temporal estabelece uma função harmônica enquanto o problema espacial define um problema de autovalores a partir do qual avaliam-se as frequências e modos naturais, a partir da seguinte equação:

$$W^{iv} - \lambda^4 W + \lambda^4 R^2\left(1 + \frac{E}{\chi G}\right)W'' + \lambda^8 R^4 \frac{E}{\chi G}W = 0 \qquad (9.81)$$

em que:

$$\lambda^4 = \frac{\rho A \omega^2}{EI} \qquad (9.82)$$

Considerando uma viga biapoiada, assume-se uma solução que satisfaz automaticamente as condições de contorno (W e W'' se anulam nas duas extremidades — $x = 0$ e $x = L$):

$$W_p = C\,\mathrm{sen}\!\left(\frac{p\pi x}{L}\right) \qquad (9.83)$$

Usando essa solução na equação espacial, obtém-se a seguinte expressão:

$$\left(\frac{p\pi}{L}\right)^4 - \lambda^4 - \lambda^4 R^2 \left(\frac{p\pi}{L}\right)^2\left(1 + \frac{E}{\chi G}\right) + \lambda^8 R^4\left(\frac{E}{\chi G}\right) = 0 \qquad (9.84)$$

Usualmente se despreza o termo associado a λ^8 que está relacionado com o termo $\dddot{w}$ da equação de movimento. Fazendo dessa forma, chega-se à seguinte solução:

$$\lambda_p^4 = \left(\frac{p\pi}{L}\right)^4 \left[\frac{1}{1+R^2\left(\frac{p\pi}{L}\right)^2\left(1+\frac{E}{\chi G}\right)}\right] \quad (9.85)$$

Há, então, as frequências naturais:

$$\omega_p = \beta_p^2 \sqrt{\frac{EI}{\rho A}} \left[\frac{1}{1+R^2\left(\frac{p\pi}{L}\right)^2\left(1+\frac{E}{\chi G}\right)}\right]^{1/2} \quad (9.86)$$

em que $\beta_p = p\pi / L$.

Vale observar que, se desprezarmos os termos associados à inércia de rotação e ao cisalhamento, as frequências naturais da viga biapoiada obtidas por meio da formulação de Timoshenko, Eq. (9.86), são iguais às obtidas pela teoria de Bernoulli-Euler, Eq. (9.53). Caso contrário, percebemos que esses efeitos diminuem os valores das frequências naturais.

As formas dos modos naturais de vibração da viga de Timoshenko biapoiada são semelhantes aos modos da viga de Bernoulli-Euler para as mesmas condições de contorno, apresentados na Figura 9.5, e aos modos da viga coluna. As frequências naturais, no entanto, são diferentes dos casos citados.

9.4 Placa

A placa é um elemento estrutural bidimensional que segue a mesma ideia central dos demais elementos estruturais. Em essência, estabelece-se uma hipótese cinemática que simplifica o fenômeno elástico tridimensional, permitindo descrever o problema em um contexto bidimensional. Dessa forma, a placa é um análogo bidimensional de uma viga. Assim, considere uma placa submetida à ação de esforços de flexão e cisalhamento, conforme mostrado na Figura 9.15.

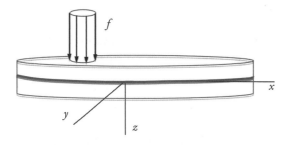

Figura 9.15 Placa submetida a um carregamento qualquer.

Para analisar o equilíbrio de um elemento de placa, é conveniente definir as resultantes das tensões, conforme se segue (Figura 9.16):

$$M_{xx} = \int_{-h/2}^{+h/2} \sigma_{xx} \, z \, dz \quad (9.87)$$

$$M_{yy} = \int_{-h/2}^{+h/2} \sigma_{yy}\, z\, dz \tag{9.88}$$

$$M_{xy} = \int_{-h/2}^{+h/2} \sigma_{xy}\, z\, dz \tag{9.89}$$

$$Q_x = \int_{-h/2}^{+h/2} \sigma_{xz}\, dz \tag{9.90}$$

$$Q_y = \int_{-h/2}^{+h/2} \sigma_{yz}\, dz \tag{9.91}$$

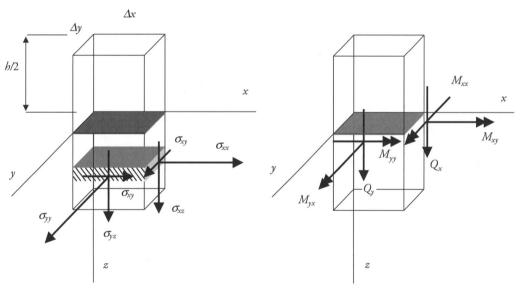

Figura 9.16 Resultante das tensões em uma placa.

Note que a inclusão de uma dimensão adicional faz surgir novas resultantes de tensões. Atenção especial deve ser dada às resultantes M_{xy} e M_{yx}, que não possuem analogia com o caso de vigas. Outro fato importante que deve ser destacado diz respeito à dimensão dessas resultantes. Tendo em vista que se efetua a integração de tensões ao longo da espessura, as resultantes possuem dimensão de força generalizada (força no caso de Q e momento no caso de M) por unidade de comprimento.

Com isso, estabelecendo o equilíbrio do elemento de uma placa, chegam-se às equações apresentadas na Eq. (9.92). Note que para esse equilíbrio consideram-se as resultantes das tensões que atuam em um elemento de placa, conforme mostrado na Figura 9.17.

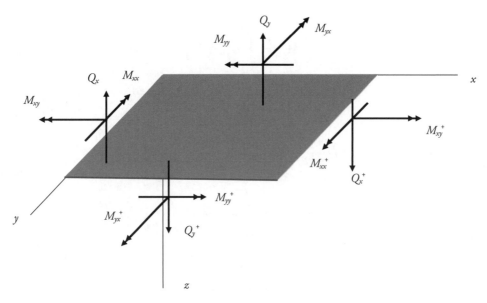

Figura 9.17 Elemento de placa com os esforços atuantes.

$$\sum F_z : Q_x^+ \Delta y - Q_x \Delta y + Q_y^+ \Delta x - Q_y \Delta x + f \Delta x \Delta y = \rho \Delta x \Delta y \ddot{w}$$
$$\sum M_x : M_{xy}^+ \Delta x - M_{xy} \Delta x + M_{yy}^+ \Delta x - M_{yy} \Delta x - Q_y \Delta x \Delta y = \rho I \Delta x \Delta y \ddot{\psi}_y \quad (9.92)$$
$$\sum M_y : M_{yx}^+ \Delta y - M_{yx} \Delta y + M_{xx}^+ \Delta y - M_{xx} \Delta y - Q_x \Delta x \Delta y = \rho I \Delta x \Delta y \ddot{\psi}_x$$

Utilizando a série de Taylor, chega-se a:

$$\frac{\partial Q_x}{\partial x} + \frac{\partial Q_y}{\partial y} + f = \rho \ddot{w} \quad (9.93)$$

$$\frac{\partial M_{xy}}{\partial x} + \frac{\partial M_{yy}}{\partial y} - Q_y = \rho I \ddot{\psi}_y \quad (9.94)$$

$$\frac{\partial M_{xx}}{\partial x} + \frac{\partial M_{yx}}{\partial y} - Q_x = \rho I \ddot{\psi}_x \quad (9.95)$$

Neste momento, deve-se introduzir a hipótese cinemática. A hipótese das seções planas, admitida para o caso de vigas, pode ser estendida para o caso bidimensional, estabelecendo a hipótese cinemática para a placa. Trata-se da hipótese de Kirchhoff e pode ser enunciada da seguinte forma: *uma superfície plana, normal à superfície média da placa, permanece plana e normal a essa superfície após a aplicação dos momentos* (Figura 9.18).

Dessa forma, diz-se que o deslocamento de um ponto qualquer da seção é:

$$u_x = -z \; \text{sen}(\psi_x) \quad (9.96)$$

$$u_y = -z \; \text{sen}(\psi_y), \quad (9.97)$$

Vibrações de Sistemas Contínuos: Vigas e Placas

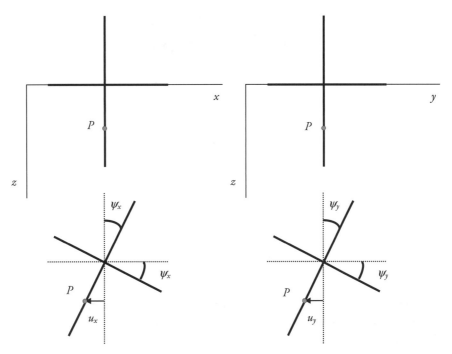

Figura 9.18 Hipótese cinemática para placas.

Considerando pequenas deformações, as seguintes equações definem as deformações:

$$\varepsilon_{xx} = -z\frac{\partial^2 w}{\partial x^2} \quad (9.98)$$

$$\varepsilon_{yy} = -z\frac{\partial^2 w}{\partial y^2} \quad (9.99)$$

$$\varepsilon_{xy} = -z\frac{\partial^2 w}{\partial x \partial y} \quad (9.100)$$

A lei de Hooke generalizada para placas isotrópicas considera que $\sigma_{zz} = \sigma_{33} = 0$ e, portanto:

$$\sigma_{xx} = \frac{E}{1-\nu^2}\left[\varepsilon_{xx} + \nu\varepsilon_{yy}\right] \quad (9.101)$$

$$\sigma_{yy} = \frac{E}{1-\nu^2}\left[\varepsilon_{yy} + \nu\varepsilon_{xx}\right] \quad (9.102)$$

$$\sigma_{xy} = \frac{E}{(1+\nu)}\varepsilon_{xy} = 2G\varepsilon_{xy} \quad (9.103)$$

Para formular o problema de valor de contorno em termos dos deslocamentos, escrevem-se os momentos nesses termos. Assim, partindo das Eqs. (9.87)-(9.89) e utilizando as equações constitutiva e cinemática, e efetuando a integração, chega-se a:

$$M_{xx} = -D_E \left[\frac{\partial^2 w}{\partial x^2} + \upsilon \frac{\partial^2 w}{\partial y^2} \right] \qquad (9.104)$$

$$M_{yy} = -D_E \left[\frac{\partial^2 w}{\partial y^2} + \upsilon \frac{\partial^2 w}{\partial x^2} \right] \qquad (9.105)$$

$$M_{xy} = -D_E (1-\upsilon) \frac{\partial^2 w}{\partial x \partial y} \qquad (9.106)$$

em que D_E é o módulo de rigidez da placa definido como se segue:

$$D_E = \frac{Eh^3}{12(1-v^2)} \qquad (9.107)$$

Utilizando essa expressão nas equações de equilíbrio (9.93)-(9.95), e admitindo que D_E é constante ao longo da placa, escreve-se a equação do problema de valor de contorno em função dos deslocamentos:

$$D_E \nabla^4 w + \rho \ddot{w} = f \qquad (9.108)$$

Em que ∇^4 é o *operador bi-harmônico*, que em coordenadas cartesianas é expresso da seguinte forma:

$$\nabla^4 = \frac{\partial^4}{\partial x^4} + 2\frac{\partial^4}{\partial x^2 \partial y^2} + \frac{\partial^4}{\partial y^4} \qquad (9.109)$$

9.4.1 Notação indicial

Nesta seção apresenta-se a obtenção das equações de movimento da placa utilizando a notação indicial. Trata-se de uma notação compacta que utiliza a convenção soma para índices repetidos. As resultantes das forças e momentos são dadas por:

$$M_{\alpha\beta} = \int_{-h/2}^{+h/2} \sigma_{\alpha\beta} \, z \, dz \qquad (9.110)$$

$$Q_\alpha = \int_{-h/2}^{+h/2} \sigma_{\alpha 3} \, dz \qquad (9.111)$$

em que os índices gregos são utilizados para representar variação somente de 1 a 2. As equações de equilíbrio são escritas da seguinte forma:

$$Q_{\alpha,\alpha} + f = \rho \ddot{w}$$
$$M_{\alpha\beta,\beta} - Q_\alpha = \rho I \ddot{\psi}_\alpha$$

Introduzindo a hipótese cinemática das seções planas, escreve-se:

$$u_\alpha = -z \, \text{sen}(\psi_\alpha) \qquad (9.112)$$

A lei de Hooke generalizada para meios isotrópicos fornece a seguinte expressão para o caso tridimensional:

$$\sigma_{ij} = 2\mu\,\varepsilon_{ij} + \lambda\delta_{ij}\varepsilon_{kk} \tag{9.113}$$

Para placas isotrópicas, $\sigma_{zz} = \sigma_{33} = 0$, e portanto:

$$\sigma_{33} = 2\mu\,\varepsilon_{33} + \lambda(\varepsilon_{11} + \varepsilon_{22} + \varepsilon_{33}) = 0 \tag{9.114}$$

Com isso, determina-se o valor de ε_{33}:

$$\varepsilon_{33} = -\frac{\lambda}{2\mu+\lambda}(\varepsilon_{11}+\varepsilon_{22}) = -\frac{\lambda}{2\mu+\lambda}\varepsilon_{\gamma\gamma} \tag{9.115}$$

Dessa forma:

$$\varepsilon_{kk} = \varepsilon_{\gamma\gamma} + \varepsilon_{33} = \frac{2\mu}{2\mu+\lambda}\varepsilon_{\gamma\gamma} \tag{9.116}$$

A partir daí, reescreve-se a equação constitutiva da seguinte forma:

$$\sigma_{ij} = 2\mu\,\varepsilon_{ij} + \frac{2\mu\lambda}{2\mu+\lambda}\delta_{ij}\varepsilon_{kk} \tag{9.117}$$

Ignorando a direção $z = 3$, tem-se, então:

$$\sigma_{\alpha\beta} = 2\mu\,\varepsilon_{\alpha\beta} + \frac{2\mu\lambda}{2\mu+\lambda}\delta_{\alpha\beta}\varepsilon_{\gamma\gamma}. \tag{9.118}$$

Ou, em termos das constantes de engenharia:

$$\sigma_{\alpha\beta} = \frac{E}{1-\nu^2}\left[(1-\nu)\varepsilon_{\alpha\beta} + \nu\delta_{\alpha\beta}\varepsilon_{\gamma\gamma}\right]. \tag{9.119}$$

Para formular o problema de valor de contorno em termos dos deslocamentos, escrevem-se os momentos $M_{\alpha\beta}$ nesses termos. Assim, partindo da Eq. (9.89) e utilizando as equações constitutiva e cinemática, e efetuando a integração, chega-se a:

$$M_{\alpha\beta} = -\frac{h^3}{12}[2\mu w,_{\alpha\beta} + \lambda\delta_{\alpha\beta}w,_{\gamma\gamma}] = -D_E[(1-\nu)w,_{\alpha\beta} + \upsilon\delta_{\alpha\beta}w,_{\gamma\gamma}] \tag{9.120}$$

Utilizando essa expressão nas equações de equilíbrio (9.93)-(9.95), e admitindo que D_E é constante ao longo da placa, escreve-se a equação do problema de valor de contorno em função dos deslocamentos:

$$D_E w,_{\alpha\alpha\beta\beta} + \rho\ddot{w} = f \tag{9.121}$$

9.4.2 Condições de contorno

A solução do problema de valor de contorno para a placa de Kirchhoff requer que se satisfaçam duas condições de contorno em cada eixo. A diferença básica entre as condições de contorno dessa placa e da viga de Bernoulli-Euler está na existência dos momentos torsores M_{xy} e M_{yx}. Uma análise de uma face livre de uma placa de Kirchhoff, por exemplo uma face *x*, mostra que existem três esforços a serem anulados: cortante, Q_x, e dois momentos, M_{xx} e M_{xy}. Entretanto, as hipóteses cinemáticas adotadas simplificam o problema de tal forma que só é possível satisfazer duas condições de contorno explícitas.

A solução para isso é baseada no princípio de Saint-Venant. Substituem-se os momentos por forças equivalentes, o que altera a solução apenas nas proximidades do contorno. Assim, os momentos M_{xy} e M_{yx} são substituídos por forças conjugadas, estaticamente equivalentes. Com isso, é possível definir as grandezas V_x e V_y, que são utilizadas para satisfazer as condições de contorno (Figura 9.19).

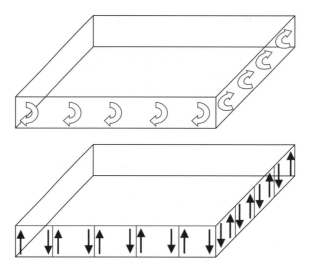

Figura 9.19 Condições de contorno em uma placa.

$$V_x = Q_x + \frac{\partial M_{xy}}{\partial y} \qquad (9.122)$$

$$V_y = Q_y + \frac{\partial M_{yx}}{\partial x} \qquad (9.123)$$

Isso posto, é possível identificar os diferentes tipos de condições de contorno:

9.4.2.1 Apoio simples

$$w = 0$$

$$M_{xx} = D_E\left[\frac{\partial^2 w}{\partial x^2} + \nu \frac{\partial^2 w}{\partial y^2}\right] = 0 \Rightarrow \frac{\partial^2 w}{\partial x^2} = 0 \qquad (9.124)$$

9.4.2.2 Engaste

$$w = 0$$
$$\frac{\partial w}{\partial x} = 0 \qquad (9.125)$$

9.4.2.3 Extremidade com esforços prescritos

$$M_{xx} = -D_E\left[\frac{\partial^2 w}{\partial x^2} + \nu\frac{\partial^2 w}{\partial y^2}\right] = M_a$$
$$V_x = -D_E\left[\frac{\partial^3 w}{\partial x^3} + (2-\nu)\frac{\partial^3 w}{\partial x \partial y^2}\right] = V_a \qquad (9.126)$$

9.4.3 Frequências e modos naturais

Considere a vibração livre de uma placa governada pela seguinte equação de movimento:

$$\nabla^4 w + \frac{\rho}{D_E}\ddot{w} = 0 \qquad (9.127)$$

Assumindo uma separação de variáveis do tipo:

$$w = w(x,y,t) = W(x,y)g(t) \qquad (9.128)$$

Chegam-se às equações no tempo e no espaço:

$$\begin{cases} \ddot{g} + \omega^2 g = 0 \\ \nabla^4 W - \beta^4 W = 0 \end{cases} \qquad (9.129)$$

em que $\beta^4 = \frac{\rho}{D_E}\omega^2$.

Mais uma vez, a equação no tempo possui uma solução harmônica. A solução da equação no espaço define o problema de autovalores que estabelece as frequências e modos naturais de vibração. Deve-se observar que, agora, essa equação é uma equação diferencial parcial.

A definição da equação característica depende das condições de contorno. Para apresentar um exemplo, considere uma placa retangular de lados a na direção x e b na direção y, apoiada nos quatro lados. Nesse caso, apresentam-se as seguintes condições de contorno:

$$W(0,y) = \frac{\partial^2 W(0,y)}{\partial x^2} = 0$$
$$W(a,y) = \frac{\partial^2 W(a,y)}{\partial x^2} = 0$$
$$W(x,0) = \frac{\partial^2 W(x,0)}{\partial y^2} = 0 \qquad (9.130)$$
$$W(x,b) = \frac{\partial^2 W(x,b)}{\partial y^2} = 0$$

Com isso, propõe-se uma solução do tipo:

$$W_{pr} = C_{pr}\text{sen}\left(\frac{p\pi x}{a}\right)\text{sen}\left(\frac{r\pi y}{b}\right) \qquad (9.131)$$

Essa solução satisfaz automaticamente as condições de contorno. Usando-a na equação de governo, tem-se que:

$$\left[\left(\frac{p\pi}{a}\right)^4 + 2\left(\frac{p\pi}{a}\right)^4\left(\frac{r\pi}{b}\right)^4 + \left(\frac{r\pi}{b}\right)^4 - \beta^4\right]C_{pr}\text{sen}\left(\frac{p\pi x}{a}\right)\text{sen}\left(\frac{r\pi y}{b}\right) = 0 \qquad (9.132)$$

E, portanto:

$$\beta_{pr}^2 = \left(\frac{p\pi}{a}\right)^2 + \left(\frac{r\pi}{b}\right)^2 \qquad (9.133)$$

A partir daí, são definidas as frequências naturais:

$$\omega_{pr} = \sqrt{\frac{D_E \pi^4}{\rho}\left[\left(\frac{p}{a}\right)^2 + \left(\frac{r}{b}\right)^2\right]} \qquad (9.134)$$

A Figura 9.20 mostra a forma geral dos modos naturais de vibração de uma placa retangular biapoiada. Note que é importante indentificar os índices *p* e *r* para definir determinado modo de vibrar.

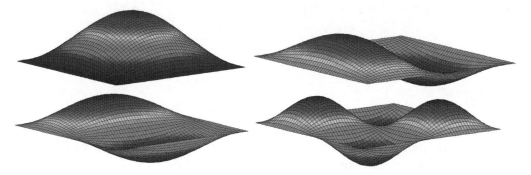

Figura 9.20 Modos naturais de vibração associados a uma placa de Kirchhoff retangular.

9.5 Exercícios

P9.1 Obtenha as frequências e modos naturais de uma viga em balanço (engastada-livre).

P9.2 Obtenha as frequências e modos naturais de uma viga livre-livre.

P9.3 Obtenha as frequências e modos naturais de uma viga suportada por molas nas duas extremidades.

P9.4 Discuta a influência da inércia de rotação na frequência natural de uma viga biapoiada.

P9.5 Obtenha a equação de movimento de uma placa circular, expressa em coordenadas polares.

P9.6 Obtenha as frequências e modos naturais de uma placa engastada nos quatro lados.

10
Vibrações Não Lineares

Até o presente momento, investigamos a dinâmica de sistemas lineares. Contudo, a natureza é essencialmente não linear e a sua descrição a partir de modelos não lineares é mais realista. Vibrações não lineares, portanto, englobam uma variedade maior de fenômenos, relacionada com questões essenciais muitas vezes desprezadas.

Neste capítulo, vamos apresentar uma abordagem para tratar sistemas não lineares. Trataremos sistemas discretos cuja dinâmica é um protótipo de diversos sistemas físicos. Note que podemos considerar não linearidades físicas ou geométricas dos sistemas envolvidos. Do ponto de vista físico, podemos pensar em não linearidades constitutivas como comportamentos elásticos não lineares, plasticidade ou outros fenômenos correlatos. Do ponto de vista geométrico, podemos pensar em impactos ou grandes deslocamentos. O caso clássico é o pêndulo, desde que não consideremos válida a ideia de pequenos ângulos (sen(θ) $\neq$ θ).

Considere, portanto, um sistema dinâmico geral que pode ser entendido como a evolução de um campo vetorial formado pelas variáveis de estado $\{X\}$, que é continuamente transformado por uma função $\{g\}$. Dessa forma, tem-se uma descrição quadro a quadro da realidade, representada pela seguinte equação de movimento:

$$\{\dot{X}\} = \{g(X_i, t)\}, \quad \{X\} \in R^n \tag{10.1}$$

em que $X_i \equiv \{X\}$. Esse sistema possui uma dependência explícita do tempo; é chamado de sistema *não autônomo*. Essa dependência pode ser eliminada aumentando a dimensão do sistema:

$$\{\dot{X}\} = \{g(X_i)\}, \quad \{X\} \in R^{n+1} \tag{10.2}$$

Esse sistema é chamado de *sistema autônomo*.

Usualmente, um sistema não linear não possui solução analítica, e seu tratamento envolve a utilização de diversas ferramentas. A análise qualitativa tem como objetivo descrever os aspectos gerais do sistema dinâmico, proporcionando uma compreensão global da dinâmica. A análise quantitativa usualmente utiliza métodos numéricos e híbridos para obter a solução do sistema. O Apêndice A apresenta uma breve discussão sobre alguns métodos numéricos.

Capítulo 10

10.1 Pontos de equilíbrio e linearização

Um sistema dinâmico não linear pode possuir vários pontos de equilíbrio. Formalmente, um *ponto de equilíbrio* ou *ponto fixo* de um sistema dinâmico é definido como o ponto em que o sistema permanece estacionário à medida que o tempo evolui. Assim, a solução não varia com o tempo. Pensando em termos mecânicos, o ponto de equilíbrio está associado a uma posição em que o sistema possui velocidade e aceleração nulas. Isso leva à seguinte definição de ponto de equilíbrio:

$\{\overline{X}\}$ é um ponto de equilíbrio de um sistema dinâmico se $\{g(\overline{X})\} = \{0\}$.

Uma forma útil para investigar a dinâmica de um sistema não linear é considerar sua linearização. Isso deve ser feito em torno de alguma solução, e a linearização em torno de um ponto de equilíbrio é útil para se conhecer as características da dinâmica nas vizinhanças desse ponto. Para isso, faz-se uma mudança de coordenadas do tipo:

$$\{X\} = \{\overline{X}\} + \{\eta\} \tag{10.3}$$

em que $\{\eta\}$ é uma pequena perturbação da solução. Utilizando a série de Taylor para escrever a função $\{g(X_i)\}$, tem-se:

$$\{g(X_i)\} = \{g(\overline{X}_i + \eta_i)\} = \{g(\overline{X}_i)\} + [Df(\overline{X}_i)]\big|_{\{\eta\}=\{0\}}\{\eta\} + \ldots \tag{10.4}$$

$[Df(X_i)]\big|_{\{\eta\}=\{0\}} = [A]$ é a matriz Jacobiana do sistema avaliada no ponto de equilíbrio. Tomando apenas a parte linear da série e voltando à equação de movimento do sistema dinâmico, vem que:

$$\{\dot{\eta}\} = [A]\{\eta\} \tag{10.5}$$

Note que: $\{\dot{\overline{X}}\} = \{g(\overline{X}_i)\} = \{0\}$.

Com isso, o sistema linearizado possui solução fechada. Para tratar a solução desse sistema é conveniente fazer uma nova mudança de coordenadas. Para isso, considere:

$$\{\eta\} = [\Gamma]\{\xi\} \tag{10.6}$$

em que $[\Gamma]$ é a matriz modal, formada pelos autovetores da matriz jacobiana $[A]$. Dessa forma, voltando à equação do sistema linearizado e pré-multiplicando por $[\Gamma]^{-1}$, obtém-se o seguinte:

$$\left([\Gamma]^{-1}[\Gamma]\right)\{\dot{\xi}\} = \left([\Gamma]^{-1}[A][\Gamma]\right)\{\xi\} \tag{10.7}$$

O sistema linearizado pode então ser reescrito da seguinte forma:

$$\{\dot{\xi}\} = [B]\{\xi\} \tag{10.8}$$

Tendo em vista que $[\Gamma]$ é a matriz modal, $[B] = [\Gamma]^{-1}[A][\Gamma] = diag(\lambda_i)$, sendo λ_i os autovalores de $[A]$. Com isso, o sistema linear $\{\dot{\xi}\} = [B]\{\xi\}$, possui a seguinte solução:

$$\{\xi\} = e^{t[B]}\{\xi_0\} = \left[diag\left(\sum_{k=0}^{\infty}\frac{t^k}{k!}\lambda_i^k\right)\right]\{\xi_0\} = \left[diag(e^{t\lambda_i})\right]\{\xi_0\} \tag{10.9}$$

Portanto, as características dinâmicas do sistema nas vizinhanças do ponto de equilíbrio são definidas a partir dos autovalores de $[A]$. Isso nos permite avaliar as características da estabilidade do ponto de equilíbrio que, usualmente, são divididas em três grupos definidos a partir do espectro de autovalores de $[A]$: ϑ^s, ϑ^u e ϑ^c, representando as partes estáveis, instáveis e centrais, respectivamente. A definição de cada um desses conjuntos é feita a partir da parte real dos autovalores, conforme mostrado a seguir:

$$\begin{aligned}\vartheta^s &= \{\lambda \text{ tal que } \text{Re}(\lambda) < 0\} \\ \vartheta^u &= \{\lambda \text{ tal que } \text{Re}(\lambda) > 0\} \\ \vartheta^c &= \{\lambda \text{ tal que } \text{Re}(\lambda) = 0\}\end{aligned} \quad (10.10)$$

Até o momento, avaliou-se a estabilidade da solução linearizada quando $\{\eta\} = \{0\}$. Deve-se agora saber se a estabilidade da solução linear corresponde à estabilidade da solução não linear associada, nas vizinhanças de um dado ponto fixo. Em linhas gerais, diz-se que a solução do problema linearizado nas vizinhanças de um ponto de equilíbrio, localmente corresponde à solução do problema não linear, desde que o ponto de equilíbrio seja hiperbólico. Um ponto fixo é dito hiperbólico se $[A]$ não possuir nenhum autovalor cuja parte real seja nula, i.e., $\text{Re}(\lambda_k) \neq 0 \ \forall k$. Essa conclusão é colocada a partir do *teorema de Hartman-Grobmanm* (Savi, 2006).

10.1.1 Sistemas dinâmicos 2-Dim

Com o objetivo de visualizar os tipos de pontos de equilíbrio de determinado sistema dinâmico, considera-se um sistema 2-Dim. Vale lembrar que essa análise pode ser extrapolada para sistemas de dimensão qualquer, ainda que a visualização possa ser uma tarefa difícil. Além disso, vale dizer que a análise apresentada não esgota os tipos de pontos de equilíbrio existentes, apresentando apenas os mais usuais. Considere então um sistema dinâmico 2-Dim com um ponto de equilíbrio $\{\bar{X}\}$. O sistema linearizado em torno desse ponto possui a seguinte forma:

$$\{\dot{\eta}\} = [A]\{\eta\} \quad (10.11)$$

em que $A = \begin{bmatrix} a_{11} & a_{12} \\ a_{21} & a_{22} \end{bmatrix}$ e $\eta = \begin{Bmatrix} \eta_u \\ \eta_v \end{Bmatrix}$.

A solução desse sistema é dada por:

$$\{\eta\} = \begin{bmatrix} \{w^{(1)}\} & \{w^{(2)}\} \end{bmatrix} \begin{bmatrix} e^{t\lambda_1} & 0 \\ 0 & e^{t\lambda_2} \end{bmatrix} \begin{bmatrix} \{w^{(1)}\} & \{w^{(2)}\} \end{bmatrix}^{-1} \{\eta_0\} \quad (10.12)$$

em que $\{w^{(1)}\}$ e $\{w^{(2)}\}$ são os autovetores de $[A]$ enquanto λ_1 e λ_2 são os autovalores. O movimento do sistema nas vizinhanças do ponto fixo é definido a partir das características dos autovalores e autovetores do sistema. Os autovalores são definidos pelo polinômio característico da matriz $[A]$, apresentado a seguir:

$$\det([A] - \lambda[1]) = \lambda^2 - \text{tr}[A]\lambda + \det[A] = 0 \quad (10.13)$$

em que tr[A] e det[A] são o traço e o determinante da matriz [A], respectivamente. O polinômio característico possui as seguintes soluções:

$$\lambda_{1,2} = \frac{1}{2}\left(\text{tr}[A] \pm \sqrt{\Delta}\right) \quad (10.14)$$

em que $\Delta = (\text{tr}[A])^2 - 4\det[A]$. Uma análise desses autovalores permite que se avaliem as diferentes possibilidades do movimento. Para isso, considere as partes reais e imaginárias dos autovalores:

$$\lambda_k = \text{Re}(\lambda_k) + i\,\text{Im}(\lambda_k), \quad (k=1,2) \tag{10.15}$$

De onde se identificam as seguintes possibilidades para os tipos de pontos de equilíbrio.

1) Ponto tipo sorvedouro (poço): estável (Figura 10.1).

$\text{Re}(\lambda_1) = -b_1 < 0, \quad \text{Im}(\lambda_1) = 0$
$\text{Re}(\lambda_2) = -b_2 < 0, \quad \text{Im}(\lambda_2) = 0$

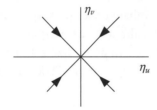

Figura 10.1 Ponto fixo tipo sorvedouro ou poço.

2) Ponto tipo fonte: instável (Figura 10.2).

$\text{Re}(\lambda_1) = +b_1 > 0, \quad \text{Im}(\lambda_1) = 0$
$\text{Re}(\lambda_2) = +b_2 > 0, \quad \text{Im}(\lambda_2) = 0$

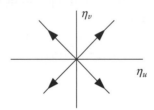

Figura 10.2 Ponto fixo tipo fonte.

3) Ponto tipo sela: estável (Figura 10.3).

$\text{Re}(\lambda_1) = +b_1 > 0, \quad \text{Im}(\lambda_1) = 0$
$\text{Re}(\lambda_2) = -b_2 < 0, \quad \text{Im}(\lambda_2) = 0$

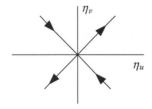

Figura 10.3 Ponto fixo tipo sela.

4) Ponto tipo centro: estável (Figura 10.4).

$\text{Re}(\lambda_1) = 0, \quad \text{Im}(\lambda_1) = +b$
$\text{Re}(\lambda_2) = 0, \quad \text{Im}(\lambda_2) = -b$

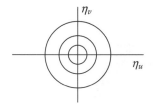

Figura 10.4 Ponto fixo tipo centro.

5) Ponto tipo espiral (foco): estável (Figura 10.5).

$\text{Re}(\lambda_1) = -b_1 < 0, \quad \text{Im}(\lambda_1) = +b_2$
$\text{Re}(\lambda_2) = -b_1 < 0, \quad \text{Im}(\lambda_2) = -b_2$

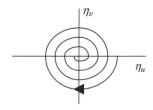

Figura 10.5 Ponto fixo tipo espiral estável.

6) Ponto tipo espiral (foco): instável (Figura 10.6).

$\text{Re}(\lambda_1) = +b_1 > 0, \quad \text{Im}(\lambda_1) = +b_2$
$\text{Re}(\lambda_2) = +b_1 > 0, \quad \text{Im}(\lambda_2) = -b_2$

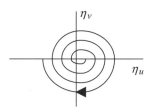

Figura 10.6 Ponto fixo tipo espiral instável.

10.2 Estabilidade

O conceito de estabilidade é fundamental no estudo de sistemas dinâmicos. A estabilidade está associada às características de uma dada solução do sistema que, intuitivamente, pode ser entendida pensando em termos de como o sistema responde a determinada perturbação. Se essa perturbação não afetar significativamente a solução, então ela é estável. Do contrário, ela é instável. A Figura 10.7 ilustra o conceito de estabilidade considerando o movimento de um corpo em três situações distintas, discutidas a seguir.

1) Equilíbrio metaestável — Após uma pequena perturbação, o corpo retorna à configuração inicial. Entretanto, existe uma posição de equilíbrio mais estável (3) que, dependendo da intensidade da perturbação, o sistema busca atingir essa solução;

2) Equilíbrio instável — Após a perturbação, o corpo não retorna à configuração inicial, assumindo uma nova posição distante da original;
3) Equilíbrio estável — Após uma perturbação, o corpo retorna à configuração inicial;
4) Equilíbrio neutro ou indiferente — Após a perturbação, o corpo tende a permanecer na sua nova configuração.

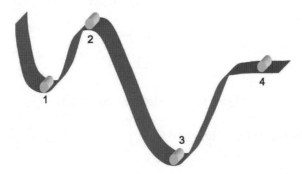

Figura 10.7 Estabilidade.

Existem várias formas de avaliar a estabilidade de um sistema dinâmico. A análise das vizinhanças de um ponto de equilíbrio, tratada no item anterior, é uma das formas. Outra maneira é usar o critério de Lyapunov que analisa o efeito de uma perturbação em determinada solução. Assim, estabelece-se uma comparação entre determinada trajetória (que representa a solução do sistema dinâmico) e a sua perturbação (representada por uma trajetória vizinha à primeira).

As definições sobre estabilidade de Lyapunov de uma dada solução dizem que uma trajetória que se inicia próxima a outra permanece próxima a ela indefinidamente se ela for *Lyapunov estável*. Da mesma maneira, uma trajetória é dita *assintoticamente estável* se iniciar próxima a outra trajetória, tendendo a convergir para a trajetória original à medida que o tempo evolui (Figura 10.8).

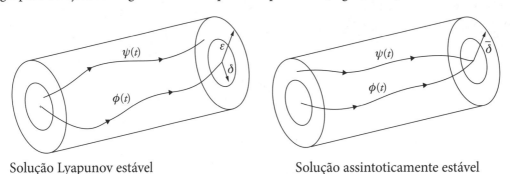

Solução Lyapunov estável   Solução assintoticamente estável

Figura 10.8 Estabilidade de Lyapunov.

10.3 Ressonância

A ressonância é normalmente definida como o fenômeno no qual um sistema submetido a uma excitação harmônica possui seus picos de oscilação. A análise de sistemas lineares faz uma associação direta entre esse fenômeno e a frequência de excitação. Em um sistema linear sem amortecimento, a ressonância ocorre quando a frequência de excitação é igual a uma das frequências naturais do sistema. Pensando em termos da resposta desses sistemas, nas condições de ressonância existe uma amplificação das amplitudes do movimento de forma indefinida. Na ressonância de sistemas amortecidos, a amplificação da resposta tende a se estabilizar em algum limite. A análise da ressonância de sistemas lineares pode, portanto, ser bem compreendida a partir do ganho associado à amplificação do sistema.

As não linearidades do sistema tendem a deformar a curva de ressonância. Essa deformação está associada a um fenômeno conhecido como salto dinâmico. Para ilustrar esse efeito, considere um sistema não suave, linear por partes. Do ponto de vista físico, esse sistema pode ser entendido como um oscilador linear para pequenas amplitudes; contudo, à medida que a amplitude aumenta, um novo conjunto mola-amortecedor passa a atuar no sistema (Figura 10.9).

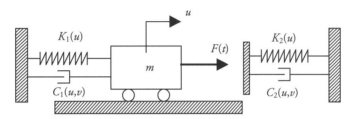

Figura 10.9 Ressonância de sistemas não lineares.

Um sistema não suave é governado por uma equação com duas situações: sem contato e com contato, conforme mostrado a seguir.

$$\begin{cases} \ddot{u} + \omega_0^2 u + 2\xi\omega_0 \dot{u} = \mu\cos(\Omega t), \text{ sem contato.} \\ \ddot{u} + \omega_0^2 u + \omega_s^2(u-1) + 2(\xi\omega_0 + \xi_s\omega_s)\dot{u} = \mu\cos(\Omega t), \text{ com contato.} \end{cases} \qquad (10.16)$$

Para avaliar a ressonância nesse sistema, apresenta-se uma análise no domínio da frequência na qual se assume: $\omega_0 = 1$ rad/s, $\xi = 0{,}025$, $\mu = 0{,}125$, $\Omega = 1$ rad/s. Além disso, dois tipos de suporte são analisados: $\omega_s = 3{,}16$ rad/s, $\xi_s = 0{,}0475$ e $\omega_s = 7{,}07$ rad/s, $\xi_s = 0{,}0212$. A Figura 10.10 apresenta a curva de ressonância do sistema. A primeira observação importante diz respeito à alteração da curva no momento em que ocorre o contato. Isso está associado a uma deformação da curva de ressonância gerando o fenômeno conhecido como salto dinâmico. Observe que, à medida que se aumenta a amplitude, o sistema passa por uma descontinuidade em $u = 1$, e depois apresenta um salto. Diminuindo a frequência, o salto ocorre em outra frequência. Esses saltos conferem duas características ao sistema: a primeira está associada a uma mudança brusca na resposta do sistema para pequenas variações na frequência de excitação; a segunda característica, por outro lado, é a existência de uma região de instabilidade, relacionada com a parte entre as duas frequências de salto.

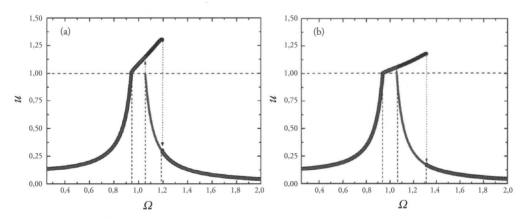

Figura 10.10 Ressonância de sistemas não suaves.

Capítulo 10

10.4 Seção de Poincaré

A seção de Poincaré é um subespaço a partir do qual é possível reduzir um sistema dinâmico contínuo no tempo em um discreto. A definição desse subespaço elimina pelo menos uma variável do problema; é uma transformação que possibilita uma melhor compreensão da dinâmica global do sistema.

O procedimento para obtenção de uma seção de Poincaré consiste em definir uma superfície Σ, $(n-1)$-Dim, transversal ao campo vetorial em um ponto $\{X\}$, e construir uma transformação P que leve o sistema de uma seção para outra. Em um sistema com forçamento periódico, pode-se pensar em uma amostragem estroboscópica de determinada variável de estado. A Figura 10.11 mostra uma seção de Poincaré para um movimento com forçamento periódico. Note que, em vez de observar toda a órbita, consideram-se apenas pontos discretos estroboscopicamente tomados na superfície Σ. Esse procedimento transforma o sistema contínuo no tempo em um mapeamento.

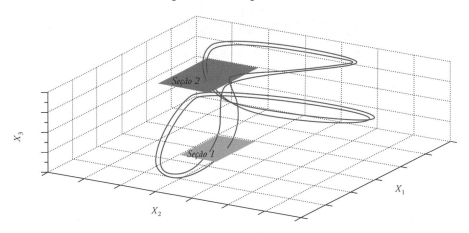

Figura 10.11 Seção de Poincaré.

10.5 Caos

Sistemas dinâmicos não lineares são passíveis de apresentar uma grande variedade de respostas. Tudo se passa como se o sistema tivesse mais alternativas e liberdade para se comportar de diferentes formas. Uma das possibilidades de resposta de um sistema não linear é o *caos*. Em essência, o caos possui uma grande riqueza de possibilidades com características de imprevisibilidade e sensibilidade às condições iniciais. O caos tem sido definido como o comportamento aparentemente estocástico de sistemas determinísticos.

Uma forma geométrica de compreender o caos consiste em investigar as transformações impostas ao sistema dinâmico à medida que o tempo evolui. O matemático Stephen Smale definiu essas características a partir de uma sequência de transformações que ficaram conhecidas como *ferradura de Smale*, ou ainda transformação do padeiro (como uma alusão ao processo de preparação da massa do pão). Esse processo promove, em direções distintas, expansão, contração e dobra.

Visando avaliar um protótipo do tipo de comportamento característico da ferradura, considere essa transformação aplicada em um quadrado unitário mostrado na Figura 10.12. Esse quadrado representa uma série de condições iniciais em um espaço de estado. Dessa forma, de cada ponto do quadrado partem trajetórias que evoluem no tempo. A função $\{g\}$ impõe uma sequência de transformações que resulta em uma ferradura. Note que a partir de retângulos verticais (V_0 e V_1), a sequência de transformações tende a produzir uma série de retângulos verticais ou, no limite, linhas verticais (painel superior da Figura 10.12). Situação análoga ocorre com as transformações mostradas no painel inferior da Figura

10.12. Nesse caso, a partir dos retângulos horizontais (H_0 e H_1), produzem-se retângulos horizontais ou, no limite, linhas horizontais. A interseção das linhas verticais e horizontais está associada a um conjunto invariante do sistema dinâmico, que possui características próprias.

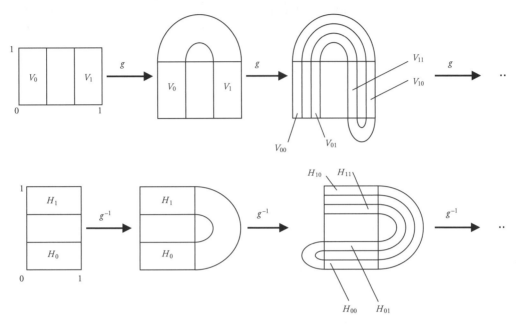

Figura 10.12 Transformações do tipo contração-expansão-dobra da ferradura de Smale.

Avaliando a dinâmica de um sistema submetido à ação de transformações do tipo contração-expansão-dobra, pode-se verificar que, dois pontos quaisquer, p e $\tilde{p}$, pertencentes a uma vizinhança, afastam-se após um número finito de iterações, não importando quão pequeno seja a vizinhança. Esse comportamento está associado à sensibilidade às condições iniciais, propriedade característica do comportamento caótico de um sistema dinâmico. Trata-se do efeito borboleta mencionado por Edward Lorenz (1917-2008) e das causas muito diminutas enunciadas por Henri Poincaré (1854-1912) para caracterizar a imprevisibilidade dos sistemas com comportamento caótico. A Figura 10.13 mostra uma ilustração clara dessa dependência (Strogatz, 1994). Após um processo de expansão-contração-dobra, dois pontos muito próximos ficaram distantes.

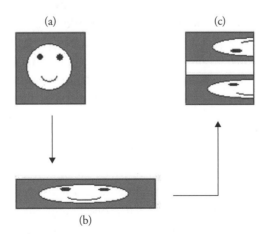

Figura 10.13 Representação esquemática da forte dependência às condições iniciais associada à ferradura de Smale.

Para ilustrar o comportamento físico associado à ferradura de Smale, considere um círculo de condições iniciais no espaço de estado. Após alguns intervalos de tempo, avalia-se a interseção das órbitas de cada uma das condições com uma seção de Poincaré. Se a resposta é caótica, o círculo original apresenta uma evolução do tipo expansão-contração-dobra, apresentando a forma característica da ferradura. A Figura 10.14 mostra o círculo original e três outros instantes, mostrando a evolução discutida (Savi e Braga, 1993).

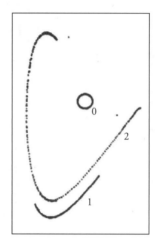

Figura 10.14 Evolução de uma esfera de condições de uma resposta caótica.

Portanto, a resposta caótica pode ser caracterizada pela existência da ferradura de Smale. Dessa forma, trata-se de um sistema não linear que, sob determinadas condições, é submetido a transformações que promovem, em direções distintas, uma expansão, uma contração e uma deformação. Essa constatação impõe que um sistema dinâmico necessita de pelo menos três dimensões (3-Dim) para exibir um comportamento caótico. Essas três dimensões estão associadas à expansão, à contração e a uma terceira dimensão neutra na qual o sistema evolui, permitindo a dobra.

Outra característica fundamental do caos é a sua riqueza de possibilidades. Na sua essência, o comportamento caótico contém uma infinidade contável de órbitas periódicas e uma infinidade incontável de órbitas não periódicas. Isso confere uma característica fundamentalmente rica a uma resposta caótica. De fato, as órbitas periódicas instáveis representam uma estrutura essencial do caos, estando relacionada com sua riqueza de possibilidades. Para compreender isso, pode-se pensar na vida cotidiana (e na sabedoria popular). "Grandes mudanças são decididas quando nossas vidas estão um caos." De fato, as grandes mudanças são possíveis uma vez que mudar de uma órbita instável para outra, mesmo que radicalmente diferente, não envolve muito esforço. Por outro lado, quando nossas vidas estão em plena normalidade (um comportamento periódico) qualquer mudança está associada a um grande esforço.

Os sistemas dinâmicos dissipativos se caracterizam por um comportamento assintótico que implica a existência de atratores. Um ponto de equilíbrio estável pode ser entendido como um atrator de dimensão zero. Quando o sistema dinâmico exibe comportamento caótico, um atrator diferente pode ocorrer. Sistemas caóticos apresentam trajetórias no espaço de estado que convergem para um atrator especial.

O mapa de Poincaré associado a uma resposta caótica de sistemas não dissipativos é caracterizado por uma nuvem de pontos no espaço de fase sem nenhuma estrutura. Essa coleção de pontos tende a encher todo o espaço de fase e é uma característica do caos não dissipativo. Apesar de a evolução no tempo dos sistemas dissipativos ser similar à dos sistemas sem dissipação, seu mapa de Poincaré apresenta um conjunto de pontos dispostos de uma maneira mais organizada. Essa estrutura corresponde a um conjunto de Cantor e está relacionada com transformações do tipo expansão-contração-dobra experimentadas pelas órbitas caóticas. Para visualizar essa coleção de pontos, lembre-se do conjunto formado pela interseção de linhas verticais e horizontais apresentado na Figura 10.12 e entenda que, do ponto de vista físico, trata-se de um atrator estranho que representa uma região preferencial do espaço de fase que atrai os estados do sistema dinâmico.

Um atrator que pode possuir diferentes características: atratores caóticos que são estranhos; atratores caóticos que não são estranhos; e atratores estranhos que não são caóticos (Grebogi et al., 1984). A estranheza de um atrator é uma característica geométrica, enquanto a caoticidade é uma característica física. A estranheza de um atrator está associada a ideia do conjunto de Cantor, que possui uma característica de ser um conjunto de pontos desconexos, separados por vazios. Isso nos remete à ideia de uma dimensão fracionária, não inteira. Usualmente, sistemas caóticos possuem um atrator estranho.

Portanto, uma das características de um atrator estranho é possuir uma dimensão fractal. A natureza fractal de um conjunto é uma alusão ao termo fracionário, caracterizado por uma dimensão não inteira. De um modo geral, a dimensão é um limite inferior do número de variáveis essenciais necessárias para descrever a dinâmica do sistema.

A motivação original da geometria fractal foi reproduzir as formas da natureza. Mandelbrot (1982) desenvolveu estudos sobre a geometria da natureza a fim de representar o contorno de uma nuvem, as costas marítimas, o contorno de uma folha ou de um floco de neve. A geometria clássica fornece uma primeira aproximação para a estrutura física dos objetos, enquanto a geometria fractal é uma extensão dessa primeira, e pode ser utilizada para construir modelos capazes de representar os aspectos mais complexos das formas da natureza.

De fato, os fractais aparecem na natureza em diferentes situações, podendo ser representados em dois grupos: objetos sólidos e atratores estranhos. A partir de agora, pretende-se apresentar algumas ideias acerca da resposta caótica e de atratores.

Considere o oscilador de Duffing, que possui uma não linearidade cúbica na força de restituição.

$$\dot{u} = v$$
$$\dot{v} = -\alpha v - \gamma u - \beta u^3 + \mu \operatorname{sen}(wt)$$
(10.17)

Os parâmetros do sistema definem a natureza do comportamento. Por exemplo, considere $a = 0,05$; $\gamma = -0,2$; $\beta = 1$, $\Omega = 1$. Variando-se o valor do parâmetro de forçamento μ, é possível avaliar quais as excitações mais críticas. A resposta do sistema é observada de duas maneiras, obtidas a partir de simulação numérica. Na primeira, considera-se a evolução da resposta do sistema no tempo. Na segunda, olha-se para o espaço de fase. Tomando-se $\mu = 4$, tem-se um comportamento periódico, bem comportado, que se repete com o tempo, conforme mostra a Figura 10.15a. A Figura 10.15b caracteriza esse comportamento por meio de uma curva fechada.

Por outro lado, tomando-se $\mu = 7,5$, o sistema passa a apresentar um comportamento não periódico difícil de ser previsto. A Figura 10.16 mostra esse tipo de resposta não periódica. Na Figura 10.16b, esse comportamento é representado por meio de uma curva que nunca se fecha. Observe que a solução não retorna a determinado ponto, o que é caracterizado por uma órbita no espaço de estado que não se fecha. A não periodicidade e consequente imprevisibilidade caracterizam o caos. A Figura 10.17 apresenta o atrator estranho, representado a partir da seção de Poincaré da resposta para $\mu = 7,5$. Apesar de não ser possível ver nenhuma periodicidade, observa-se um padrão bem definido do atrator. É a ordem emanando do caos.

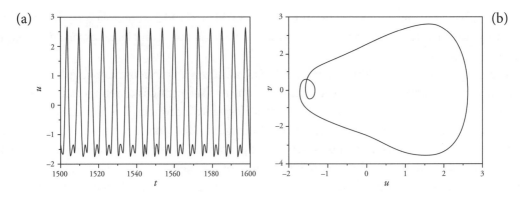

Figura 10.15 Resposta periódica. (a) Evolução no tempo. (b) Espaço fase.

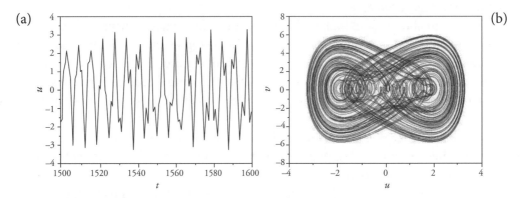

Figura 10.16 Resposta caótica. (a) Evolução no tempo. (b) Espaço fase.

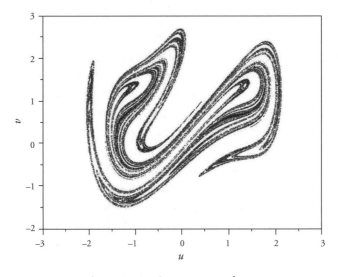

Figura 10.17 Atrator estranho.

A sensibilidade às condições iniciais pode ser verificada considerando duas simulações com diferentes condições iniciais: $\{u_0; v_0\} = \{0; 0\}$ e $\{u_0; v_0\} = \{0,01; 0\}$. A Figura 10.18 mostra a evolução no tempo e o espaço de fase para essas duas órbitas que, no instante inicial, estão próximas, e, à medida que o tempo evolui, divergem uma da outra.

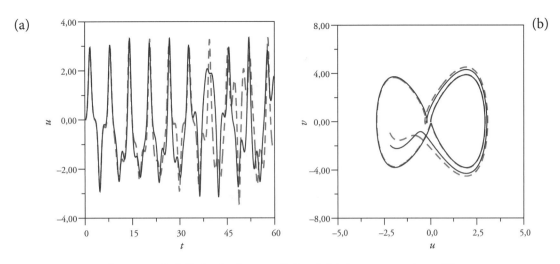

Figura 10.18 Influência das condições iniciais na resposta caótica.
(a) Evolução no tempo. (b) Espaço fase.

Para melhor visualizar as características fractais de um atrator estranho, considere o *mapa de Henon*. Um mapa é uma equação matemática discreta no espaço e no tempo. Esse mapa foi originalmente empregado como uma simplificação do modelo de Rayleigh-Bénard para convecção natural (Henon, 1976). É descrito conforme se segue.

$$U_{n+1} = \alpha - U_n^2 + \beta V_n \\ V_{n+1} = U_n \tag{10.18}$$

A Figura 10.19 mostra o atrator caótico, estranho, e algumas ampliações desse atrator. Deve-se observar a estrutura lamelar, associada ao processo de expansão-contração-dobra e uma característica de similaridade à medida que se ampliam as regiões do atrator.

10.6 Ferramentas de diagnóstico do caos

A caracterização do comportamento caótico deve ser feita a partir de ferramentas apropriadas. Existem inúmeras possibilidades que quantificam a caoticidade de determinada resposta. Os expoentes de Lyapunov representam uma dessas possibilidades, avaliando a sensibilidade às condições iniciais a partir da verificação do comportamento no tempo de trajetórias vizinhas. Os expoentes de Lyapunov representam um invariante geométrico do sistema dinâmico. De fato, existem outros invariantes, como a dimensão do atrator e a entropia. No entanto, diversos invariantes do sistema podem ser avaliados a partir do espectro de Lyapunov.

Os expoentes de Lyapunov avaliam a divergência local entre trajetórias vizinhas, o que pode ser avaliado a partir de uma trajetória de referência, a partir da qual se define uma vizinhança em um instante inicial. Essa vizinhança é definida por meio de uma esfera de diâmetro d_0. De fato, trata-se de uma hiperesfera cuja dimensão está associada à dimensão do sistema. À medida que o sistema evolui no tempo, avalia-se como uma trajetória vizinha diverge localmente da trajetória de referência. Em termos geométricos, a esfera é deformada em um elipsoide (Figura 10.20).

Capítulo 10

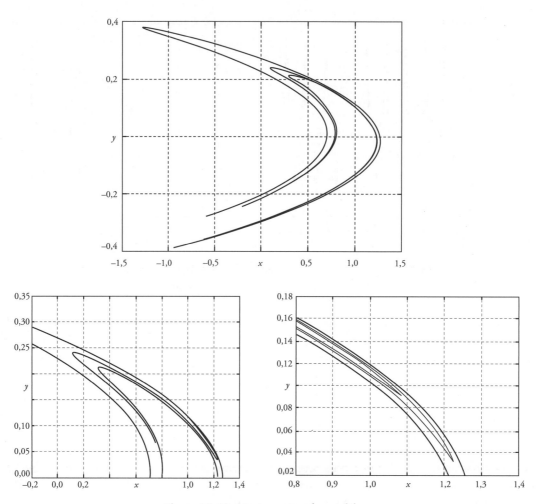

Figura 10.19 Atrator estranho caótico.

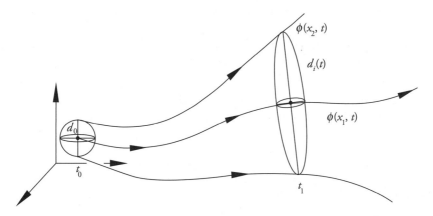

Figura 10.20 Expoente de Lyapunov.

O espectro de Lyapunov de um sistema fornece uma imagem de sua dinâmica, e os sinais desses expoentes definem direções de instabilidade ou estabilidade. Uma forma de compreender esse processo é fazer uma associação entre os sinais dos expoentes e as direções de expansão-contração-dobra da ferradura de Smale. Nesse contexto, um sinal positivo está associado a uma direção de expansão, definindo uma divergência (instabilidade) local. Por outro lado, o sinal negativo está relacionado com a direção de contração e, portanto, uma convergência (estabilidade) local. Dessa forma, a existência de pelo menos um expoente positivo está associado a uma divergência local que caracteriza a sensibilidade às condições iniciais típicas do caos. Em situações em que mais de um dos expoentes é positivo, tem-se o que se convencionou chamar de hipercaos.

A variação do diâmetro dessa pequena esfera pode ser expressa a partir da seguinte expressão:

$$d(t) = d_0 \, b^{\lambda t} \tag{10.19}$$

em que b é uma base de referência. Assim, os expoentes de Lyapunov são definidos por:

$$\lambda = \frac{1}{t} \log_b \left(\frac{d(t)}{d_0} \right) \tag{10.20}$$

Se o expoente λ for negativo ou nulo, a trajetória não diverge localmente com relação à trajetória de referência. Se, por outro lado, λ for positivo, indica que a trajetória diverge localmente de forma exponencial da órbita original, caracterizando o caos.

Além dos sinais, os valores dos expoentes de Lyapunov também trazem informações importantes sobre a dinâmica do sistema. A magnitude dos expoentes está associada a uma medida da razão com que o sistema dinâmico cria ou destrói informação. Por esse motivo, esses expoentes possuem uma unidade do tipo bit/tempo. Outro dado importante está relacionado com o fato de os expoentes avaliarem a média da divergência da velocidade no espaço de fase. Dessa forma, sistemas dinâmicos dissipativos possuem pelo menos um expoente negativo e a soma de todos os expoentes é negativa.

10.6.1 Cálculo dos Expoentes de Lyapunov

Quando o sistema dinâmico possui um modelo matemático estabelecido que permite sua linearização em torno de determinada trajetória, os expoentes de Lyapunov podem ser calculados com precisão a partir do algoritmo proposto por Wolf et al. (1985).

Uma vez que a divergência de uma trajetória caótica é localmente exponencial, deve-se ter cuidado para avaliar essa divergência. Uma distância d entre duas trajetórias não deve ir para infinito, uma vez que ele representa um sistema físico. Dessa forma, a avaliação da divergência das trajetórias deve considerar uma média do crescimento exponencial em vários pontos sobre a trajetória. Assim, quando a distância $d(t)$ se torna muito grande, define-se um novo $d_0(t)$ para reavaliar a divergência (Figura 10.21). Dessa maneira, é possível definir uma média capaz de medir a divergência.

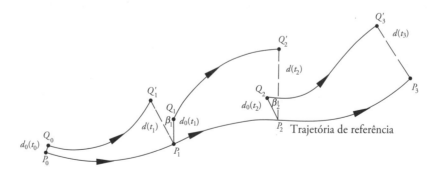

Figura 10.21 Cálculo dos expoentes de Lyapunov.

Capítulo 10

Nesse contexto, os expoentes são definidos a partir da média das divergências locais, conforme estabelecido a seguir:

$$\lambda = \frac{1}{t_n - t_0} \sum_{k=1}^{n} \log_b \left(\frac{d(t_k)}{d_0(t_{k-1})} \right) \qquad (10.21)$$

Figura 10.22 Cálculo do maior expoente de Lyapunov.

Um procedimento para obter os expoentes considera que a evolução da órbita perturbada é governada por um sistema linearizado. Além disso, considera-se o processo de *reortonormalização de Gram-Schmidt* (Apostol, 1969) para gerar uma base alinhada com as direções dos eixos principais da esfera de estados do sistema dinâmico. O processo de Gram-Schmidt produz o conjunto de vetores ortonormais seguinte, o que permite tomar novas condições iniciais.

O algoritmo clássico para obter o espectro de Lyapunov pode ser encontrado em Wolf et al. (1985) e está apresentado na Caixa 10.1 em forma de pseudocódigo.

Vale destacar, mais uma vez, que o espectro de Lyapunov é um invariante do sistema. Como o algoritmo para avaliar os expoentes utiliza uma média da divergência entre trajetórias vizinhas para estimá-los, é importante observar que o procedimento numérico leva um tempo para convergir.

Como os eixos principais da esfera distorcida estão aleatoriamente orientados em um instante t qualquer, é importante que cada componente linearizada do sistema dinâmico seja descrita como um vetor que possui a mesma dimensão do espaço do sistema. Dessa forma, é possível conhecer a direção desse eixo a partir das componentes das coordenadas linearizadas.

Caixa 10.1 Cálculo do espectro de Lyapunov

```
LYAPUNOV
{
m = n-1;
/* Construir uma nova base ortonormal pelo Método de Gram-Schmidt */
/* Normalizar o primeiro vetor */
 znorm[0] = 0.;
 for (j=0; j <= m; j++) {
  znorm[0] = znorm[0]+pow(x[n+(j*m+j)],2);
 }
 znorm[0] = sqrt(znorm[0]);
 for (j=0;j<=m;j++) {
   x[n+(m*j+j)] = x[n+(m*j+j)]/znorm[0];
 }
 /* Gerar um novo conjunto de vetores ortonormais */
 for (j=1;j<=m;j++) {
```

```
    /* Gerar (j-1) coeficientes GSR */
    for (k=0;k<=(j-1);k++) {
      gsc[k] = 0.;
      for (l=0;l<=m;l++) {
        gsc[k] = gsc[k] +
            x[n+(m*l+(j+l))]*x[n+(m*l+(k+l))];
      }
    }
    /* Construir um novo vetor */
    for (k=0;k<=m;k++) {
      for (l=0;l<=(j-1);l++) {
        x[n+(m*k+(j+k))] = x[n+(m*k+(j+k))] -
                gsc[l]*x[n+(m*k+(l+k))];
      }
    }
 /* Calcular a norma do vetor */
    znorm[j] = 0.;
    for (k=0;k<=m;k++) {
      znorm[j] =znorm[j]+
            pow(x[n+(m*k+(j+k))],2);
    }
    znorm[j] = sqrt(znorm[j]);

    /* Normalizar o novo vetor */
    for (k=0;k<=m;k++) {
      x[n+(m*k+(j+k))] =
                x[n+(m*k+(j+k))]/znorm[j];
    }
  }
/* Atribuir magnitudes aos vetores correntes */
  for (k=0;k<=m;k++) {
    cum[k] = cum[k]+(log(znorm[k])/log(2.));
    lb[k] = cum[k]/((t+dt)-t0);
  }
}
```

10.7 Exercícios

P10.1 Determine os pontos de equilíbrio e avalie a natureza da estabilidade desses pontos para os seguintes campos vetoriais:

a) $\ddot{u} + \mu u = 0$, $u \in R^1$

b) $\ddot{u} + \mu u + u^2 = 0$, $u \in R^1$

c) $\ddot{u} + \mu u + u^3 = 0$, $u \in R^1$

d) $\begin{cases} \dot{u} = \mu v + uv \\ \dot{v} = \mu u + (1/2)(u^2 - v^2) \end{cases}$, $(u,v) \in R^2$

e) $\begin{cases} \dot{u} = v \\ \dot{v} = -u - \mu u^2 v \end{cases}$, $(u,v) \in R^2$

P10.2 Implemente o algoritmo proposto por Wolf et al. (1985) para avaliar os expoentes de Lyapunov.

P10.3 A partir do espectro de Lyapunov (que pode ser avaliado a partir do algoritmo proposto no exercício anterior), implemente a conjectura de Kaplan-Yorke para avaliar a dimensão fractal. Para isso considere o espectro de Lyapunov ordenado de forma decrescente e a seguinte definição:

$$D = j + \frac{\sum_{i=1}^{j} \lambda_i}{|\lambda_{j+1}|}$$

em que j é definido a partir das seguintes condições,

$$\sum_{i=1}^{j} \lambda_i > 0 \quad \text{e} \quad \sum_{i=1}^{j+1} \lambda_i < 0$$

P10.4 Investigue o que ocorre para sistemas do tipo $\dot{x} = f(x;\mu)$, $x \in R^1$, mostrados a seguir, quando μ varia próximo de zero.

a) $f(x;\mu) = \mu x + x^3 - x^5$

b) $f(x;\mu) = x - \mu x(1-x)$

c) $f(x;\mu) = \mu + \frac{x}{2} - \frac{x}{1+x}$

P10.5 Utilize um computador ou uma calculadora para investigar a dinâmica do sistema conhecido como mapa logístico: $x_{n+1} = \alpha x_n (x_n + 1)$. Considere diferentes valores para o parâmetro α e compare as soluções. Utilize por exemplo: 2; 3,2; 3,5; 4.

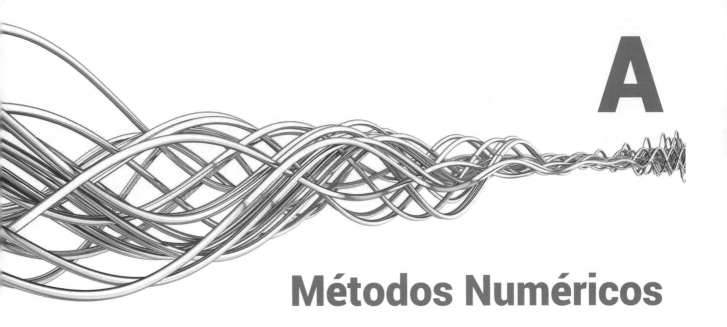

Métodos Numéricos

A análise de métodos numéricos possui várias abordagens diferentes. Este Apêndice faz uma breve apresentação de métodos numéricos úteis para a análise das vibrações mecânicas. Em essência, apresentam-se métodos aplicáveis a problemas de valor inicial, cuja utilidade está associada à integração de equações diferenciais ordinárias decorrentes dos sistemas discretos. Além disso, apresentam-se métodos aplicáveis a problemas de valor de contorno, tipicamente associados à parte espacial das equações diferenciais parciais que governam os sistemas contínuos. Note que a solução de um sistema contínuo envolve uma combinação dos dois métodos.

A.1 Problema de valor inicial

Inicialmente, tratam-se os problemas de valor inicial, aplicáveis a sistemas dinâmicos do seguinte tipo apresentado na Eq. (A.1). Por simplicidade, escreve-se $X = \{x\}$:

$$\dot{X} = g(X,t), \quad X(t_0) = X_0 \tag{A.1}$$

Para se considerar uma solução numérica, deve-se discretizar o problema, dividindo o tempo em um conjunto de pontos (t_n), que são separados por um intervalo de tempo Δt. Dessa forma, o instante de tempo t_{n+1} é definido da seguinte forma:

$$t_{n+1} = t_n + \Delta t \tag{A.2}$$

O valor exato de $X(t_{n+1})$ pode ser obtido por meio da série de Taylor:

$$X(t_{n+1}) = X(t_n) + \dot{X}(t_n)\Delta t + \ddot{X}(t_n)\frac{\Delta t^2}{2!} + \dddot{X}(t_n)\frac{\Delta t^3}{3!} + \cdots \tag{A.3}$$

Mas, como $\dot{X} = g(X,t) \equiv g$, pode-se usar a regra da cadeia para escrever as derivadas de x em função de f e suas derivadas. Assim:

$$\ddot{X} = \dot{g} = \frac{\partial g}{\partial X}\frac{\partial X}{\partial t} + \frac{\partial g}{\partial t}\frac{\partial t}{\partial t} = g'g + \dot{g} \tag{A.4}$$

Apêndice A

$$\dddot{X} = \ddot{g} = \frac{\partial}{\partial x}(g'g + \dot{g})g + \frac{\partial}{\partial t}(g'g + \dot{g}) = \ddot{g} + g'\dot{g} + 2\dot{g}'\dot{g} + g'^2 g + g''g^2 \qquad (A.5)$$

em que g e suas derivadas são avaliadas em (X,t). As derivadas de ordem superior podem ser obtidas com o mesmo procedimento. Torna-se claro que, quanto mais termos da série de Taylor forem considerados, maior será o trabalho envolvido na determinação dessas derivadas.

A.1.1 Métodos de Euler

Os métodos de Euler são, possivelmente, as técnicas de integração mais simples que existem. Eles são obtidos considerando-se apenas os termos lineares da expansão em série de Taylor, ou seja:

$$X(t_{n+1}) = X(t_n) + \dot{X}(t_n)\Delta t + O(\Delta t^2) \qquad (A.6)$$

em que $O(\Delta t^2)$ representa o erro associado ao truncamento da série de Taylor. Nesse caso, esse erro é da ordem de Δt^2 o que estabelece que os métodos de Euler são de segunda ordem.

Com essa consideração a derivada é aproximada por:

$$\dot{X} = \frac{X(t_{n+1}) - X(t_n)}{\Delta t} \qquad (A.7)$$

A partir da forma utilizada para definir as aproximações dessa derivada, identificam-se as seguintes classificações para esses métodos.

A.1.1.1 Euler explícito

O método de Euler explícito considera a seguinte aproximação:

$$X_{n+1} = X_n + g_n \Delta t \qquad (A.8)$$

em que X_{n+1} e X_n representam os valores aproximados de $X(t_{n+1})$ e $X(t_n)$, respectivamente, enquanto $g_n \equiv g(X_n, t_n)$.

Comparando a aproximação proposta com a expansão em série de Taylor, chega-se a uma aproximação que representa a derivada temporal no instante $n+1$ a partir do estado definido no instante n. Dessa forma, conhece-se de forma explícita a derivada, conforme mostrado a seguir:

$$\dot{X} = \frac{X_{n+1} - X_n}{\Delta t} = g_n \qquad (A.9)$$

Trata-se da aproximação mais simples possível para representar uma derivada. Sua principal característica é a de que o modelo análogo discreto, associado ao sistema original, gera energia à medida que o tempo evolui. Isso caracteriza a instabilidade do método, o que, de uma maneira geral, inviabiliza sua utilização, em especial quando se deseja considerar longos períodos de evolução.

A.1.1.2 Euler implícito

O método de Euler implícito considera a seguinte aproximação:

$$X_{n+1} = X_n + g_{n+1}\Delta t \qquad (A.10)$$

Comparando a aproximação proposta com a expansão em série de Taylor, chega-se a uma aproximação que representa a derivada temporal no instante *n*+1 a partir do estado definido no instante *n*+1. Assim, a derivada não está expressa de forma explícita, conforme pode ser visto a seguir:

$$\dot{X} = \frac{X_{n+1} - X_n}{\Delta t} = g_{n+1} \tag{A.11}$$

A principal característica desse método é que o modelo análogo discreto, associado ao sistema original, dissipa energia à medida que o tempo evolui. Isso torna o método estável. A análise dos resultados obtidos a partir desse método deve levar em consideração uma dissipação espúria, que não está de acordo com as características do sistema dinâmico original.

A.1.1.3 Regra do ponto médio

A regra do ponto médio considera a seguinte aproximação:

$$X_{n+1} = X_n + g_{n+1/2} \Delta t \tag{A.12}$$

em que:

$$g_{n+1/2} = g(x_{n+1/2}, t_{n+1/2}) \tag{A.13}$$

sendo:

$$X_{n+1/2} = \frac{X_{n+1} + X_n}{2} \tag{A.14}$$

e:

$$t_{n+1/2} = \frac{t_{n+1} + t_n}{2} \tag{A.15}$$

Comparando a aproximação proposta com a expansão em série de Taylor, chega-se a uma aproximação que representa a derivada temporal no instante *n* + 1 a partir de um estado intermediário entre os instantes *n* e *n* + 1. Com isso:

$$\dot{X} = \frac{X_{n+1} - X_n}{\Delta t} = g_{n+1/2} \tag{A.16}$$

Esse método apresenta a vantagem de associar à sua simplicidade a característica de que o modelo análogo discreto, associado ao sistema original, conserva energia. Dessa forma, trata-se de um método estável que não introduz dissipação espúria.

A.1.2 Métodos de Runge-Kutta

Os métodos de Runge-Kutta são, possivelmente, os métodos de integração mais populares por aliar simplicidade e precisão. Esses métodos são usualmente classificados segundo a ordem de precisão associada a eles. A seguir apresentam-se alguns desses métodos.

Apêndice A

A.1.2.1 Runge-Kutta de segunda ordem

O método de segunda ordem considera erros associados à segunda potência do passo de integração. A derivada é aproximada, conforme mostrado a seguir:

$$X_{n+1} = X_n + \frac{1}{2}\Delta t(k_1 + k_2) \qquad (A.17)$$

em que:

$$k_1 = g(X_n, t_n)$$
$$k_2 = g(X_n + k_1, t_n + \Delta t) \qquad (A.18)$$

A.1.2.2 Runge-Kutta de quarta ordem

O método de quarta ordem considera erros associados à quarta potência do passo de integração. A derivada é aproximada, conforme mostrado a seguir:

$$X_{n+1} = X_n + \frac{1}{6}\Delta t(k_1 + 2k_2 + 2k_3 + k_4) \qquad (A.19)$$

em que:

$$k_1 = g(X_n, t_n)$$
$$k_2 = g(X_n + \frac{k_1}{2}, t_n + \frac{\Delta t}{2})$$
$$k_3 = g(X_n + \frac{k_2}{2}, t_n + \frac{\Delta t}{2})$$
$$k_4 = g(X_n + k_3, t_n + \Delta t) \qquad (A.20)$$

Um pseudocódigo do método está apresentado na Caixa A.1. Deve-se observar que a função a ser integrada está identificada pelo ponteiro de função (*derivs).

Caixa A.1 Runge-Kutta de quarta ordem

```
RK4
{
hh=h*0.5;
h6=h/6.0;
th=t+hh;
(*derivs)(t,x,dxdt);
for (i=0;i<=n-1;i++) xt[i]=x[i]+hh*dxdt[i];
(*derivs)(th,xt,dxt);
for (i=0;i<=n-1;i++) xt[i]=x[i]+hh*dxt[i];
(*derivs)(th,xt,dxm);
for (i=0;i<=n-1;i++) {
   xt[i]=x[i]+h*dxm[i];
   dxm[i] += dxt[i];
}
(*derivs)(t+h,xt,dxt);
for (i=0;i<=n-1;i++) {
   xout[i]=x[i]+h6*(dxdt[i]+dxt[i]+2.0*dxm[i]);
}
}
```

Métodos Numéricos

A.2 Problema de valor de contorno

Neste ponto, apresenta-se método dos elementos finitos aplicável a problemas de valor de contorno. Em termos de sistemas dinâmicos, o uso desses métodos é importante para tratar problemas com características espaço-temporais.

A.2.1 Método dos elementos finitos

O método dos elementos finitos (MEF) é um procedimento numérico para obter soluções de problemas físicos governados por uma equação diferencial ou um teorema energético. Combina uma série de conceitos matemáticos para produzir um sistema de equações lineares ou não lineares. Não se sabe ao certo a origem do MEF, no entanto, na forma como é entendido atualmente, teve sua origem na análise matricial de estruturas. Nos anos 1950, inúmeros trabalhos foram publicados a fim de estender a análise matricial de estruturas a corpos contínuos.

O MEF tem como objetivo aproximar uma quantidade contínua (deslocamento, temperatura, pressão, velocidade), que é regida por uma equação de governo, por um modelo discreto composto de um conjunto de funções contínuas por partes definidas sobre um número finito de subdomínios, denominados elementos. Essas funções contínuas são definidas usando os valores das quantidades contínuas em um número finito de pontos do domínio, denominados nós ou pontos nodais.

O MEF pode ser subdividido em cinco passos básicos:

1) *Discretizar o domínio:* o domínio é dividido em um número finito de subdomínios, chamados elementos, conectados por nós comuns.
2) *Especificar a função de aproximação:* a quantidade contínua é aproximada, em cada elemento, por polinômios definidos a partir dos valores nodais.
3) *Montar um sistema de equações:* após a aproximação, utiliza-se a equação de governo para escrever uma equação discreta que governa o problema.
4) *Resolver o sistema de equações:* a solução fornece os valores nodais.
5) *Avaliar outras quantidades de interesse:* usualmente, existem outras quantidades de interesse que estão relacionadas com as derivadas da função contínua.

A.2.1.1 Discretização do domínio

Considere uma quantidade contínua incógnita $u = u(x)$ em que $x \in (0, L)$, conforme mostra a Figura A.1.

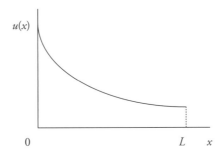

Figura A.1 Quantidade contínua *u* que se deseja aproximar.

Essa quantidade deve ser aproximada e, para isso, o domínio é dividido em subdomínios, elementos finitos, definidos por nós, conforme mostra a Figura A.2, em que se definem quatro elementos a partir de cinco nós.

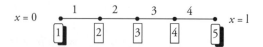

Figura A.2 Divisão do domínio em elementos.

A quantidade φ é então aproximada por uma série de funções polinomiais definidas para cada um dos elementos (Figura A.3).

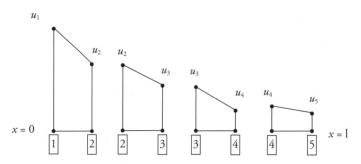

Figura A.3 Aproximação de φ em cada elemento.

A.2.1.2 Aproximação no elemento

Considere um elemento finito genérico definido pelos nós i e j (Figura A.4).

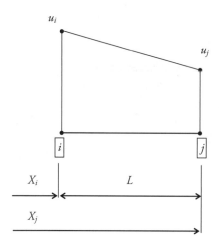

Figura A.4 Elemento finito genérico.

Considere, inicialmente, polinômios com a seguinte forma:

$$u = \alpha_0 + \alpha_1 x \tag{A.21}$$

em que α_0 e α_1 devem ser expressos em termos dos valores nodais u_i e u_j para os nós i e j de um elemento genérico. No caso mostrado, tem-se que:

$$u(x = X_i) = u_i = \alpha_0 + \alpha_1 X_i \tag{A.22}$$

$$u(x = X_j) = u_j = \alpha_0 + \alpha_1 X_j \tag{A.23}$$

Com isso, determinam-se os valores de α_0 e α_1 em função dos valores nodais u_i e u_j. Resolvendo o sistema, tem-se:

$$\alpha_0 = \frac{u_i X_j - u_j X_i}{L} \qquad (A.24)$$

$$\alpha_1 = \frac{u_j - u_i}{L} \qquad (A.25)$$

Dessa forma, reescreve-se o polinômio, que aproxima a função φ no elemento, da seguinte forma:

$$u = \left(\frac{u_i X_j - u_j X_i}{L}\right) + \left(\frac{u_j - u_i}{L}\right) x \qquad (A.26)$$

Rearranjando, chega-se à seguinte expressão:

$$u = N_i u_i + N_j u_j \qquad (A.27)$$

em que N_i e N_j são as funções de forma ou de interpolação, mostradas a seguir:

$$N_i = \frac{X_j - x}{L} \qquad (A.28)$$

$$N_j = \frac{x - X_i}{L} \qquad (A.29)$$

Usando notação matricial, tem-se que:

$$u = \{N\}^T \{u\} \qquad (A.30)$$

em que $\{u\} = \begin{Bmatrix} u_i \\ u_j \end{Bmatrix}$, $\{N\}^T = \{N_i \quad N_j\}$.

Essas funções são conhecidas como funções de Lagrange, que garantem a continuidade das funções nos nós. Funções diferentes devem ser consideradas quando se deseja garantir a continuidade da função e de suas derivadas em cada nó.

A.2.1.3 Montagem do sistema discreto: método de Galerkin

Uma vez dividido o domínio em elementos em que a quantidade contínua φ é aproximada por um polinômio expresso em termos de seus valores nodais, deve-se determinar quais são esses valores nodais.

Fisicamente, a determinação desses valores via MEF está associada à minimização de uma grandeza integral relacionada com cada problema particular. Na mecânica dos sólidos, minimiza-se a energia potencial. Em problemas de campo (transferência de calor, campo magnético etc.), minimiza-se um funcional associado ao campo.

Matematicamente, diz-se que a solução é obtida por meio da ponderação da solução aproximada em todo o domínio, com o que o erro é minimizado. Com o objetivo de estabelecer a melhor forma de fazer essa ponderação, muitas técnicas são consideradas. O MEF pode ser formulado a partir de uma dessas técnicas de ponderação denominada método de Galerkin.

Apêndice A

O método de Galerkin é um meio de se obter a solução aproximada de equações diferenciais. De maneira mais geral, ele pode ser enquadrado no contexto dos métodos dos resíduos ponderados, que, como o nome sugere, ponderam o resíduo ou erro entre a solução aproximada proposta e a solução exata de modo a torná-lo mínimo em todo o domínio.

Considere, então, a seguinte equação diferencial que governa o comportamento da quantidade u.

$$Du - f = 0 \tag{A.31}$$

em que D é um operador diferencial. Considere também uma solução aproximada dada por:

$$\bar{u} = \sum_{i=1}^{k} \alpha_i N_i \tag{A.32}$$

em que N_i são as funções de forma.

Uma vez que $\bar{u}$ é uma solução aproximada, o resíduo R é definido da seguinte forma:

$$D\bar{u} - f = R \tag{A.33}$$

Deseja-se que R seja o menor possível e, para isso, faz-se uma ponderação desse resíduo, em todo o domínio, com uma função de ponderação ou de peso, p.

$$\int_{\Omega} R \, p \, d\Omega = 0 \tag{A.34}$$

A escolha da função η define os diferentes métodos de resíduos ponderados.

O método de Galerkin tem como premissa básica que o resíduo ξ deve ser ortogonal às funções de forma N_i. Dessa forma, define-se a função de ponderação η como a própria função de forma. Assim, o método de Galerkin considera a seguinte ponderação:

$$\int_{V} R N_i \, dV = 0 \tag{A.35}$$

Essa integração define um sistema de equações algébricas com o qual os valores dos coeficientes α_i são determinados. O MEF considera que esses coeficientes são os valores nodais da quantidade contínua u.

A.2.1.4 O problema discreto

Após aplicar todos os passos anteriores, o problema físico descrito por uma equação de governo genérica, $Du - f = 0$, resulta em um sistema discreto do tipo:

$$[m]\{\ddot{u}\} + [c]\{\dot{u}\} + [k]\{u\} = \{F\} \tag{A.36}$$

Esse problema foi extensivamente discutido no Capítulo 2, "Sistemas dinâmicos discretos". Portanto, a modelagem do sistema discreto pode ser por meio de elementos concentrados ou pela aplicação de um método numérico a uma EDP. Um problema envolvendo o MEF apresenta algumas soluções típicas relacionadas com esses sistemas discretos apresentados.

$$[k]\{u\} = \{F\} \tag{A.37}$$

- **Problema estático** $[k]\{u\} = \{F\}$
- **Problema dinâmico — integração direta**
- **Problema dinâmico — análise modal**

A.2.1.5 Pós-processamento

A solução do problema discreto fornece os valores nodais das variáveis primárias, incógnitas. A seguir, torna-se necessário um pós-processamento, em que se faz:

1) Avaliação das variáveis secundárias (gradientes da solução). Tipicamente, consideram-se as tensões e deformações.
2) Interpretação dos resultados.
3) Apresentação gráfica/tabular dos resultados.

B
Números Complexos e Transformada de Laplace

Os números complexos foram criados a partir da necessidade de se avaliar a raiz quadrada de um número negativo. Essa necessidade foi análoga àquela que existiu quando se precisou tratar números negativos em um universo de números positivos ou números reais em um universo de números inteiros. Essencialmente, deve-se definir um número imaginário da seguinte forma:

$$i = \sqrt{-1} \tag{B.1}$$

A partir daí, tem-se que um número complexo possui uma parte real e uma parte imaginária:

$$z = x + iy = \mathrm{Re}(z) + i\,\mathrm{Im}(z) \tag{B.2}$$

Nesse contexto, vê-se que um número complexo pode ser entendido como um vetor no espaço R^2, que possui um eixo Real e outro Imaginário (Figura B.1). Dessa forma, coordenadas polares podem ser utilizadas para descrever um número complexo.

$$\begin{aligned} x &= R\cos(\theta) \\ y &= R\,\mathrm{sen}(\theta) \end{aligned} \tag{B.3}$$

O que implica que:

$$z = x + iy = R\cos(\theta) + iR\,\mathrm{sen}(\theta) = R\left[\cos(\theta) + i\,\mathrm{sen}(\theta)\right] = Re^{i\theta} \tag{B.4}$$

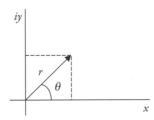

Figura B.1 Representação de um número complexo como um vetor no espaço R^2.

Apêndice B

Assim, o módulo de um número complexo é definido por:

$$z = R = \sqrt{x^2 + y^2} = |x + iy| \tag{B.5}$$

O complexo conjugado de um número $z = x + iy$ é definido conforme a seguir:

$$\overline{z} = x - iy \tag{B.6}$$

E, portanto:

$$|z| = |\overline{z}|$$
$$z\overline{z} = (x + iy)(x - iy) = x^2 - i^2 y^2 = x^2 + y^2 = |z|^2 = |\overline{z}|^2 \tag{B.7}$$

Transformada de Laplace	
$u(t)$	$\hat{u}(s) = \mathfrak{I}\{u(t)\} = \int_0^\infty e^{-st} u(t) dt$
1	$\dfrac{1}{s}$
e^{at}	$\dfrac{1}{s-a}$
$\operatorname{sen}(at)$	$\dfrac{a}{s^2 + a^2}$
$\cos(at)$	$\dfrac{s}{s^2 + a^2}$
$\operatorname{senh}(at)$	$\dfrac{a}{s^2 - a^2}$
$\cosh(at)$	$\dfrac{s}{s^2 - a^2}$
t^n	$\dfrac{n!}{s^{n+1}}$
$\delta(t-a)$	e^{-as}
$\dfrac{d^n u}{dt^n}$	$s^n \hat{u} - s^{n-1} u(0) - \cdots - \dfrac{d^{n-1} u(0)}{dt^{n-1}}$
$\int_0^t f(t-\tau) u(\tau) d\tau$	$\hat{u}\hat{f}$

Bibliografia

ACHENBACH, J. D. *Wave propagation in elastic solids*. Amsterdã: North-Holland Publishing Co., 1975.

APOSTOL, T. M. *Calculus*. Nova York: John Wiley & Sons, 1969.

BATHE, K.-J. *Finite element procedures in engineering analysis*. Englewood Cliffs, N.J.: Prentice Hall, 1982.

CLOUGH, R. W.; PENZIEN, J. *Dynamics of structures*. Nova York: McGraw-Hill, 1986.

COOK, R. D.; MALKUS, D. S.; PLESHA, M. E. *Concepts and applications of finite element analysis*. Nova York: John Wiley & Sons, 1989.

CRAIG JR., R. R. *Structural dynamics*. Nova York: John Wiley & Sons, 1981.

CRANDALL, S. H.; DAHL, N. C.; LARDNER, T. J. *An introduction to the mechanics of solids*. Nova York: McGraw-Hill, 1978.

DE PAULA, A. S.; SAVI, M. A. Comparative analysis of chaos control methods: a mechanical system case study. *International Journal of Non-linear Mechanics*, v. 46, n. 8, p. 1076-1089, 2011.

_____; _____; PEREIRA-PINTO, F. H. I. Chaos and transient chaos in an experimental nonlinear pendulum. *Journal of Sound and Vibration*, v. 294, n. 3, p. 585-595, 2006.

ERINGEN, A. C. *Mechanics of continua*. Nova York: John Wiley & Sons, 1967.

FRANÇA, L. N. F.; SOTELO JR., J. *Introdução às vibrações mecânicas*. São Paulo: Edgard Blucher, 2006.

FUNG, Y. C. *A first course in continuum mechanics*. Nova Jersey: Prentice-Hall, 1969.

_____. *Foundations of solid mechanics*. Nova Jersey: Prentice Hall, 1965.

GREBOGI, C.; OTT, E.; PELIKAN, S.; YORKE, J. Strange attractors that are not chaotic. *Physica 13D*, p. 261-268, 1984.

GUCKENHEIMER, J.; HOLMES, P. *Nonlinear oscillations, dynamical systems, and bifurcations of vector fields*. Nova York/Berlim/Heidelberg: Springer-Verlag, 1983.

GURTIN, M. E. *An introduction to continuum mechanics*. Nova York: Academic Press, 1981.

HENON, M. A two-dimensional mapping with strange attractor. *Comm. Mathematics and Physics*, v. 50, p. 69-77, 1976.

HIRSCH, M. W.; SMALE, S.; DEVANEY, R. L. *Differential equations, dynamical systems & an introduction to chaos*. Rio de Janeiro: Elsevier, 2004.

HUGHES, T. J. R. *The finite element method: linear static and dynamic finite element analysis*. Englewood Cliffs, N.J.: Prentice Hall, 1987.

Bibliografia

HURTY, W. C.; RUBINSTEIN, M. F. *Dynamics of structures.* Englewood Cliffs, N.J.: Prentice Hall, 1964.

INMAN, D. J. *Vibration with control, measurement and stability.* Englewood Cliffs, N.J.: Prentice Hall, 1989.

KAPITANIAK, T. *Chaotic oscillations in mechanical systems.* Manchester: Manchester University Press, 1991.

KURCA, P. R. *Vibrações de sistemas dinâmicos: análise e síntese.* Rio de Janeiro: Elsevier, 2015.

LORENZ, E. Deterministic nonperiodic flow. *Journal of Atmosferic Science*, v. 20, p. 130-141, 1963.

MALVERN, L. E. *Introduction to the mechanics of a continous medium.* Englewood Cliffs, N.J.: Prentice Hall, 1969.

MANDELBROT, B. *The fractal geometry of nature.* São Francisco: W. H. Freeman & Co., 1982.

MEIROVITCH, L. *Analytical methods in vibration.* Nova York: McMillan Co., 1967.

_____. *Elements of vibration analysis.* 2. ed. Nova York: McGraw-Hill, 1986.

MIKLOWITZ, J. *The theory of elastic waves and waveguides.* Amsterdã/Nova York/Oxford: North-Holland Publishing Co., 1978.

MONTEIRO, L. H. A. *Sistemas dinâmicos.* São Paulo: Livraria da Física, 2002.

MOON, F. C. *Chaotic and fractal dynamics.* Nova York: John Wiley & Sons, 1992.

OTT, E. *Chaos in dynamical systems.* Cambridge: Cambridge University Press, 1993.

POPOV, E. P. *Introdução à mecânica dos sólidos.* São Paulo: Edgard Blucher, 1978.

REDDY, J. N. *An introduction to the finite element method.* Nova York: McGraw-Hill, 1984.

RIPPER NETO, A. P. *Vibrações mecânicas.* Rio de Janeiro: E-papers, 2007.

SAVI, M. A. *Dinâmica não linear e caos.* Rio de Janeiro: E-papers, 2006.

_____; BRAGA, A. M. B. Chaotic vibrations of an oscillator with shape memory. *Journal of the Brazilan Society of Mechanical Sciences and Engineering*, v. XV, n. 1, p. 1-20, 1993.

SEGERLIND, L. J. *Applied finite element analysis.* Nova York: John Wiley & Sons, 1984.

SHAMES, I. H. *Introdução à mecânica dos sólidos.* Rio de Janeiro: Prentice Hall do Brasil, 1983.

SOKOLNIKOFF, I. S. *Mathematical theory of elasticity.* Nova York: McGraw-Hill, 1956.

STEIDEL JR., R. F. *An introduction to mechanical vibrations.* Nova York: John Wiley & Sons, 1979.

STEWART, I. *Será que Deus joga dados? A nova matemática do caos.* Rio de Janeiro: Jorge Zahar, 1991.

STROGATZ, S. H. *Nonlinear dynamics and chaos.* Cambridge: Perseus Books, 1994.

TAUCHERT, T. R. *Energy principles in structural mechanics.* Nova York: McGraw-Hill, 1974.

THOMPSOM, J. M. T.; STEWART, H. B. *Nonlinear dynamics and chaos.* Chichester: John Wiley & Sons, 1986.

THOMSON, W. T. *Teoria da vibração com aplicações.* Rio de Janeiro: Interciência, 1978.

TIMOSHENKO, S. P.; GOODIER, J. N. *Teoria da elasticidade.* Rio de Janeiro: Guanabara Dois, 1970.

_____; WOINOWSKY-KRIEGER, S. *Theory of plates and shells.* Nova York: McGraw-Hill, 1970.

TSE, F. S.; MORSE, I. E.; HINKLE, R. T. *Mechanical vibrations: theory and applications.* Englewood Cliffs, N.J.: Prentice Hall, 1978.

UGURAL, A. C. *Stresses in plates and shells.* Nova York: McGraw-Hill, 1981.

WARBURTON, G. B. *The dynamical behaviour of structures.* Oxford: Pergamon Press, 1976.

WIGGINS, S. *Introduction to applied nonlinear dynamical systems and chaos.* Nova York: Springer-Verlag, 1990.

WOLF, A.; SWIFT, J. B.; SWINNEY, H. L.; VASTANO, J. A. Determining Lyapunov expoents from a time series. *Physica 16D*, p. 285-317, 1985.

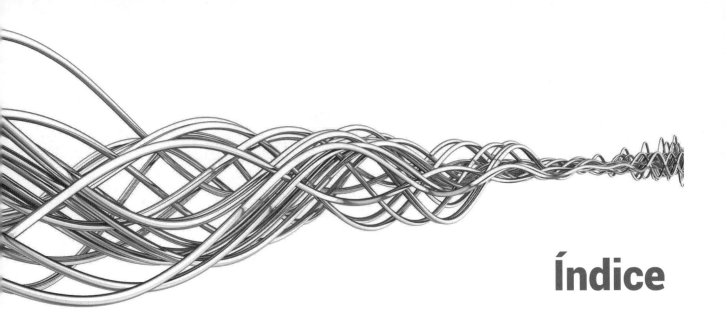

Índice

A

Abordagem
  energética, 5
  lagrangiana, 5
  modal, 147
    equação no espaço e no tempo, 97
  newtoniana, 4
  vetorial, 4
Absorvedor dinâmico de vibrações, 114
Amortecimento
  geral, 112
  proporcional, 111
Atrator estranho, 202
  caótico, 204
Atrito seco, 12
Autovalores, problema de, 147
Autofunções
  associadas à equação da onda, 149
  ortogonalidade das, 150

B

Batimento, 59
Banda, largura de, 61, 62
Barra, 141
  submetida à tração, 132
  vibração longitudinal de uma, 142
Batimento, 59

C

Caos, 198, 203
Cinemática, 1
Cinética, 1
Coeficiente
  de cisalhamento, 178
  de flexibilidade, 95
  de influência, 94-96
Coordenadas normais, 105, 106
Corda, 143
  vibração transversal de uma, 143

Corpo
  flutuante, 90
  submerso em um fluido, 19
  ressonância, 61

D

Decaimento, 39
  linear, 41, 42
  logarítmico, 40
Deformação(ões), 127
  cisalhantes de um elemento infinitesimal plano, 129
  normais de um elemento infinitesimal plano, 129
Degrau
  resposta a um, 77
  unitário, 79
Delta de Dirac, 72, 73
DFT (*Discrete Fourier Transform*), 86
Diagrama de corpo livre, 4
Dinâmica, 1
Discretização do domínio, 213
Divisão do domínio em elementos, 214

E

Efeito borboleta, 199
Eixo, 144
  vibração torcional de um, 145
  submetido a torção, 146
Elemento(s)
  associação em paralelo, 22
  associação em série, 22
  de inércia, 10, 12
  dissipador, 10, 11
  elástico, 10
  elétricos, 24, 25
  finito(s), 213
Engaste, 166, 186
Equação(ões)
  cinemáticas, 4, 135
  constitutivas, 4, 131, 135

Índice

da onda
    barra, 141
    corda, 143
    eixo, 144
de equilíbrio, 4, 134
de movimento, 92
diferenciais, 3
Equilíbrio
    da viga, 163
    estável, 196
    indiferente, 196
    instável, 196
    metaestável, 195
    neutro, 196
Espaço
    de estado, 27
    de fase, 27
Estabilidade, 195, 196, 205, 305
    de Lyapunov, 196
Estado de tensão, 125
Euler
    explícito, 210
    implícito, 210
    método de, 210
Excitação de base
    movimento com, 64
    oscilador linear submetido a, 64
Expoente de Lyapunov, 203, 204
    cálculo, 205

F

Fator de qualidade, 61
Ferradura de Smale, 198
FFT (*Fast Fourier Transform*), 86
Fluido
    corpo submerso em um, 19
    em um tubo em U, 20
Força
    corrente, analogia, 23
    de restituição, 11
    tensão elétrica, analogia, 23
Forçamento(s)
    arbitrário, 72
        representação do, 74
        resposta a um, 75
    harmônico(s), 67
        no plano complexo, 61
        resposta a um, 49
    periódico, 67
        pela série de Fourier, 72
    submetido ao oscilador, 70
Função
    degrau, 73
    Heaviside, 73
    de impedância, 60, 81
    de Lagrange, 215
    impulso, 73
    senoidal, 49

G

Geometria fractal, 201

Gram-Schmidt
    processo de, 206
    reortonormalização de, 206
Grau de liberdade de um sistema dinâmico, 9

H

Henon, mapa de, 203
Hipótese
    cinemática
        da viga de Timoshenko, 177
        das placas, 183
        das seções planas, 164
    das seções planas, 163
    de Kirchhoff, 182

I

Identidade de Euler, 33
Impulso, resposta a um, 74
Instabilidade, 204

L

Lei
    das correntes, 23
    de Hooke, 183
    de Kirchhoff, 23
    dos nós, 23
Linearização, 192
Lyapunov
    espectro de, cálculo do, 206
    estável, 196
    expoente de, 204

M

Mapa
    de Henon, 203
    de Poincaré, 200
Matriz
    de flexibilidade, 95
    jacobiana, 192
    modal, 104
Mecânica
    dos sólidos, introdução à
        deformação, 127
        equações constitutivas, 131
        notação indicial, 134
        tensão, 123
        teoria da elastidade, 133
Método(s)
    da flexibilidade, 96
    da rigidez, 95
    de Euler, 210
    de Galerkin, 215
    de Runge-Kutta, 211
    dos elementos finitos, 93, 213
    numéricos, 209
Modelagem do problema mecânico, 2
Modelo
    de Rayleigh-Bénard, 203

matemático, 2
Modo natural, 98
Motor, desbalanceado, 55
Movimento
   angular, 2
   com excitação de base, 64
   criticamente amortecido, 37
   linear, 2
   subamortecido, 36
   superamortecido, 38, 39

N

Newton, segunda lei de, 4, 10, 14
Número(s)
   complexo(s), 219
      módulo de um, 220
      utilização de, 59
   de onda, 158

O

Onda(s)
   harmônicas, 156
   propagação de, 156
Operador bi-harmônico, 184
Oscilação livre harmônica, 33
Oscilador
   com 2 gdl, 99, 102
   de Duffing, 201
   forçado, 49
      harmonicamente, 51
   linear, 14
      sistemas físicos representados por um, 18
      vertical, 15
   submetido a um degrau, 77
   submetido a um forçamento arbitrário, 74
   submetido a um forçamento harmônico, 76
   submetido a um forçamento periódico, 68
   submetido a um impulso, 74

P

Partícula, dinâmica de uma, 5
Pêndulo, 18
   não linear, 43
   resposta livre do, 44
Placa, 180
   condições de contorno, 185
   de Kirchhoff retangular, 188
   frequências e modos naturais, 187
   tensões em uma, 181
Poincaré
   mapa de, 200
   seção de, 198
Ponto(s)
   de equilíbrio, 192
   de meia potência, 62
   fixo, tipo
      centro, 195
      espiral
         estável, 195
         instável, 195
      fonte, 194
      sela, 194
      sorvedouro ou poço, 194
   médio, regra do, 211
Problema(s)
   de autovalores, 147
      interpretação geométrica, 98
   de valor
      de contorno, 213
      inicial, 209
   discreto, 216
   mecânico
      abordagem
         lagrangiana ou energética, 5
         newtoniana ou vetorial, 4
      modelagem do, 2

R

Regra do ponto médio, 211
Reortonormalização de Gram-Schmidt, 206
Resposta(s)
   a um degrau, 77
   a um forçamento
      arbitrário, 75
      harmônico, 49, 51
   a um impulso, 74
   caótica, 202
   do sistema livre, 149
   livre numérico-experimental de um pêndulo, 45
   no domínio de Laplace, 81
   periódica, 202
   sub-harmônicas, 58
Ressonância, 51, 196
   ângulo de fase, 53
   de um sistema não dissipativo, 54, 55
   de sistemas
      não lineares, 197
      não suaves, 197
   fator de amplificação, 52
   fenômeno da, 53
Rigidez equivalente, 21
Runge-Kutta
   de quarta ordem, 212
   de segunda ordem, 212
   método de, 211

S

Salto dinâmico, 197
Seção de Poincaré, 198
Série de Taylor, 209
Sistema(s)
   autônomo, 191
   com elementos acoplados em série, 27
   com elementos associados em paralelo, 22
   contínuos, análise dinâmica de, 147
   de controle, representação esquemática de um, 114

Índice

dinâmicos
    2-Dim, 193
    discretos, 9-30
discreto(s)
    com múltiplos gdl, 92
    componentes, 10
    montagem do, 215
    vibrações de, 89-121
dissipativos, 111
livre, resposta do, 149
massa-amortecedor, 26
massa-mola-polia, 17
mola-amortecedor, 26
não autônomo, 191
oscilador-pêndulo, 91
semidefinido, 101
Smale, ferradura de, 198
Solução de D'Alembert, 154
Sub-harmônico, respostas envolvendo, 57
Superposição de efeitos, 70
Suporte guiado, 166

T

Taylor, série de, 209
Tensão, 123
Tensor de inércia, 13
Teorema de Hartman-Grobmann, 193
Teoria
    da elasticidade, 133, 136
    da placa de Kirchhoff, 161
    de Bernoulli-Euler, 176
Termodinâmica, primeira lei da, 2
Trajetória assintoticamente estável, 196
Transformação tipo contração-expansão-dobra da ferradura de Smale, 199
Transformada
    de Fourier, 84
    de Laplace, 67, 79, 220
        aplicada a sistemas com múltiplos graus de liberdade, 117
        inversa, 84
    rápida de Fourier, 86

V

Valor
    de contorno, problema de, 213
    inicial, problema de, 209
Variável de estado, 27
Velocidade de propagação da onda, 158
Vetor modal, ortogonalidade dos, 104
Vibração(ões)
    absorvedor dinâmico de, 114, 115
    com forçamento harmônico, 67
        fator de qualidade e largura de banda, 61
        fenômeno do batimento, 59
        movimento com excitação de base, 64
        resposta a um forçamento harmônico, 49
        respostas envolvendo sub-harmônicos, 57
        utilização de números complexos, 59
    controle de, 113
    de sistemas
        contínuos, 141, 161
        discretos, 89-121
    livres
        harmônicas, 35
        subamortecidas, 35, 36
    longitudinal de uma barra, 142
    mecânicas, 1
    não lineares, 191
    transversal de uma corda, 143
Viga, 20, 161
    biapoiada, 168
    biengastada, 170
    -coluna, 173
        espectro de dispersão da, 175
    de Bernoulli-Euler, 167
        vibração de, 161
    de Timoshenko, 161, 176
        frequências e modos naturais, 179
    diferentes respostas de uma, 89
    engastada, 21
    equilíbrio da, 163
    frequência e modos naturais, 167
    tensões em uma, 162

ROTAPLAN
GRÁFICA E EDITORA LTDA

Rua Álvaro Seixas, 165
Engenho Novo - Rio de Janeiro
Tels.: (21) 2201-2089 / 8898
E-mail: rotaplanrio@gmail.com